产教融合信息技术类"十三五"规划教材
中慧云启科技集团有限公司校企合作系列教材

中慧云启

朱利华 姜英 ◉ 主编
蒋卫祥 李斌 海龙 ◉ 副主编

U0160314

Java EE

企业级应用开发（SSM）

Java EE Enterprise Application Development (SSM)

人民邮电出版社

北京

图书在版编目（ＣＩＰ）数据

Java EE企业级应用开发：SSM / 朱利华，姜英主编
. — 北京：人民邮电出版社，2021.3（2023.12重印）
产教融合信息技术类"十三五"规划教材
ISBN 978-7-115-55181-8

Ⅰ. ①J… Ⅱ. ①朱… ②姜… Ⅲ. ①JAVA语言—程序
设计—高等学校—教材 Ⅳ. ①TP312.8

中国版本图书馆CIP数据核字(2020)第211442号

内 容 提 要

本书较为全面地介绍了目前 Java EE 企业级应用开发中常用的三大轻量级流行框架——Spring、Spring MVC 及 MyBatis 的知识，并在三大框架的基础上对目前较为流行的 Spring Boot 框架的应用进行了拓展介绍。

全书共 15 章，内容包括企业级项目导引及开发环境、Spring 入门、Spring Bean 装配、Spring 数据库编程、Spring MVC 入门、Spring MVC 应用、Spring MVC 拦截器、Spring MVC 文件上传/下载、MyBatis 入门、MyBatis 核心配置及动态 SQL、SSM 框架、Spring AOP 和事务管理、SSM 框架实战（媒体素材管理系统）、Spring Boot 入门，以及 Spring Boot 整合应用等。

本书突出实用性、趣味性，内容组织合理、通俗易懂，适合作为高校计算机相关专业的教材，也适合作为计算机培训班的教材，还适合作为计算机相关技术爱好者的自学参考书。

◆ 主　编　朱利华　姜　英
　　副主编　蒋卫祥　李　斌　海　龙
　　责任编辑　郭　雯
　　责任印制　王　郁　彭志环
◆ 人民邮电出版社出版发行　　北京市丰台区成寿寺路 11 号
　　邮编　100164　电子邮件　315@ptpress.com.cn
　　网址　https://www.ptpress.com.cn
　　三河市祥达印刷包装有限公司印刷
◆ 开本：787×1092　1/16
　　印张：19　　　　　　　　　2021 年 3 月第 1 版
　　字数：460 千字　　　　　　2023 年 12 月河北第 7 次印刷

定价：59.80 元

读者服务热线：(010)81055256　印装质量热线：(010)81055316
反盗版热线：(010)81055315
广告经营许可证：京东市监广登字 20170147 号

前言 FOREWORD

党的二十大报告提出：教育、科技、人才是全面建设社会主义现代化国家的基础性、战略性支撑。SSM（即 Spring+Spring MVC+MyBatis）框架和 Spring Boot 框架，是目前比较主流的 Java EE 企业级应用开发框架，适用于构建各种大型的企业级项目。其中，Spring 通过依赖注入（Dependency Injection，DI）来管理各层的组件，使用面向切面编程（Aspect Oriented Programming，AOP）管理事务、日志、权限等。Spring MVC 代表模型（Model）、视图（View）、控制器（Controller），能够接收外部请求，并进行分发和处理。MyBatis 是在 Java 数据库连接（Java Database Connectivity，JDBC）基础上实现数据库编程的框架，主要用来操作数据库，以及将业务实体和数据表联系起来。

本书通过 Spring 5.1.6、Spring MVC 5.1.6、MyBatis 3.5.1 详细讲解了 SSM 框架的基础知识和使用方法，在此基础上对 Spring Boot 的基础知识及应用进行了讲解。本书不仅介绍了框架的基础知识，还精心设计了大量案例。读者通过本书可以快速地掌握 SSM 框架的应用，提高对 Java EE 项目的开发能力。本书以媒体素材管理系统为案例，从实际需求入手，先对项目做整体分析，再对项目开发过程和知识点进行详细讲解，培养读者使用 SSM 框架开发实际项目的能力。

本书特点如下。

（1）组织结构合理，内容由浅入深。

为了更好地帮助读者学习 SSM 框架，本书设计了大量案例来介绍 SSM 框架的基本概念、方法和技术。本书重点介绍 Eclipse IDE、Spring 框架、Spring MVC 和 MyBatis 框架等基础知识，用 SSM 框架案例演示框架的应用技巧和连接技术，并介绍 Spring Boot 的基础知识及整合应用。

（2）项目引导，案例丰富。

本书由企业级项目导引入手，由浅入深地对 Java EE 企业级项目开发框架 SSM、流行框架 Spring Boot 进行了介绍。第 1 章通过企业级项目案例引入问题；第 2 章到第 12 章对基于 SSM 框架实现企业级项目开发所涉及的知识点进行了详细讲解，各知识点均结合了小案例的精讲，以帮助读者更好地理解和掌握；第 13 章通过综合案例对 SSM 整合应用进行了详细介绍；第 14 章和第 15 章引入了 Spring Boot 框架，并进行了综合案例讲解，以实现拓展学习。

　　本书配备了丰富的教学资源，包括视频、教学课件、教学大纲、课后习题答案和源代码，读者可登录人邮教育社区（https://www.ryjiaoyu.com/）免费获取相关资源。

　　本书由成都中慧科技有限公司组织编写，由朱利华、姜英任主编，由蒋卫祥、李斌、海龙任副主编。由于编者水平有限，书中难免存在疏漏和不足之处，敬请读者批评指正。

编　者

2023 年 5 月

目录 CONTENTS

第 4 章

Spring 数据库编程 ·· 53

第 5 章

Spring MVC 入门 ··· 63

第 6 章

Spring MVC 应用 ··· 79

第 7 章

Spring MVC 拦截器 ·· 105

第 8 章

Spring MVC 文件上传/下载 ······························ 121

第 9 章

MyBatis 入门 ··· 134

第 10 章

MyBatis 核心配置及动态 SQL ·························· 144

第 11 章

SSM 框架 ·· 173

第 12 章

第 13 章

第 14 章

Spring Boot 入门 ·· 260

第 15 章

Spring Boot 整合应用 ······································ 272

第1章
企业级项目导引及开发环境

01

　　企业级项目通常存在数据量大、用户数多、业务复杂等问题，目前比较流行的企业级项目解决方案是使用 SSM 框架（即 Spring+Spring MVC+MyBatis）进行开发，或使用 Spring Boot+MyBatis 进行开发。常见的集成开发环境是 Eclipse IDE 或 IntelliJ IDEA。Maven 已被众多开发人员认可并被应用到各集成开发环境中。本章主要针对企业级项目特点及解决方案进行介绍，并结合具体项目案例进行导引分析，为后续学习框架相关技术奠定宏观概念。此后，对 Maven 的概念和配置，以及如何在 Eclipse IDE 中构建 Maven 项目进行了介绍。但后续关于 Spring、Spring MVC、MyBatis 各框架具体应用介绍的内容中，为了更好地帮助读者对各框架进行学习和理解，许多项目案例的构建过程中并未使用 Maven，而是仍然采用比较原始的、将类库（JAR 包）下载到本地项目路径下的方式实现项目构建。在 15.2 节的介绍中将使用 Maven 实现项目的构建和开发。

▶ 学习目标

1. 了解企业级项目概念及特点。
2. 了解企业级 Web 项目解决方案及 SSM 框架。
3. 了解项目案例"媒体素材管理系统"的分析及解决方案。
4. 了解 Eclipse IDE。
5. 掌握 Maven 的概念及配置。
6. 掌握如何在 Eclipse IDE 中配置 Maven。
7. 熟悉如何在 Eclipse IDE 中构建 Maven 项目。

1.1 企业级项目及解决方案

　　企业级项目是一个软件行业内部通用的术语。通常而言，它就是一个企业范围内所使用的，基于计算机的稳定、安全和高效的分布式信息管理系统。企业级项目不仅要解决项目中的诸多典型问题，具备强大的功能，还要适应未来业务需求的变化，易于升级和维护。

　　企业级项目采用了分层的理念来解决一系列问题。通过分层实现"高内聚、低耦合"，把问题划分并逐个解决，从而使企业级项目易于控制、延展，易于分配资源等。所有的企业级项目框架都可以分成 3 层或多于 3 层，但是不能保证所有的企业级项目的这 3 个层之间不发生耦合。

1.1.1　什么是企业级项目

企业级项目是指那些为商业组织、大型企业而创建并部署的解决方案及应用。企业级项目的结构复杂，涉及的外部资源众多、事务密集、数据量大、用户数多，需要较强的安全性。当代的企业级项目绝不可能是一个个相互独立的系统。

在企业中，一般会部署多个彼此连接的、通过不同集成层次进行交互的企业级项目，同时这些项目有可能与其他企业的相关项目连接，从而构成一个结构复杂的分布式企业项目集群。

对于企业级项目而言，它的分布有两种形式：客户机/服务器（Client/Server，C/S）结构和浏览器/服务器（Browser/Server，B/S）结构。

C/S 结构项目分为客户机和服务器两层。客户机不是毫无运算能力的输入、输出设备，而是具有一定的数据处理和数据存储能力的设备。通过把应用软件的计算和数据合理地分配在客户机和服务器两端，可以有效地减少网络通信量和服务器运算量。由于服务器连接个数和数据通信量的限制，这种结构的项目适用于用户数量不多的局域网。

B/S 结构是随着 Internet 技术的兴起，对 C/S 结构的一种改进。在这种结构下，应用软件的业务逻辑完全在服务器端实现，用户表现完全在 Web 服务器实现，客户端只需要浏览器即可进行业务处理。B/S 结构是一种全新的项目构造技术，由于浏览器的功能日益强大、网页技术的日益流行、应用服务器软件和中间件产品的逐步成熟，使用具有 B/S 结构的企业级项目已经成为一种流行的趋势。所以，在下面的讨论中，所谓的企业级项目统一为基于 B/S 结构的分布式企业级项目。

企业级项目通常具有如下特点。

（1）数据持久化。企业级项目需要持久保存数据。

（2）海量数据的存储。一般来说，企业级项目包含的数据量是巨大的。一个中型的系统就会包含超过 1GB 的数据，这些数据被组织成上千万条的记录。管理这些数据就成为这个系统的主要功能之一。

（3）数据的并发访问。多用户并发地存取数据是企业级项目的常见情况。对很多系统来说，用户可能不到百人。但是对于基于 Internet 的 Web 系统来说，用户是几何级递增的。对于越来越多的用户，确保他们都能从系统中正常地访问数据就是一个非常重要的任务。

（4）大量的用户图形界面。为了处理日益庞大的数据，大量的用户图形界面被投入使用，所以即使出现成百上千个截然不同的界面也并不稀奇。

（5）需要和其他项目集成。企业级项目并不是"信息孤岛"，经常需要和企业的其他企业级项目集成在一起。

（6）数据概念不统一。即使统一了集成的技术，也经常会碰到千差万别的业务处理方式和不统一的数据概念等问题。

（7）复杂的业务逻辑。业务逻辑是由企业根据自身的需要制定的业务规则决定的。层出不穷的规则或特例导致了业务的复杂性，使得软件的开发十分困难。

1.1.2 企业级 Web 项目解决方案

一般来说，典型的企业级 Web 项目开发主要分为 3 层，即控制层、业务逻辑层和数据持久层。

（1）控制层：用来分派用户的请求，从而执行不同的业务逻辑，并根据处理结果调用适合的表现层进行显示。有的时候，用来显示业务处理的结果页面也属于此层。

（2）业务逻辑层：用来完成具体的业务逻辑操作，并返回处理结果。

（3）数据持久层：用来完成业务逻辑对数据库的访问任务。

早期，Java 对企业级项目提供了官方的解决方案，即 Java 2 平台企业版（Java platform 2 Enterprise Edition，J2EE）。目前，J2EE 已改名为 Java EE。Java EE 的核心是 EJB 3.0，其提供了企业级项目框架。

企业 JavaBean（Enterprise Java Bean，ETB）是 Java EE 服务器端的组件模型，定义了一个用于开发基于组件的企业级项目的标准。凭借 Java 跨平台的优势，用 EJB 技术可以实现分布式系统的跨平台部署。

但是，EJB 的应用非常复杂，其复杂源于对所有的企业级项目采用统一的构建模式，并且所有企业级项目都需要分布式对象、远程事务，从而造成学习困难，使开发、测试、部署等增加了很多额外的要求和工作量。例如，EJB 的测试过程不能脱离 EJB 容器，每次测试都要进行应用部署并重启 EJB 容器；而部署和重启 EJB 容器是一项费时、费力的"重型操作"，测试则成为开发工作的瓶颈。因此，EJB 被定义为重量级的框架。

随着技术的发展，实际应用中，很多应用不需要采用分布式的解决方案，因此 EJB 显得太"臃肿"了，Spring 框架的出现则解决了这一问题。Spring 认为 Java EE 的开发应用应该更容易，并始终坚持"好的设计优于具体实现，代码应易于测试"这一理念。

Spring 是一个开源的轻量级开发框架，属于非 Java 官方解决方案。目前，对于企业级应用，常见的框架有以下几种。

（1）Struts/Struts 2+ Spring + Hibernate。

（2）Spring + Spring MVC + Spring Jdbc Template。

（3）Spring + Spring MVC + MyBatis。

（4）Spring Boot + MyBatis。

本书中将重点介绍 SSM 框架及其应用，SSM 体系架构如图 1-1 所示。

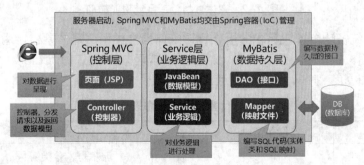

图 1-1　SSM 体系架构

目前，在企业级 Java 项目中，Spring 框架是必需的。Spring 的核心是控制反转（Inversion of Control，IoC），IoC 是一个大容器，可方便地组装和管理各类系统的内/外部资源，并支持面向切面编程（Aspect Oriented Programming，AOP）。AOP 是对面向对象编程（Object Oriented Programming，OOP）的补充，目前广泛用于日志和数据库事务控制，减少了大量的重复代码，使得程序更为清晰。Spring 可以使模块解耦，控制对象之间的协作关系。目前，Spring 框架已成为 Java 最为流行的框架之一。

1.2 项目案例导引

本书中以项目案例"媒体素材管理系统"为导引，逐步深入地介绍如何利用分层的理念，使用 SSM 框架或者 Spring Boot+MyBatis 框架来实现企业级项目的构建及开发。

1.2.1 项目案例：媒体素材管理系统

某公司为了更好地管理公司内各类宣传媒体素材，包括素材的浏览、统计、分类查看、维护管理等，决定开发一个媒体素材管理系统。通过该系统可以浏览媒体素材（图片、视频），可以对各类素材进行分类、维护、管理等操作。该系统主要包括前台功能和后台管理功能，实现登录管理、媒体素材管理、媒体素材分类管理、用户管理等模块，如图 1-2 所示。

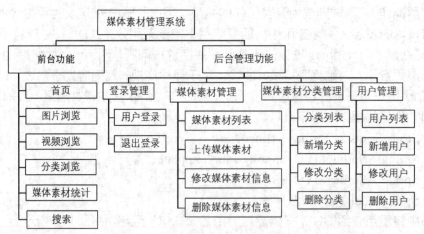

图 1-2 媒体素材管理系统功能结构

结合该系统各功能模块需求分析，针对媒体素材类型、媒体素材、用户管理需求，分别设计了媒体素材分类信息表（types）、媒体素材信息表（medias）和用户信息表（users），具体如表 1-1、表 1-2、表 1-3 所示。

表 1-1　媒体素材分类信息表（types）

字段名	字段类型	长度	字段含义	注释
typeid	int		流水号，分类编号	主键
typename	varchar	255	分类名称	

续表

字段名	字段类型	长度	字段含义	注释
description	varchar	255	分类描述	
typeimage	varchar	255	分类封面	
builddate	date		创建时间	

表 1-2　媒体素材信息表（medias）

字段名	字段类型	长度	字段含义	注释
mediaid	int		流水号，媒体素材编号	主键
mediatitle	varchar	255	媒体素材标题	
typeid	int		所属分类	外键
screendate	datetime		拍摄时间	
description	varchar	255	媒体素材描述	
mediatype	varchar	255	媒体素材类型	P 表示图片。V 表示视频
vedioimageurl	varchar	255	视频/图片地址	
mediaurl	varchar	255	媒体素材地址	
isopen	tinyint		是否开放	1 表示是。0 表示否

表 1-3　用户信息表（users）

字段名	字段类型	长度	字段含义	注释
username	varchar	20	用户名	主键
password	varchar	50	密码	
realname	varchar	50	真实姓名	

1.2.2　项目解决方案

对系统整体的设计和开发将采用分层的理念，以及 Spring、Spring MVC 和 MyBatis 框架来实现，整个系统的架构设计及技术选型方案如图 1-3 所示。

整个系统架构设计分为以下 3 层。

（1）Web 表现层：该层主要包括 Spring MVC 中的控制器类和 JSP 页面。控制器类主要负责拦截用户请求，调用业务逻辑层中相应组件的业务逻辑方法来处理用户请求，并将相应的结果返回给 JSP 页面。

（2）业务逻辑层（Service 层）：该层由若干 Service 接口和实现类组成。在媒体素材管理系统中，业务逻辑层的接口统一使用 service 结尾，其实现类名称统一在接口名后加.impl。该层主要用于实现系统的业务逻辑。

（3）数据持久层（DAO 层）：该层由若干数据访问对象（Data Access Object，DAO）接口和 MyBatis 映射文件组成。接口的名称统一以 mapper 结尾，且 MyBatis

映射文件名称要与接口的名称相同。该层用于分析业务数据，定义数据库表（对象），定义若干持久化类（实体类）。

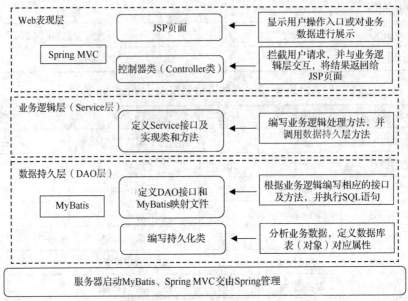

图 1-3　整个系统的架构设计及技术选型方案

项目主要目录及其说明如表 1-4 所示。

表 1-4　项目主要目录及其说明

目录	说明
src	项目源代码
cn.edu.ssm	项目包名
controller	控制器类
dao	DAO 接口和 MyBatis 映射文件
entity	持久化类（实体类）
interceptor	自定义拦截器
service	业务逻辑层接口
service.impl	业务逻辑层接口实现类
Config	
applicationContext.xml	Spring 配置文件
db.properties	数据库常量配置文件
log4j.properties	Log4j 配置文件
mybatis-config.xml	MyBatis 配置文件
resource.properties	资源参数配置文件
springmvc-config.xml	Spring MVC 配置文件
WebContent	
css	CSS 文件

续表

目录	说明
fonts	系统字体文件
images	系统图片
js	JS 文件
medias	媒体素材文件
WEB-INF	
jsp	
manage	后台管理功能文件路径
media_manage.jsp	媒体素材管理页面
type_manage.jsp	分类管理页面
user_manage.jsp	用户管理页面
index.jsp	系统首页
login.jsp	登录页面
photo_list.jsp	图片浏览页面
photo_view.jsp	图片查看页面
search_list.jsp	查询结果页面
statistic_list.jsp	统计页面
type_list.jsp	分类页面
video_list.jsp	视频浏览页面
footer.jsp	页面通用尾文件
header.jsp	页面通用头文件
pagebar.jsp	页面通用分页按钮页面
tree.jsp	页面通用左侧导航页面
web.xml	Web 部署描述文件

系统开发环境要求如下。

（1）操作系统：Windows。

（2）Web 服务器：Tomcat 9.0。

（3）Java 开发包：JDK 1.8。

（4）开发工具：Eclipse IDE for Enterprise Java Developers。版本：2019-06 (4.12.0)。

（5）数据库：MySQL 8.0。

（6）浏览器：IE 8.0 以上的浏览器或 360 极速浏览器。

本书中所有案例均采用上述环境进行开发，并通过测试。

1.3 开发环境

目前，常见的集成开发环境是 Eclipse IDE 或 IntelliJ IDEA。本节主要介绍 Eclipse IDE

环境的安装配置及其与 Maven 插件的集成应用。

1.3.1　Eclipse IDE 介绍

Eclipse IDE 是 IBM 公司开发的一个免费、开源的集成开发环境（Integrated Development Environment，IDE）。可以从 https://www.eclipse.org/downloads/packages/下载安装压缩文件，通常下载适用于企业级 Java 项目的 Eclipse IDE，如图 1-4 所示。

图 1-4　下载适用于企业级 Java 项目的 Eclipse IDE

选择"Windows 64-bit"选项进行下载，下载后的压缩文件如图 1-5 所示。

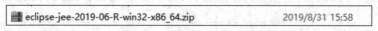

图 1-5　下载后的压缩文件

解压缩文件后，可双击"eclipse.exe"选项运行 Eclipse，弹出"Eclipse IDE Launcher"对话框，如图 1-6 所示。通常情况下，Eclipse 工作空间文件夹命名为 workspace，该文件夹主要用于存放各项目的源代码。

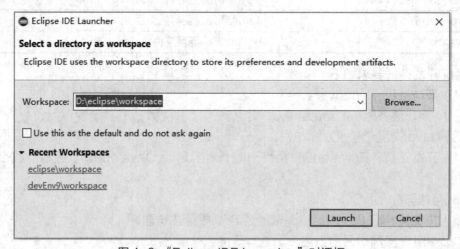

图 1-6　"Eclipse IDE Launcher"对话框

工作空间文件夹设置完成以后，单击"Launch"按钮，进入 Eclipse IDE 的欢迎界面，如图 1-7 所示。

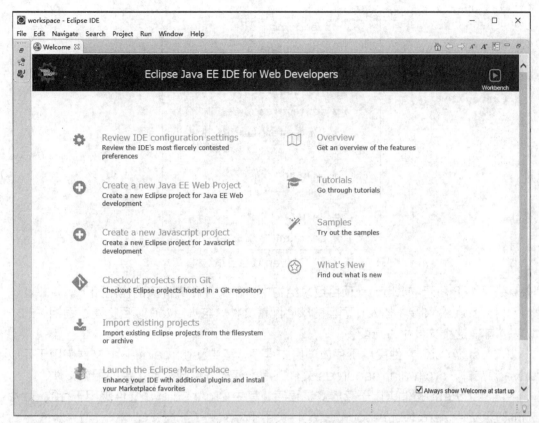

图 1-7　Eclipse IDE 的欢迎界面

1.3.2　Eclipse IDE 的 Maven 配置

Maven 是 Apache 公司的一个完全使用 Java 开发的开源项目,是一个用于实现项目开发中依赖项目类库下载和同步的项目管理工具。Maven 可以用于对 Java 项目进行构建和依赖管理,也可以用于帮助项目的编译。

由于 Maven 的默认构建规则有较高的可重用性,所以通常用仅含两三行代码的 Maven 构建脚本就可以构建简单的项目。使用 Maven 可以简化和标准化项目建设过程,能够帮助开发人员实现项目构建、文档生成、依赖管理、发布、团队协作等一些任务的无缝连接,使得开发人员的工作更轻松。Maven 也可用于构建和管理其他项目,如 C#、Ruby、Scala 和其他语言编写的项目。目前,采用 Maven 项目的公司比例在持续增长。

Maven 中提出了基于项目对象模型(Project Object Model,POM)的概念,项目中仅通过一小段描述信息便可以实现项目的构建、报告和文档管理等。Maven 项目的结构和内容在一个 XML 文件中声明,文件名为 pom.xml,这是整个 Maven 系统的基本单元。

Maven 项目中的关键文件和文件夹包括 pom.xml、src/main、src/test 和 target。Maven 项目目录结构如图 1-8 所示。

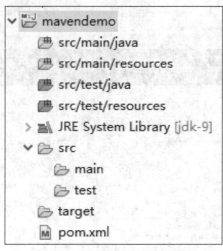

图 1-8　Maven 项目目录结构

在图 1-8 所示的 Maven 项目目录结构中，各文件和文件夹的作用如下。

（1）pom.xml 是 Maven 项目的核心配置文件，与 Maven 项目构建过程相关的一切设置都在这个文件中进行配置。

（2）src/main 文件夹用于存放项目主程序，其中 src/main/java 文件夹用于存放 Java 源文件，src/main/resources 文件夹用于存放框架或其他工具的配置文件。

（3）src/test 文件夹用于存放测试程序，其中 src/test/java 文件夹用于存放 Java 测试的源文件，src/test/resources 文件夹用于存放测试配置文件。

（4）target 是 Maven 在运行编译指令和测试指令时，生成的未打包的编译文件（扩展名为.class 的文件）的路径。

为什么 Maven 项目的目录结构要这样设置呢？Maven 的主要工作是实现项目的自动化构建，以编译为例，Maven 要想自动进行编译，就必须知道 Java 源文件保存在哪里。只有这样设置目录结构，Maven 才能自动知道 Java 源文件的位置，从而完成自动编译，不再需要用户手动进行位置指定。

Maven 是一个项目管理工具，其主要功能是依赖管理和项目构建。在实际项目开发过程中，最常用到的 Maven 功能就是依赖管理。Maven 构建的项目与传统方式构建的项目的不同之处在于，Maven 不再像传统方式那样，在构建项目时需要预先下载项目所依赖的 JAR 包，并将那些依赖包作为项目的一部分存储在项目的源代码中。逐个下载大量依赖包会浪费大量时间。同时，开发过程中对 JAR 包的依赖管理工作量大、操作复杂、枯燥乏味，而且极易产生错误，如非常常见的版本冲突。在 Maven 项目中，将通过在 pom.xml 中定义坐标后，从 Maven 仓库自动下载依赖包的方式实现项目的构建。Maven 项目中不再包含 JAR 包，不再需要采用手动复制、粘贴的方式导入 JAR 包，整个 Maven 项目文件就变得比较小，使得操作方便且不易出错。

在 Maven 项目中，项目的依赖、插件和构建完的输出都是以构件的形式存在的。Maven 使用一个统一的服务器存储这些构件，这些构件都是可共享的，这个统一的服务器就是仓库。使用 Maven 的最直观的好处就是统一管理 JAR 包，而在 Maven 仓库中这些 JAR 包都是作为构件存在的。

Maven 仓库可分为远程仓库、本地仓库和镜像仓库。Maven 项目下载依赖时会先寻找 Maven 本地仓库是否存在依赖的项目，通常通过项目名、版本号来寻找。如果依赖项目在本地仓库中不存在，则从远程仓库或镜像仓库中获取。

Maven 远程仓库就是指 Maven 的公共仓库，又称为 Maven 中心库，是由 Maven 官方提供的。Maven 远程仓库为全世界所有的 Java 开源项目提供免费服务，由至少一台真实存在的服务器为 Maven 远程仓库提供服务支持。Maven 远程仓库服务器访问速度较慢，在实际应用中配置一个好用的仓库源（镜像仓库）或者配置一个自己的本地仓库（私有仓库）是很有必要的。

Maven 本地仓库的默认路径为系统盘下的"用户文件夹/.m2/repository/"，在实际应用中可以修改这个默认路径。实际上，可以将 Maven 的本地仓库理解为"缓存"，用于存放项目所依赖的 JAR 包。在项目开发过程中，会先从本地仓库中获取 JAR 包。当无法获取指定 JAR 包的时候，本地仓库会从远程仓库（或镜像仓库）中下载所需要的 JAR 包，并将这些来源于远程仓库的 JAR 包"缓存"到本地仓库中以备将来使用。

关于镜像仓库，目前最好用的仓库源之一是由阿里巴巴集团提供的。如果 Maven 项目需要使用阿里云的仓库源，则可以通过 Maven 中的 settings.xml 文件进行配置。另外，本地仓库的应用也可以通过 settings.xml 文件进行配置。关于 Maven 的下载、安装，以及通过 settings.xml 文件实现镜像仓库或本地仓库的配置的方式等，将在接下来的内容中进行具体介绍。

为了实现代码重用，可以引用一些官方技术网站所提供的项目构件；也可以将开发人员自定义的 Maven 项目生成一个（或多个）构件并安装或部署到仓库中，供其他 Maven 项目使用。

目前，从 Eclipse 官网下载的较新版的 Eclipse IDE（如 4.9 版本）已经内嵌了 Maven 插件 M2E，不需要额外安装 Maven 插件。如果不对 Maven 进行重新配置，则 Maven 项目会自动连接、使用 Maven 远程仓库。由于 Maven 远程仓库服务器在国外，在国内进行访问时速度很慢或者不能正常访问，要解决此问题，可将 Maven 配置连接到镜像仓库中，或通过建立本地仓库的方式来提高 Maven 的运行效率。要使用镜像仓库或本地仓库，首先要下载和配置 Maven，可从 Apache 网站下载 Maven，进入 Maven 下载页面后单击相关超链接下载 Maven，如图 1-9 所示。

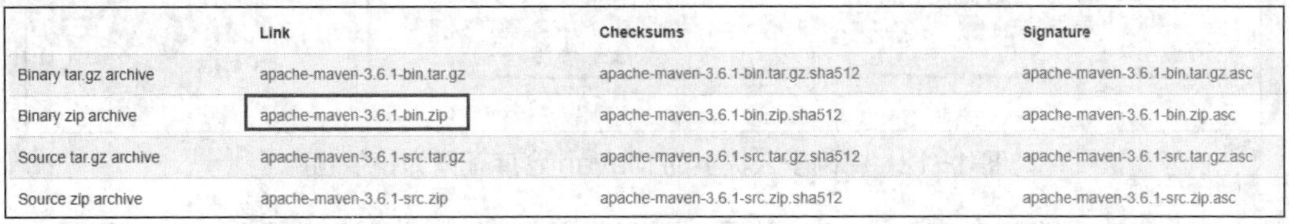

	Link	Checksums	Signature
Binary tar.gz archive	apache-maven-3.6.1-bin.tar.gz	apache-maven-3.6.1-bin.tar.gz.sha512	apache-maven-3.6.1-bin.tar.gz.asc
Binary zip archive	apache-maven-3.6.1-bin.zip	apache-maven-3.6.1-bin.zip.sha512	apache-maven-3.6.1-bin.zip.asc
Source tar.gz archive	apache-maven-3.6.1-src.tar.gz	apache-maven-3.6.1-src.tar.gz.sha512	apache-maven-3.6.1-src.tar.gz.asc
Source zip archive	apache-maven-3.6.1-src.zip	apache-maven-3.6.1-src.zip.sha512	apache-maven-3.6.1-src.zip.asc

图 1-9　Maven 下载页面

下载完成后，将 apache-maven-3.6.1-bin.zip 解压缩到磁盘的某非中文目录下，如 F:\maven\apache-maven-3.6.1。

在 Maven 解压缩文件夹中的 conf 目录下，修改 settings.xml 文件配置实现 Maven 镜像仓库和本地仓库的配置。settings.xml 文件如图 1-10 所示。

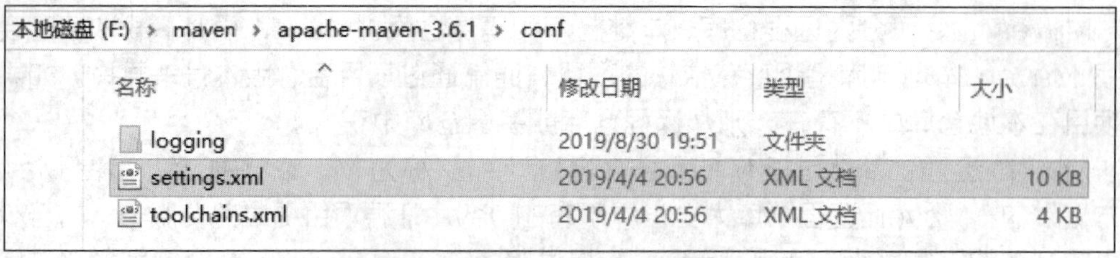

图 1-10　settings.xml 文件

打开 settings.xml 文件，文件中默认配置 Maven 本地仓库的路径为系统盘的"用户文件夹/.m2/repository/"。但实际项目中通常使用<localRepository></localRepository>标签为 Maven 配置一个非系统盘下的路径作为本地仓库。如果希望把目录 F:\maven\repository3.6.1 作为 Maven 本地仓库，则具体配置如图 1-11 所示。

```
<!-- localRepository
 | The path to the local repository maven will use to store artifacts.
 |
 | Default: ${user.home}/.m2/repository
<localRepository>/path/to/local/repo</localRepository>

<localRepository>F:\maven\repository3.6.1</localRepository>
```

图 1-11　settings.xml 文件配置 Maven 本地仓库

在 settings.xml 文件中，可以使用<mirrors></mirrors>标签对 Maven 的镜像仓库进行配置，例如，将阿里云提供的 Maven 仓库配置为镜像仓库，如图 1-12 所示。

```
<mirrors>
  <!-- mirror
   | Specifies a repository mirror site to use instead of a given repository. The repository that
   | this mirror serves has an ID that matches the mirrorOf element of this mirror. IDs are used
   | for inheritance and direct lookup purposes, and must be unique across the set of mirrors.
   |
  <mirror>
    <id>mirrorId</id>
    <mirrorOf>repositoryId</mirrorOf>
    <name>Human Readable Name for this Mirror.</name>
    <url>http://my.repository.com/repo/path</url>
  </mirror>
   -->

  <mirror>
    <id>nexus-aliyun</id>
    <mirrorOf>central</mirrorOf>
    <name>Nexus aliyun</name>
    <url>http://maven.aliyun.com/nexus/content/groups/public</url>
  </mirror>

</mirrors>
```

图 1-12　将阿里云提供的 Maven 仓库配置为镜像仓库

本地仓库或镜像仓库配置完成以后，即可在 Eclipse IDE 中进行 Maven 配置。打开 Eclipse IDE，选择"Window"→"Preferences"选项，打开"Preferences"窗口，如图 1-13 所示。

在"Preferences"窗口中找到 Maven 的配置项目，展开"Maven"节点，后选择"User Settings"选项，进入 User Settings 界面，如图 1-14 所示。

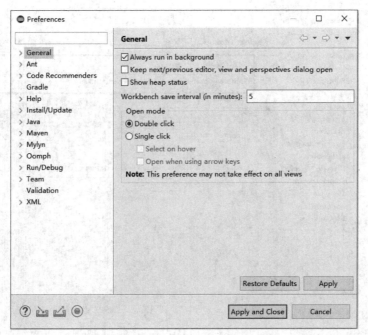

图 1-13 "Preferences"窗口

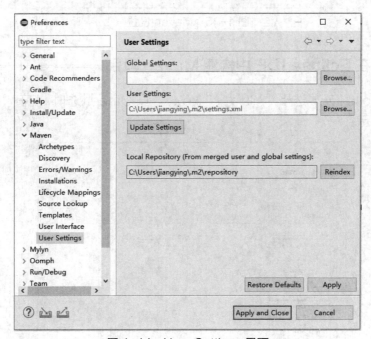

图 1-14 User Settings 界面

单击"Global Settings"对应的"Browse…"按钮,选择 Maven 的 settings.xml
文件,之后单击"Apply and Close"按钮完成 Maven 设置,如图 1-15 所示。

Maven 设置完成后,Eclipse 会自动使用 settings.xml 文件中设置的镜像仓库的
URL 信息来找到 Maven 镜像仓库,并进行 Maven 项目的构建。

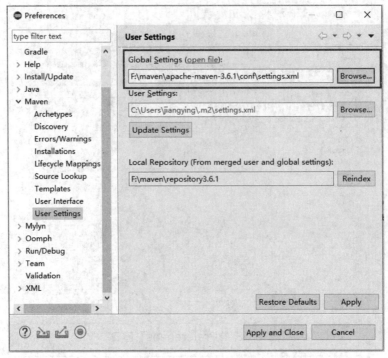

图 1-15　Maven 设置

1.3.3　在 Eclipse IDE 中构建 Maven 项目

打开 Eclipse IDE，选择"File"→"New"→"Other"选项，打开"New"窗口，如图 1-16 所示。

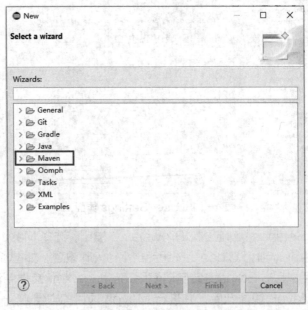

图 1-16　"New"窗口

展开"Maven"节点，选择"Maven Project"选项后单击"Next"按钮，打开"New Maven Project"窗口，如图 1-17 所示。

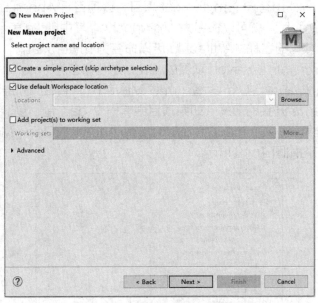

图 1-17 "New Maven Project"窗口

选中"Create a simple project（skip archetype selection）"复选框，跳过项目目录结构构建过程，单击"Next"按钮，进入 Configure project 界面。输入"Group Id""Artifact Id"等信息后，单击"Finish"按钮，完成 Maven 项目的创建，如图 1-18 所示。

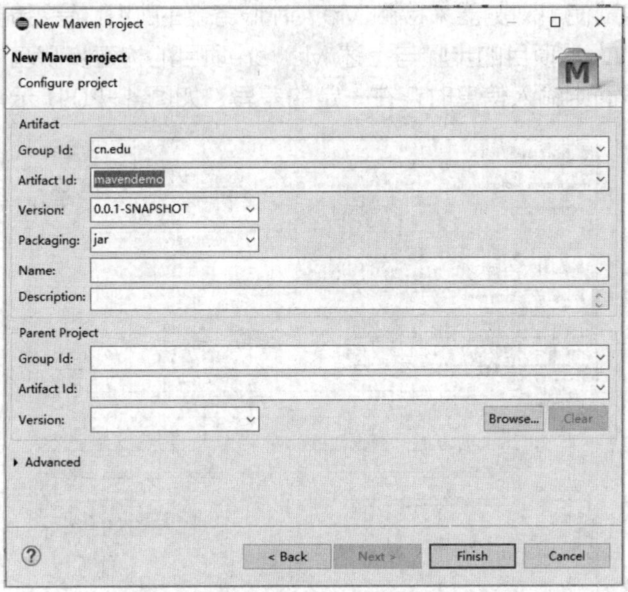

图 1-18 完成 Maven 项目的创建

Group Id 和 Artifact Id 被统称为"坐标"，"坐标"用于保证项目的唯一性。如果把当前项目放置到 Maven 本地仓库中，那么从 Maven 本地仓库中查找该项目时，就必须根据这两个 Id 去查找。

Group Id 表示企业包名称，一般分为多个段。但比较常用的有两段，一段为域，另一段为公司名称。例如，有一个 mytomcat 项目，该项目是 Apache 公司的一个项目，那么这个项目的 Group Id 就可以命名为 org.apache。其中，org 表示 Apache 公司的域，apache 表示公司的名称，Artifact Id 可以命名为 mytomcat。

如图 1-18 所示，新建 Maven 项目的 Group Id 命名为 cn.edu，Artifact Id 命名为 mavendemo。依照这个设置，该 Maven 项目的包结构可设置为以 cn.edu.mavendemo 开头的形式。如果项目中有一个 dao 包，包下有一个 UserDao 类，那么该类的全路径就是 cn.edu.mavendemo.dao.UserDao。Maven 项目创建成功后的默认目录结构如图 1-19 所示。

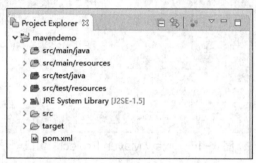

图 1-19　Maven 项目创建成功后的默认目录结构

Maven 项目目录结构是根据 Maven 服务器上的相关信息创建而成的，如果项目图标出现红色的编译错误标记，则表示当前项目与 Maven 服务器网络通信存在问题。对于此问题，可以尝试使用浏览器来检测 Maven 服务器的 URL 是否能够正常访问。

创建 Maven Web 项目的步骤与上述 Maven 项目的构建步骤基本相同，但在 New Maven project 界面中输入信息时存在一定的差异，如图 1-20 所示。

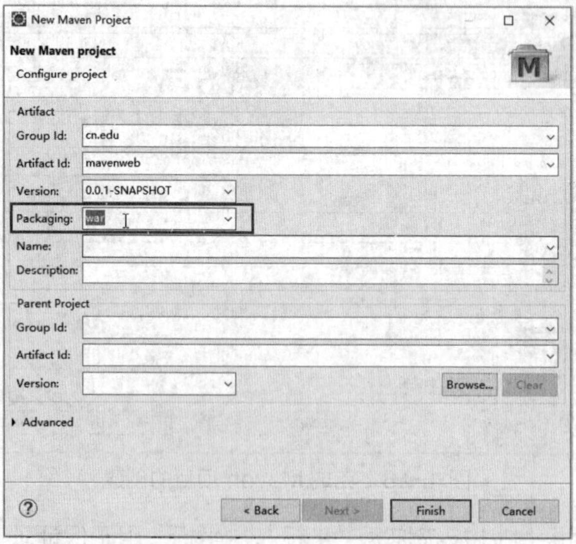

图 1-20　创建 Maven Web 项目时输入的信息

创建 Maven Web 项目与 Maven 项目（Java 项目）的主要区别在于 Packaging 信息的填写。在 Maven 项目中，Packaging 信息一般为 jar；而在 Maven Web 项目中，Packaging 信息通常为 war，即 Maven Web 项目最终打包为 WAR 包。项目信息填写完成后，单击"Finish"按钮，完成 Maven Web 项目的创建，Maven Web 项目目录结构及项目编译结果如图 1-21 所示。

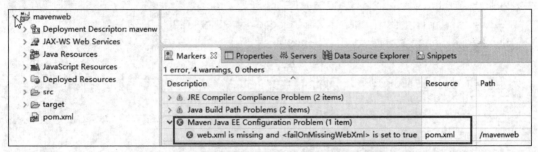

图 1-21　Maven Web 项目目录结构及项目编译结果

由于 Maven Web 项目不能够自动创建 web.xml 文件，从而导致项目编译错误，因此 Maven Web 项目初始创建时会报告缺少 web.xml 文件错误，出现红色错误提示。选择"Deployment Descriptor：mavenweb"选项并单击鼠标右键，在弹出的快捷菜单中选择"Generate Deployment Descriptor Stub"选项，创建 Web 部署描述文件 web.xml，可消除编译错误，如图 1-22 所示。

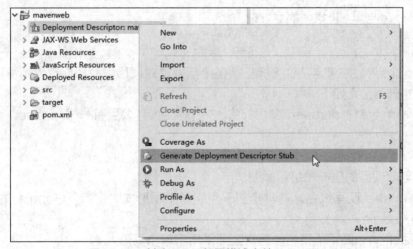

图 1-22　创建 Web 部署描述文件 web.xml

1.3.4　Maven 项目中的 pom.xml 文件

Maven 仓库中任何一个构件（依赖 JAR 包）都是由一组坐标信息唯一标识的。当某个 Maven 项目要获取某些构件时，可直接通过构件的坐标引用来共享构件，而不需要将项目需要的构件复制到每个 Maven 项目的独立目录中。在 Maven 项目中，只要在 Maven 配置文件 pom.xml 中指明项目构件的坐标，在项目编译、测试、运行时，Maven

即可自动根据坐标在仓库中找到对应的构件并使用。项目运行时，Maven 会自动扫描 pom.xml 文件，根据坐标配置同步仓库中的依赖构件到本地仓库中，并在项目测试和编译时使用。pom.xml 文件代码如代码清单 1-1 所示。

代码清单 1-1：pom.xml 文件代码（源代码为 mavendemo）

```xml
<project xmlns="http://maven.apache.org/POM/4.0.0"
xmlns:xsi="http://www.w3.org/2001/XMLSchema-instance"
    xsi:schemaLocation="http://maven.apache.org/POM/4.0.0
http://maven.apache.org/xsd/maven-4.0.0.xsd">
    <modelVersion>4.4.0</modelVersion>
    <groupId>mavenbook</groupId>
    <artifactId>mybook</artifactId>
    <packaging>jar</packaging>
    <version>1.0-SNAPSHOT</version>
    <name>Maven Quick Start Archetype</name>
    <url>http://maven.apache.org</url>
    <dependencies>
        <dependency>
            <groupId>junit</groupId>
            <artifactId>junit</artifactId>
            <version>3.8.1</version>
            <scope>test</scope>
        </denpendency>
    </denpendencies>
</project>
```

一个 pom.xml 中包含了许多标签，各个标签是对项目生命周期、依赖管理的配置。各个标签的具体含义如下。

（1）\<project\>：pom.xml 的根标签，一个 Maven 项目有一对\<project\>\</project\>标签。

（2）\<modelVersion\>：表示 Maven 的版本。

（3）当前项目的坐标和打包类型如下。

\<groupId\>：反写域名，通常全部采用字母小写形式。例如，Google 的项目可定义为 com.google。

\<artifactId\>：简写项目名，通常全部采用字母小写形式。

\<version\>：版本号和类型，如 2.0.3.RELEASE。版本号由 3 个整数表示，每个整数用 "." 分隔，表示形式为大版本号.分支版本号.小版本号。类型即版本类型，如 Alpha（内测版）、Beta（公测版）、Release（稳定版）、GA（正式发布版）等。

\<packaging\>：打包类型，默认为 jar，也可以为 war、zip、pom 等。

（4）\<name\>：当前项目名，建议和\<artifactId\>一致。

（5）\<url\>：项目地址。

（6）\<description\>：项目描述信息。

（7）\<developers\>：开发者信息。

（8）<licenses>：项目许可证信息，在发布时用于授予别人使用此项目的权利。

（9）<organization>：组织信息和企业信息。

（10）<properties>：属性值标签，也称变量标签。在 pom.xml 中，可以通过 EL 表达式访问变量的方法，即${属性名}来获取具体的属性值。一般指定的内容用来作为整个 pom.xml 中需要重复使用的内容或者全局变量。

（11）<dependencies>：项目中的依赖定义。其中，<version>中可以使用变量，格式为${变量名}，变量名须在<properties>中声明。

在 pom.xml 文件标签中，<groupId><artifactId><version><packaging>这 4 项组成了项目的唯一坐标。但在一般情况下，前面 3 项即可组成项目的唯一坐标。

pom.xml 文件中的依赖可通过界面操作的方式进行添加配置。在 Eclipse IDE 中，双击 pom.xml 文件，在进入的界面中选择"Dependencies"选项卡，进入项目依赖添加界面，如图 1-23 和图 1-24 所示。

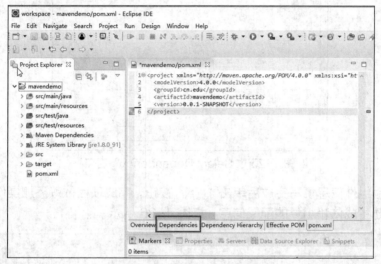

图 1-23　pom.xml 文件管理

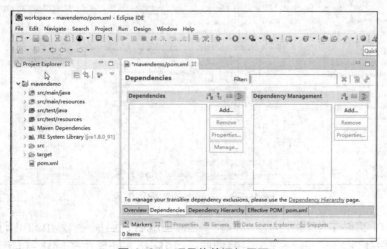

图 1-24　项目依赖添加界面

在项目依赖添加界面中单击"Add…"按钮，打开"Select Dependency"窗口，如图 1-25 所示。

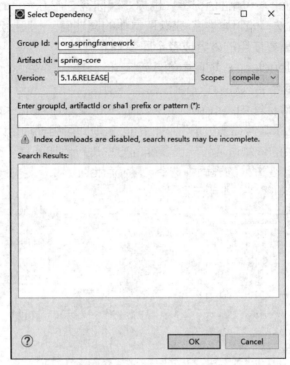

图 1-25　"Select Dependency"窗口

项目依赖组件信息填写完成后单击"OK"按钮，完成项目依赖添加操作。pom.xml 文件中将自动生成依赖组件的配置信息，如图 1-26 所示。

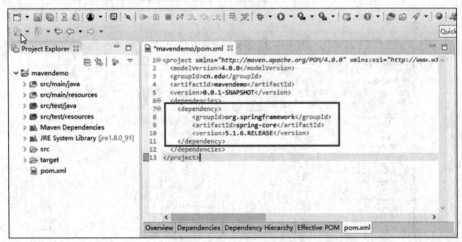

图 1-26　依赖组件的配置信息

pom.xml 文件中依赖组件的"坐标"信息生成后，当保存 pom.xml 时，会根据依赖"坐标"自动到 Maven 仓库中下载相应的 JAR 包。如果由于网络等原因不能成功连接到 Maven 仓库，则将提示错误信息。成功使用依赖坐标从远程仓库下载的依赖组件将保存在本地仓库中，具体如图 1-27 所示。

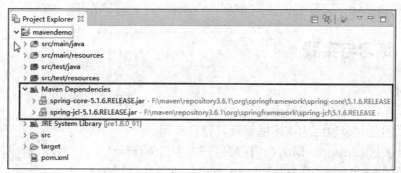

图 1-27　依赖组件将保存在本地仓库中

如果依赖组件下载过程中出现故障，则可以在 Maven 仓库正常连接后，再删除本地仓库的下载内容。之后选择项目名称并单击鼠标右键，在弹出的快捷菜单中选择“Maven”→“Update Project...”选项，更新 Maven 项目，如图 1-28 所示。

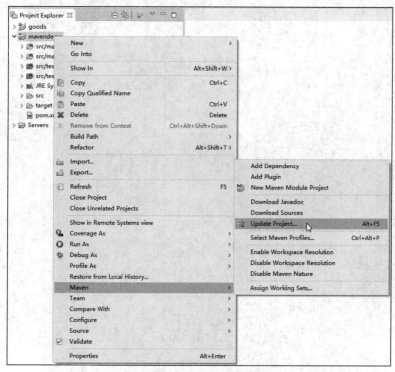

图 1-28　更新 Maven 项目

1.4　本章小结

本章先主要针对企业级项目、企业级 Web 项目的解决方案进行了介绍；再通过对项目案例“媒体素材管理系统”的分析和设计，引入了 Spring、Spring MVC、MyBatis

三大框架，并介绍了三大框架在企业级项目开发中的地位和作用，为后续学习框架相关技术奠定了基础；最后，对 Maven 的概念、Maven 仓库的使用和配置、如何在 Eclipse IDE 中配置 Maven，以及如何使用 Maven 构建项目进行了介绍。

1.5 练习与实践

【练习】

（1）简述企业级项目的特点。

（2）简述企业级项目的常用框架及其整合应用。

（3）什么是 Maven，Maven 在项目开发中有何作用？

（4）简述 Maven 项目中 pom.xml 文件的地位和作用。

【实践】

（1）尝试对一些企业网站进行调研和分析，并对项目开发实现设计解决方案。

（2）上机练习下载并安装 Eclipse IDE 和 Maven，在 Eclipse IDE 中配置 Maven。

（3）上机练习在 Eclipse IDE 中创建 Maven 项目。

第 2 章
Spring入门

02

Spring 是当前主流的 Java Web 轻量级开源框架，是为解决企业级项目开发的复杂性问题而设计的。掌握 Spring 框架已成为 Java 开发人员的必备技能。

▶ 学习目标

① 了解 Spring 框架的概念及体系结构。
② 掌握 Spring 入门程序。

③ 掌握 Spring IoC 容器的概念及创建第一个 Spring IoC/DI 项目。

2.1 Spring 框架概述

Spring 框架是目前 Java Web 应用最广的框架之一，它的成功源于理念，而不是技术本身，而所有的基本理念都可以追溯到一个最根本的使命，即简化开发。Spring 的核心理念包括 IoC 和 AOP 等。软件系统架构利用 Spring 框架管理系统中的包括表现层（Web 层）、业务逻辑层（Service 层）、数据持久层（DAO 层）等层在内的 Bean 组件，通过 Spring 的 IoC 和 AOP 机制实现应用程序中 Bean 组件等的关联，实现了低耦合调用，增强了系统的可维护性和扩展性，便于测试。

2.1.1 Spring 框架

Spring 框架的主要优势之一就是它采用了分层架构的理念，通过分层架构的方式，对不同的分层采用不同的组件。在实际应用中，Java EE 企业级项目常采用三层架构，包括表现层、业务逻辑层、数据持久层。

（1）表现层：又称 Web 层，用于页面数据显示和页面跳转控制。

表现层是最贴近用户的一层，该层由一系列的 JSP 页面、Velocity 页面、FreeMarker 页面、PDF 文档视图组件等组成，负责发起用户请求，并显示处理结果。针对表现层，Spring 框架提供了 Spring MVC 及 Struts 框架的整合功能。Spring MVC 是一个基于 MVC 模式的 Web 框架。Spring MVC 是 Spring 框架的一个模块，Spring MVC 和 Spring 之间无须通过中间整合层进行整合。一些实际项目中，也常常会将 Spring MVC 的项目单独划分为一层，称之为控制器层（Controller 层），而将用于发起请求或展示数据的具体页面划分为 View 层。Controller 层由一系列控制器组成，这些控制器用于拦截用户的请求，并且调用业务逻辑组件的业务逻辑方法来处理用户请求，根据处理结果转发到不同的 View 层页面。程序运行时，用户首先看到 View 层，在 View 层页面中单击请求按钮或超链接向 Controller 层发起请求。Controller 层调用领域对象（Model）或业务逻辑层（Service 层）中的方法，并将调用方法后返回的数据返回到 Controller 层。最终由 Controller 层将数据传递到 View 层页面进行展示，以便用户查看。

（2）业务逻辑层：又称 Service 层，用于业务处理和功能逻辑的事务控制，以及日志记录等。

业务逻辑层由一系列的业务逻辑对象组成，这些业务逻辑对象实现了系统所需要的业务逻辑方法。这些业务逻辑方法可能仅仅是用于定义领域对象所实现的业务逻辑方法，也可能是依赖 DAO 组件所实现的业务逻辑方法。使用 Spring 框架可以实现对项目中业务逻辑层组件的管理。

（3）数据持久层：又称 DAO 层，用于数据存取和封装，主要与数据库进行交互。

数据持久层主要为业务逻辑层或表现层提供数据服务。通常，数据持久层包括所有的 CRUD 方法与查询机制，使得业务逻辑层能够针对任何给定的条件检索数据对象。Spring 框架提供了对 MyBatis、Hibernate、Jdbc Template 等框架的整合。

简单来说，Spring 是一个基于分层的 Java SE/EE 一站式轻量级开源框架。实际项目中，Spring 框架将贯穿于表现层、业务逻辑层和数据持久层，通过 Spring 框架，多种框架可以无缝衔接。

2.1.2　Spring 框架体系结构

Spring 框架采用了分层架构的理念，Spring 5 框架大约有 20 个模块，由 1300 多个不同的文件构成。这些模块主要包括核心容器（Core Container）、AOP 和设备支持（Instrumentation）、数据访问/集成（Data Access/Integeration）、Web、报文发送（Messaging）、测试（Test）等。Spring 5 框架体系结构如图 2-1 所示。

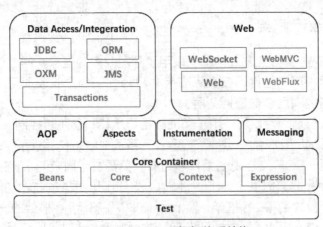

图 2-1　Spring 5 框架体系结构

图 2-1 所示的 Spring 5 框架体系结构涵盖了 Spring 框架的所有模块，但实际应用

中常用的模块主要有 Core Container、AOP 和 Aspects、Web、Data Access/Integration、Instrumentation、Messaging 等。Spring 框架的每个模块都可以单独实现，也可以多个模块联合实现。下面对各模块的组成及功能进行介绍。

（1）Core Container 模块：主要由 Beans（spring-beans）、Core（spring-core）、Context（spring-context）和 Expression（spring-expression）4 个模块组成。Spring 核心容器是 Spring 框架其他模块的基础。

① spring-beans 和 spring-core 模块是 Spring 框架的核心模块。spring-beans 模块提供了 BeanFactory 接口，该接口是 Spring 框架中的核心接口，它是工厂模式的经典实现。Spring 将其管理对象（或组件）称为 Bean。spring-core 模块作为 Spring 框架的基本组成部分，实现了 IoC 和依赖注入（Dependency Injection，DI）。BeanFactory 使用 IoC 实现了应用程序的配置和依赖的代码分离。在实际应用中，BeanFactory 实例化后并不会自动实例化 Bean 组件，只有当 Bean 组件被使用时，BeanFactory 才会对该 Bean 组件进行实例化与依赖关系的装配。

② spring-context 模块建立在 spring-beans 和 spring-core 模块的基础上。该模块扩展了 BeanFactory，提供了许多企业级支持，如邮件访问、远程访问、任务调度等。ApplicationContext 接口是 spring-context 模块的核心接口。与 BeanFactory 不同，ApplicationContext 实例化后会自动对所有的单实例 Bean 组件进行实例化及依赖关系的装配，使之处于待用状态。

③ spring-expression 模块是 Spring 3.0 以后的版本新增的模块，是统一表达式语言（Expression Language，EL）的扩展模块。该模块可以查询、管理运行中的对象，也可以方便地调用对象方法、操作数组、集合等。

（2）AOP 和 Aspects 模块：AOP（spring-aop）模块是 Spring 的另一个核心模块，提供了 AOP 实现。继 OOP 后，AOP 是一个对开发人员影响极大的编程方法，极大地开拓了开发人员的编程思路。Aspects（spring-aspects）模块提供了与 AspectJ 框架的集成功能，AspectJ 框架是一个功能强大并较为成熟的 AOP 框架。从 Spring 2.0 开始，Spring AOP 引入了对 AspectJ 的支持，为 Spring AOP 提供多种 AOP 实现方法。

（3）Web 模块：由 Web（spring-web）、WebMVC（spring-webmvc）、WebSocket（spring-websocket）和 WebFlux（spring-webflux）模块组成。

① spring-web 模块为 Spring 提供了最基础的 Web 支持，主要建立于核心容器之上，使用 Servlet 监听器来初始化 IoC 容器和 Web 应用上下文。

② spring-webmvc 模块又称 WebMVC 模块，实现了 Spring MVC 的 Web 应用。

③ spring-websocket 模块是 Spring 4.0 以后的版本新增的模块，提供了 Socket 通信和 Web 端的推送功能。

④ spring-webflux 是一个新的非堵塞函数式 Reactive Web 框架。spring-webflux 是在 Spring 5 中引入的，可以用来建立异步的非阻塞事件驱动服务，并具有良好的扩展性。

（4）Data Access/Integration 模块：由 JDBC（spring-jdbc）、Transactions（spring-tx）、ORM（spring-orm）、JMS（spring-jms）和 OXM（spring-oxm）

模块组成。

① spring-jdbc 模块是 Spring 提供的 JDBC 抽象层，用于简化数据库操作。spring-jdbc 提供了 JDBC 模板、关系数据库对象化、事务管理等方式来简化 JDBC 编程，主要模板类包括 JdbcTemplate、SimpleJdbcTemplate 和 NamedParameterJdbcTemplate。

② spring-tx 模块是针对 Transactions 事务管理的模块，它对事务进行了很好的封装，并可以通过 AOP 非常灵活地配置在任何一层。

③ spring-orm 模块是对象关系映射（Object Relational Mapping，ORM）框架支持模块，对 Hibernate、Java 数据持久层 API（Java Persistence API，JPA）和 Java 数据对象（Java Data Objects，JDO）提供了集成支持。

④ spring-jms 模块提供了 Java 消息服务（Java Messaging Service，JMS）能够发送和接收信息的功能，自 Spring 4.1 以后的版本支持与 spring-messaging 模块的集成。

⑤ spring-oxm 模块主要提供了一个抽象层来支持 XML 映射（Object to XML Mapping，OXM）。Spring 对于 OXM 的支持，可以让 Java 与 XML 互相切换，即可将 Java 对象映射成 XML 数据，或将 XML 数据映射成 Java 对象。

（5）Instrumentation（spring-instrument）模块：设备支持模块。spring-instrument 模块提供了在特定应用程序服务器中使用的类工具支持和类加载器实现的功能。

（6）Messaging（spring-messaging）模块：报文发送模块。spring-messaging 是 Spring 4 以后的版本新增的模块，主要是为 Spring 框架集成一些基础的报文发送应用。

（7）Test（spring-test）模块：测试模块。spring-test 模块主要为单元测试或集成测试提供支持。

Spring 是一个轻量级的 IoC/DI 和 AOP 容器框架。它的轻量级主要是与 EJB 相对比而言的。Spring 框架采用 IoC 机制对 Java 的 Beans 组件进行配置管理，使得应用程序的组件可以被更加快捷简易地使用。同时，Spring 框架提供了一些基础功能，如事务管理、数据持久层集成等，使开发人员能够专注于系统应用逻辑的开发。使用 Spring 框架的好处如下。

（1）方便解耦、简化开发。Spring 的设计采用了工厂模式，就是一个"大工厂"，可以将所有对象的创建和依赖关系的维护交给 Spring 容器来管理，从而降低各组件间的耦合度。

（2）非侵入式设计。Spring 框架是一种非侵入式的轻量级框架，允许在应用系统中自由选择和组装 Spring 框架的各个功能模块，并不强制要求应用系统的类必须从 Spring 框架的系统 API 的某个类中继承或者实现某个接口。

（3）支持 AOP。通过 AOP 可以方便地实现对程序的权限拦截、事务管理、日志记录等运行监控功能。

（4）支持声明式事务管理。Spring 框架中只需要通过配置就可以完成对事务的管理。

（5）方便程序的测试。Spring 支持 JUnit4，可以通过注解方便地测试 Spring 程序。

（6）方便集成各种优秀框架。Spring 框架提供了对 Struts、Hibernate、MyBatis 等多种优秀框架的集成支持。

（7）降低 Java EE API 的使用难度。Spring 对 JDBC 等 Java EE 中使用复杂的 API 进行了进一步封装，从而大大降低了这些 API 的使用难度。

2.2 Spring 入门程序

Spring 框架最初是由罗宾·约翰逊（Rod Johnson）于 2000 年提出的。他在《Expert One-on-One J2EE Development without EJB》一书中，进一步拓展了 Spring 框架的代码。2003 年，一批自愿拓展 Spring 框架的程序开发人员组成了团队，并基于 Spring 框架构建了一个项目。这个团队在 2004 年 3 月发布了 Spring 1.0。从此，Spring 框架在 Java 社区中流行起来，并陆续发布了 Spring 2.x、Spring 3.x、Spring 4.x、Spring 5.x。本书中的代码将采用 Spring 5.1.6。

2.2.1 Spring 的下载及目录结构

要想使用 Spring 框架，首先需要下载 Spring 框架所需要的类库（JAR 包）。Spring 开发所需的 JAR 包主要包括两部分：一部分是 Spring 框架包，另一部分是 Spring 框架所依赖的第三方依赖包。对于非 Maven 项目，Web 项目构建前需要将 Spring 框架类库下载到本地磁盘中，并将解压缩后的 JAR 包复制到 Spring 项目的路径下，通常放在 WEB-INF/lib/路径下。Spring 框架包可以通过 https://repo.spring.io/libs-release-local/org/springframework/spring/5.1.6.RELEASE/ 进行下载，要下载的 Spring 5.1.6 框架包如图 2-2 所示。

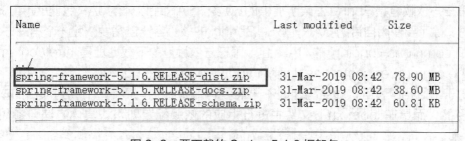

图 2-2　要下载的 Spring 5.1.6 框架包

下载完成后，将框架包的压缩文件解压，Spring 框架包目录结构如图 2-3 所示。

在 Spring 框架包目录结构中，libs 文件夹中包含了 JAR 包和源代码，docs 文件夹中包含了 API 文档和开发规范，schema 文件夹中包含开发所需要的 schema 文件。打开 libs 文件夹，可以看到其中有 63 个 JAR 包，这些 JAR 包主要分为以下 3 类。

（1）以.RELEASE.jar 结尾：class 文件的 JAR 包。

（2）以.RELEASE-javadoc.jar 结尾：Spring 框架 API 文档 JAR 包。

（3）以.RELEASE-sources.jar 结尾：Spring 框架源文件 JAR 包。

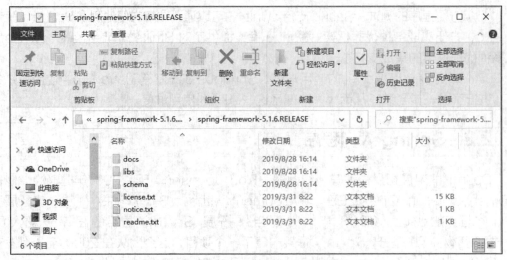

图 2-3　Spring 框架包目录结构

要想在项目中使用 Spring 框架的各个模块，只需要将 libs 文件夹中以 .RELEASE.jar 结尾的 JAR 包引入项目即可。对于 Spring 框架的初级基础项目，仅需要导入 libs 文件夹中的 4 个 Spring 的基础包和 1 个第三方依赖包。4 个基础包具体如下。

（1）spring-core-5.1.6.RELEASE.jar：包含 Spring 框架的核心工具类，Spring 其他组件都要用到这个包中的类。

（2）spring-beans-5.1.6.RELEASE.jar：所有项目都要用到的 JAR 包，它包含访问配置文件，创建、管理 Bean 以及进行 IoC 或者 DI 操作相关的所有类。

（3）spring-context-5.1.6.RELEASE.jar：提供了在基础 IoC 功能上的扩展服务，还提供了许多企业级服务支持。

（4）spring-expression-5.1.6.RELEASE.jar：定义了 Spring 的表达式语言。

第三方依赖包是 Spring 框架所提供的 60 多个 JAR 包以外的 JAR 包。在使用 Spring 框架时，除了要使用自带的 JAR 包外，Spring 的核心容器还需要依赖一个第三方 JAR 包，即 commons-logging 的 JAR 包。第三方依赖包的下载地址是 http://commons. apache.org/proper/commons-logging/download_logging.cgi。

对于 Maven 项目，项目构建时不再需要将 Spring 框架类库下载到项目的本地物理路径下，而是在 pom.xml 文件中进行相应的依赖配置即可。具体方法可参见本书 1.3.4 节。

2.2.2　第一个 Spring 项目

实际开发中，可以使用 Maven 来构建 Spring 基础项目。作为第一个 Spring 项目，采用传统的项目构建方式进行构建，即非 Maven 方式，其基本构建步骤如下。

（1）新建一个项目，该项目可以是 Java 项目或 Web 项目。为简化构建步骤，这里将通过一个 Java 项目来对 Spring 框架的基础项目进行体验，项目名称是 ch2-1。在 Eclipse IDE 中，选择"File"→"New"→"Java Project"选项，打开"New Java Project"窗口，新建项目 ch2-1，如图 2-4 所示。

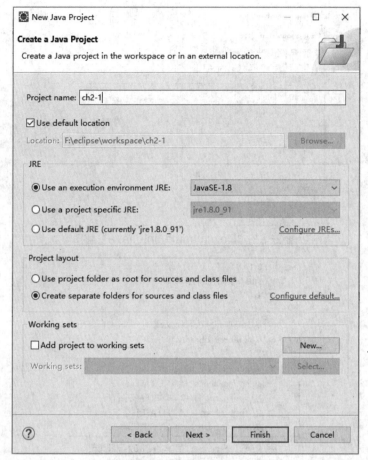

图 2-4　新建项目 ch2-1

　　本书中所有项目默认基于 JDK 1.8、Tomcat 9 环境构建并运行。自 JDK 1.9 以后的版本引入了 Module 机制，即模块化功能。JDK 1.9 中的每个 Java 类型都是模块的成员，包含 int、long 和 char 等原始类型。所有原始类型都是 java.base 模块的成员。JDK 1.9 中的 Class 类有一个 getModule()新方法，它返回该类作为其成员的模块引用。基于 JDK 1.9 或以上版本环境进行项目构建时，在新建 Java 项目窗口中单击"Finish"按钮时的打开的窗口与 JDK 1.8 环境下的略有不同。在 JDK 1.9 环境下，单击"Finish"按钮后将打开"New module-info.java"窗口，在该窗口中可以输入模块名称后单击"Create"按钮创建模块类文件，也可以单击"Don't Create"按钮取消创建模块类文件。但在 JDK 1.8 环境下，将不会打开"New module-info.java"窗口，而是直接进入 Java 项目创建完成界面。"New module-info.java"窗口如图 2-5 所示。

　　（2）下载 Spring 框架 JAR 包，并在 ch2-1 项目中导入 Spring 框架的 4 个基本 JAR 包和 1 个第三方依赖包。具体操作步骤如下。

　　① 在项目 ch2-1 中创建文件夹 lib，复制 Spring 类库（即 4 个基本 JAR 包和 1 个第三方依赖包）到 lib 文件夹下。Spring 框架基础项目类库如图 2-6 所示。

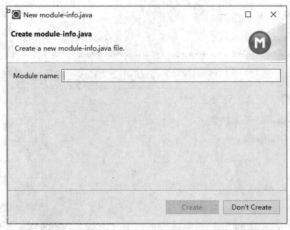

图 2-5 "New module-info.java" 窗口

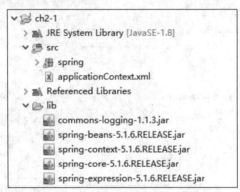

图 2-6 Spring 框架基础项目类库

② 在项目 ch2-1 上单击鼠标右键，选择"build-path"→"configure build path"选项，在弹出的对话框中选择"libraries"选项卡，单击"Add JARs…"按钮，在项目 ch2-1 下找到 lib 文件夹，选择并导入 Spring 类库到项目中。

（3）创建并编写 Spring 框架项目的 XML 配置文件，将文件命名为 application Context.xml（也可以使用其他名称），可放在项目 ch2-1 的 src 目录下。Spring 框架的 XML 配置文件采用<beans>作为根元素进行配置，针对不同项目的需求，需要在标签中添加具体的配置内容。后续步骤中将结合项目 ch2-1 的具体需求进行具体的介绍，这里仅对<beans>根元素的配置进行介绍，<beans>根元素的配置如代码清单 2-1 所示。

代码清单 2-1：<beans>根元素的配置（源代码为 ch2-1）

```
<beans xmlns="http://www.springframework.org/schema/beans"
    xmlns:xsi="http://www.w3.org/2001/XMLSchema-instance"
    xsi:schemaLocation="http://www.springframework.org/schema/beans
    http://www.springframework.org/schema/beans/spring-beans.xsd">
<!--  针对不同项目的需求，需要在这里添加具体的配置内容-->

</beans>
```

30

（4）在项目 ch2-1 中的 src 目录下创建 spring 包，并在 spring 包下创建类 HelloSpring。在类中定义一个普通方法 print()，并输出字符串"Spring 被调用了！"来实现业务操作模拟。这里的 HelloSpring 类就是一个普通的 Java 类，常被称为 JavaBean 或 Bean 组件。Spring 框架实现了对系统中的 Bean 组件的管理。Bean 组件定义如代码清单 2-2 所示。

代码清单 2-2：Bean 组件定义（源代码为 ch2-1）

```java
package spring;

public class HelloSpring {
    public void print(){
        System.out.println("Spring 被调用了！");
    }
}
```

（5）Bean 组件定义完成后，要想使用 Spring 框架对已定义的 Bean 组件进行管理，需要在 Spring 的 XML 配置文件中使用<bean></bean>标签对 Bean 组件进行配置。Spring 的 XML 配置文件 applicationContext.xml 在第（3）步中已经创建完成，在已有 XML 文件中对 Bean 组件进行配置，如代码清单 2-3 所示。

代码清单 2-3：在已有 XML 文件中对 Bean 组件进行配置（源代码为 ch2-1）

```xml
<beans xmlns="http://www.springframework.org/schema/beans"
    xmlns:xsi="http://www.w3.org/2001/XMLSchema-instance"
    xsi:schemaLocation="http://www.springframework.org/schema/beans
    http://www.springframework.org/schema/beans/spring-beans.xsd">
    <!-- 将指定类 HelloSpring 配置在 Spring 容器中，使用 Spring 对其进行管理 -->
    <bean id="helloBean" class="spring.HelloSpring">   </bean>

</beans>
```

<bean>标签中的 id 属性表示组件的唯一标识，class 属性表示需要使用 Spring 容器来实例化的 Bean 组件。在代码清单 2-3 中，通过<bean>标签在 Spring 容器中创建了一个 id 为 helloBean 的 Bean 实例。

（6）Spring 框架类库引用，以及 Bean 组件的定义和配置完成以后，可以定义一个测试类（TestSpring）类，并在类中定义 main()方法。在 main()方法中加载 Spring 的 XML 配置文件，实现 Spring 容器的初始化，最终通过 Spring 容器获取 Bean 实例（即 Java 对象）来完成实例中方法的调用。测试类及 main()方法的定义如代码清单 2-4 所示。

代码清单 2-4：测试类及 main()方法的定义（源代码为 ch2-1）

```java
package spring;

import org.springframework.context.ApplicationContext;
import org.springframework.context.support.ClassPathXmlApplicationContext;

public class TestSpring {
```

```
public static void main(String[] args) {
    //加载 XML 配置文件，初始化 Spring 容器
    ApplicationContext context = new
ClassPathXmlApplicationContext("applicationContext.xml");
    //通过 Spring 容器获取 Bean 实例 helloBean
    HelloSpring hello = (HelloSpring) context.getBean("helloBean");
    //调用实例中的 print()方法
    hello.print();
    }
}
```

运行 main()方法，运行结果如图 2-7 所示。

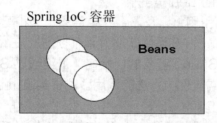

图 2-7　运行结果

<!-- -->

2.3　Spring IoC 容器

　　Spring 框架的核心技术采用了 IoC/DI 和 AOP 来实现低耦合，提高了代码的开发效率及可维护性。在 Spring 框架项目中，IoC 意味着将设计好的对象全部交给 Spring容器来控制，而不是像传统 Java 开发那样，对象均由调用者内部直接控制。在传统 Java程序设计中，程序调用某个对象时，需要在程序内部通过 new 创建对象，即对象的创建依赖于程序本身，由程序自己控制。而采用了 IoC 以后，程序要使用的对象则全部由一个专门的容器来创建和管理，这个容器常被称为 IoC 容器。

　　Spring IoC 容器是一个轻量级容器，用于管理 Beans，是一个非常好的 JavaBean工厂，如图 2-8 所示。

Spring IoC 容器

Beans

图 2-8　Spring IoC 容器

2.3.1　什么是 Spring IoC/DI

　　IoC 和 DI 是对同一件事情的不同描述，描述的角度不同。

　　IoC 是一个比较抽象的概念，初学者不易理解。现实生活中，IoC 的意思就是将控

制权交由别人来负责，而不是由自己负责。举例来说，在不能网络订餐的时候，通常人们吃饭需要自己买菜自己烹饪，即饭菜的做法或味道都由自己来控制。而可以网络订餐以后，人们可以不再自己做饭，而是由别人（即餐饮店）来提供，饭菜的做法及味道都不再由自己控制，这个过程就是一个 IoC 的过程。饭菜不是自己做的，那要想吃到这些饭菜该怎么办呢？实际生活中采用的方式是由送餐人员将做好的饭菜送到订餐人员面前，而这个过程就是一个 DI 的过程。简单而言，IoC 的意思是"我自己需要使用的对象由别人来创建"，DI 的意思是"我自己要使用的对象由别人来提供"。对于使用 Spring 框架的应用程序而言，这里的"别人"就是指 Spring 框架。

如果说 IoC 是一种思想，那么 DI 就是实现这种思想的手段。IoC 和 DI 为编程带来的最大改变不是代码上的，而是从思想上发生了"主从换位"的改变。在传统编程方式中，以程序本身为主，程序要获取什么资源都是自己主动创建的。但是在 IoC/DI 中，应用程序变成了被动的，被动地等待 IoC/DI 容器来创建并注入它所需要的资源。通过这种方式有效地分离了程序和它所需要依赖的外部资源（即调用的对象），使得程序松耦合，有利于功能复用。更重要的是，这种方式使程序的整个体系结构变得更加清晰。

假如应用程序中有 A 类和 B 类两个类，如果使用传统 Java 程序设计方式，则 A 类调用 B 类，A 类是调用者，B 类是被调用者（或者称被依赖对象），B 类相当于 A 类的外部资源。传统方式下，A 类调用 B 类的过程如图 2-9 所示。

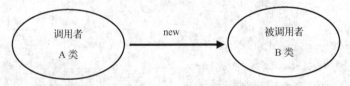

图 2-9　传统方式下，A 类调用 B 类的过程

使用传统 Java 程序设计方式模拟实现账户添加功能，程序设计需要包括以下内容。

（1）Account：表示账户信息。

（2）JDBCAccountDao：模拟数据库访问。

（3）AccountAction：调用 JDBCAccountDao 完成数据访问。

（4）Test：测试代码，调用 AccountAction 模拟添加账户操作申请。

因此，使用传统 Java 程序设计方式模拟实现账户添加功能的程序如代码清单 2-5 所示。

代码清单 2-5：使用传统 Java 程序设计方式模拟实现账户添加功能的程序（源代码为 ch2-2）

```java
//账户信息
public class Account {
    private String name;
    private String id;
public String getName() {
    return name;
}
}
public void setName(String name) {
    this.name = name;
```

```
    }
    public String getId() {
        return id;
    }
    public void setId(String id) {
        this.id = id;
    }
}


//调用 JDBCAccountDao 完成数据访问
public class AccountAction {
    public void save(){
        Account account = new Account();
        account.setId("1234567890");
        account.setName("张三");
        JDBCAccountDao dao = new JDBCAccountDao();
        dao.save(account);
    }
}


//模拟数据库访问
public class JDBCAccountDao {
    public void save(Account account){
        System.out.println("添加账户信息");
    }
}


//测试代码，调用 AccountAction 模拟添加账户操作申请
public class Test {
    public static void main(String[] args) {
        AccountAction action = new AccountAction();
        action.save();
    }
}
```

传统 Java 程序设计方式具有以下特点。

（1）对象在被使用的时候才会被创建。

（2）谁使用对象就由谁创建。

（3）对象不能共享，每次使用都需要创建对象。

（4）耦合度高，如 AccountAction 与 JDBCAccountDao。

使用 IoC 容器以后，A 类和 B 类都交由 IoC 容器创建管理。A 类调用 B 类时，B 类不再由 A 类来创建，而 B 类的实例化过程交由 IoC 容器来完成。A 类处于被动等待状态，等待 IoC 容器将实例化的 B 类的对象注入 A 类中，B 类的对象注入 A 类中的过程

就是 DI。使用 IoC 容器后 A 类调用 B 类的过程如图 2-10 所示。

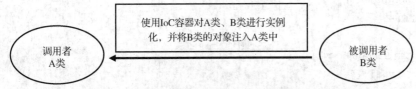

图 2-10　使用 IoC 容器后 A 类调用 B 类的过程

　　DI 就是依赖对象不再由调用者自己来实例化，而是通过 IoC 容器进行实例化并注入调用者中。在 Spring 中，要想获取 IoC 容器实例可通过属性 Setter 方法注入或者 constructor 构造方法注入调用者中，具体方法将在 3.2 节中详细介绍。

2.3.2　第一个 Spring IoC/DI 项目

　　2.3.1 节中使用传统 Java 程序设计方式模拟实现账户添加功能的程序代码存在着复用性差、耦合度高等问题。那么使用 Spring IoC/DI 如何实现相同功能的代码编写，并解决这些问题呢？使用 Spring IoC/DI 进行程序设计涉及以下主要内容。

　　（1）Spring 框架类库、Spring 的 XML 配置文件。

　　（2）Account 类：表示账户信息。

　　（3）JDBCAccountDao 类：模拟数据库访问。

　　（4）AccountAction 类：模拟用户请求控制，调用 JDBCAccountDao 完成数据访问。

　　（5）Test 类：测试代码，加载 Spring 的 XML 配置文件，启动 Spring IoC 容器对 Bean 组件进行实例化和依赖注入，获取 AccountAction 的 Bean 实例，调用实例方法完成模拟添加账户操作。

　　使用 Spring IoC/DI 模拟实现账户添加功能的程序代码的基本构建步骤如下。

　　（1）新建一个 Java 项目 ch2-3，创建 lib 文件夹，复制 Spring 类库（4 个核心包和 1 个第三方依赖包）到 lib 文件夹下。在项目 ch2-3 上单击鼠标右键，选择 "build-path" → "configure build path" 选项，完成 JAR 包导入操作。在 src 目录下创建包 spring.ioc，在包下创建 Account 实例 Bean。在 Account 类中定义属性 name 和 id，并为属性生成 get 和 set 方法。Account 类如代码清单 2-6 所示。

代码清单 2-6：Account 类（源代码为 ch2-3）

```
//账户信息
public class Account {
    private String name;
    private String id;
public String getName() {
    return name;
}
}
public void setName(String name) {
    this.name = name;
```

```
    }
    public String getId() {
        return id;
    }
    public void setId(String id) {
        this.id = id;
    }
}
```

（2）在包 spring.ioc 下创建 JDBCAccountDao 类，模拟账户添加功能的数据库访问，通过在控制台输出"模拟操作数据库，添加账户信息成功。"来进行模拟。JDBCAccountDao 类如代码清单 2-7 所示。

代码清单 2-7：JDBCAccountDao 类（源代码为 ch2-3）

```
package spring.ioc;
//模拟数据库访问
public class JDBCAccountDao {
    public void save(Account account){
        System.out.println("模拟操作数据库，添加账户信息成功。");
    }
}
```

（3）在包 spring.ioc 下创建 AccountAction 类，模拟用户请求控制，完成账户添加功能的操作，即调用 JDBCAccountDao 完成数据访问。AccountAction 类如代码清单 2-8 所示。

代码清单 2-8：AccountAction 类（源代码为 ch2-3）

```
//模拟调用 JDBCAccountDao 完成数据访问
public class AccountAction {
    /*声明 JDBCAccountDao 类型属性 dao*/
    private JDBCAccountDao dao;
    /*添加属性 dao 的 set 方法，用于实现 JDBCAccountDao 的依赖注入*/
    public void setDao(JDBCAccountDao dao) {
        this.dao = dao;
    }
    public void save(){
        Account account = new Account();
        account.setId("1234567890");
        account.setName("张三");
        /*使用 Spring IoC 的 DI 获取 dao，不再需要使用 new 来实例化对象*/
        dao.save(account);
    }
}
```

（4）在 src 目录下创建 Spring 的 XML 配置文件 applicationContext.xml。在 XML 配置文件中分别对 AccountAction 和 JDBCAccountDao 两个 Bean 组件进行实例化

配置。由于在 AccountAction 中需要调用 JDBCAccountDao，因此需要在对 AccountAction 实例化配置的<bean>标签中使用<property>标签对 JDBCAccount Dao 进行依赖注入。applicationContext.xml 如代码清单 2-9 所示。

代码清单 2-9：applicationContext.xml（源代码为 ch2-3）

```
<beans xmlns="http://www.springframework.org/schema/beans"
    xmlns:xsi="http://www.w3.org/2001/XMLSchema-instance"
    xsi:schemaLocation="http://www.springframework.org/schema/beans
    http://www.springframework.org/schema/beans/spring-beans.xsd">
    <!-- 对 AccountAction 类进行实例化配置，并将 id 为 jdbcAccountDao 的 Bean 实例注入 id 为
accountAction 的实例中 -->
    <bean id="accountAction" class="spring.ioc.AccountAction">
        <property name="dao" ref="jdbcAccountDao">
        </property>
    </bean>
    <!-- 对 JDBCAccountDao 类进行实例化配置 -->
    <bean id="jdbcAccountDao" class="spring.ioc.JDBCAccountDao"></bean>
</beans>
```

在 Spring 框架中，依赖注入的作用是使 Spring IoC 容器在 Bean 组件实例化过程中，动态地将其所依赖的对象注入 Bean 组件中。其实现方式通常有两种：一种是 Setter 方法注入，另一种是构造方法注入。代码清单 2-9 中使用的就是 Setter 方法注入。

（5）在包 spring.ioc 下创建 Test 类，并在类中定义 main()方法。在 main()方法中加载 Spring 的 XML 配置文件，实现 Spring 容器的初始化，最终通过 Spring 容器获取 Bean 实例 accountAction 来完成实例中 save()方法的调用。Test 类如代码清单 2-10 所示。

代码清单 2-10：Test 类（源代码为 ch2-3）

```
public class Test {
    public static void main(String[] args) {
        //加载 XML 配置文件，初始化 Spring 容器
        ApplicationContext context = new ClassPathXmlApplicationContext("application
Context.xml");
        //通过 Spring 容器获取 Bean 实例 accountAction
        AccountAction action = (AccountAction) context.getBean("accountAction");
        //调用 accountAction 实例中的 save()方法
        action.save();
    }
}
```

2.3.3　Spring 核心容器

Spring 框架提供了项目的 Bean 组件管理功能，对于 Bean 组件的管理是通过 Spring 核心容器来实现的。在使用 Spring 框架前，必须在 Spring 核心容器中装配好 Bean，并建立 Bean 和 Bean 之间的关联关系。Spring 框架提供了两种核心容器：

BeanFactory 和 ApplicationContext。

BeanFactory 是 Spring 框架最核心的容器，是一个用于管理 Bean 的"工厂"，或者说是一个"类工厂"。使用 BeanFactory 可以完成各种 Bean 的初始化，以及调用它们的生命周期方法。但由于 BeanFactory 更趋于底层，因此实际开发中并不会在代码中体现。

应用上下文（ApplicationContext）建立在 BeanFactory 基础上，是 BeanFactory 的子容器。ApplicationContext 中不仅包含了 BeanFactory 的所有功能，还增加了国际化、资源访问、事件传播等支持。如果说 BeanFactory 是 Spring 的"心脏"，那么 ApplicationContext 就是 Spring 的"身躯"。一般情况下称 BeanFactory 为 IoC 容器，称 ApplicationContext 为应用上下文或 Spring 容器。

创建 ApplicationContext 容器实例时，通常有以下两种方式。

（1）ClassPathXmlApplicationContext：从类路径下查找指定的 XML 文件，并加载文件完成 ApplicationContext 的实例化工作。例如，加载 Spring 的 XML 配置文件 applicationContext.xml 来实例化 ApplicationContext 容器时，ClassPathXm-lApplicationContext 应用，如代码清单 2-11 所示。

代码清单 2-11：ClassPathXmlApplicationContext 应用（源代码为 ch2-3）

```
public class Test {
    public static void main(String[] args) {
        //使用 ClassPathXmlApplicationContext 加载 XML 配置文件，初始化 Spring 容器
        ApplicationContext context = new ClassPathXmlApplicationContext("application
Context.xml");
        //通过 Spring 容器获取 Bean 实例 accountAction
        AccountAction action = (AccountAction) context.getBean("accountAction");
        //调用 accountAction 实例中的 save()方法
        action.save();
    }
}
```

Spring 的 ApplicationContext 容器启动后，可调用 getBean()方法，根据 XML 配置文件中 Bean 实例化配置的 id 或 name 可获取指定的 Bean 对象。

（2）FileSystemXmlApplicationContext：从文件系统路径（绝对路径）中查找指定的 XML 文件，并装载文件完成 ApplicationContext 的实例化工作。例如，加载物理目录"F:\eclipse\workspace\ch2-3\src"下的 Spring 的 XML 配置文件 application Context.xml 来实例化 ApplicationContext 容器时，FileSystemXmlApplication Context 应用，如代码清单 2-12 所示。

代码清单 2-12：FileSystemXmlApplicationContext 应用（源代码为 ch2-3）

```
public class Test {
    public static void main(String[] args) {
        //使用 FileSystemXmlApplicationContext 加载 XML 配置文件，初始化 Spring 容器
        ApplicationContext context = new FileSystemXmlApplicationContext("F:/eclipse/workspace/
ch2-3/src/applicationContext.xml");
        //通过 Spring 容器获取 Bean 实例 accountAction
        AccountAction action = (AccountAction) context.getBean("accountAction");
```

```
            //调用 accountAction 实例中的 save()方法
            action.save();
        }
    }
```

FileSystemXmlApplicationContext 方式采用的是绝对路径，导致程序的灵活性变差，一般不推荐使用。在 Java 项目中，一般通过 ClassPathXmlApplicationContext 方式来实例化 ApplicationContext 容器。但是在 Web 项目中，ApplicationContext 容器的实例化工作通常交由 Web 服务器来完成，需要通过在 web.xml 文件中配置使用 Spring 中的监听器（ContextLoaderListener）来实现。web.xml 文件配置如代码清单 2-13 所示。

代码清单 2-13：web.xml 文件配置

```
<!-- 配置加载 Spring 文件的监听器-->
<context-param>
    <param-name>contextConfigLocation</param-name>
    <param-value>classpath:config/applicationContext.xml</param-value>
</context-param>
<listener>
    <listener-class>
        org.springframework.web.context.ContextLoaderListener
    </listener-class>
</listener>
```

本书第 11 章中将采用在 Web 项目中配置 web.xml 文件中的监听器的方式来实现 ApplicationContext 容器的实例化。

2.4 本章小结

本章主要介绍了 Spring 框架的一些基本概念、体系结构、Spring 入门程序，以及 Spring 核心技术（IoC/DI）等内容。通过具体的案例详细地介绍了如何使用 Spring 框架进行项目的构建，以及 IoC/DI 技术在 Spring 框架的项目中的体现等内容。

2.5 练习与实践

【练习】
（1）什么是 Spring IoC/DI?
（2）简述 Spring 的核心容器。
【实践】
（1）上机练习创建 Spring 项目。
（2）上机练习创建 Spring IoC/DI 项目。

第 3 章
Spring Bean装配

03

第 2 章针对 Spring 框架的相关概念及 IoC/DI 核心思想进行了介绍，本章主要对 Spring 中的 Bean 的定义、装配方式等进行介绍。

▶ **学习目标**

① 熟悉 Spring 中 Bean 的概念。

② 掌握如何使用 XML 文件和注解（Annotation）实现 Bean 的装配。

3.1 Spring 中的 Bean

在 Spring 中，一切 Java 类都被视为资源，而这些资源都被视为 Bean。Spring 正是用于管理这些 Bean 的容器，所以 Spring 被视为一种面向 Bean 的编程（Bean Oriented Programming，BOP），Bean 在 Spring 中才是真正的"主角"。Bean 在 Spring 中的作用就像对象（Object）在 OOP 中的作用一样，Spring 中的 Bean 相当于定义的一个组件，这个组件是用于实现某个具体功能的。Spring 的 IoC 容器通过配置文件或者注解的方式来管理 Bean 组件之间的依赖关系。

在 OOP 编程中，对象在使用前需要被实例化。同样，在 Spring 中，Bean 在使用前也需要被实例化。2.3.3 节介绍了 Spring 的核心容器 ApplicationContext 的启动方式，实际上 Spring 中 ApplicationContext 容器启动的过程中同时实现了 Bean 组件的实例化。Spring 容器的工作原理如图 3-1 所示。

Spring 框架应用时，首先需要在应用程序中定义 Bean 的实现类，如 Bean1、Bean2 等。之后需要对 Bean 进行配置，Bean 有 3 种配置方式，包括 XML 配置文件、Java 类和注解，Bean 配置信息定义了 Bean 的实现及依赖关系。Bean 的实现类和配置信息设置完成后，在应用程序的运行过程中，要先加载 Spring 的 Bean 配置文件，读取 Bean 的配置信息；Spring 容器再根据各种形式的 Bean 配置信息在容器内部建立 Bean 定义注册表，之后根据注册表加载和实例化 Bean，并建立 Bean 和 Bean 的依赖关系；此后，将 Bean 实例放入 Bean 缓存池中备用；最后，应用程序调用 Bean 实现程序功能。

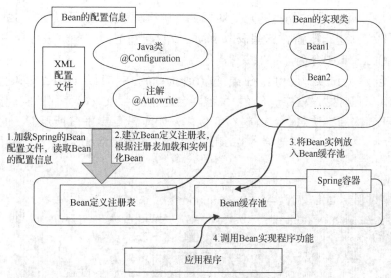

图 3-1　Spring 容器的工作原理

　　Spring 中 Bean 的实例化方式包括构造器实例化、静态工厂方法实例化和实例工厂方法实例化。本章重点对构造器实例化方法进行介绍，构造器实例化是最常用的 Bean 实例化方法。

　　构造器实例化是指在 Spring 容器中通过 Bean 组件对应类的默认构造方法来实例化 Bean。Spring 容器通过构造器实例化 Bean 的实现包括以下主要步骤。

　　（1）在 Eclipse IDE 中，新建一个 Java 项目 ch3-1，创建 lib 文件夹，复制 Spring 类库（4 个核心包和 1 个第三方依赖包）到 lib 文件夹下。在项目 ch3-1 上单击鼠标右键，选择"build-path"→"configure build path"选项，完成 JAR 包导入操作。在 src 目录下创建 spring.instance 包，在包下创建 Bean 的实现类 HelloBean，如代码清单 3-1 所示。

代码清单 3-1：Bean 的实现类 HelloBean（源代码为 ch3-1）

```
public class HelloBean {
    public void print(){
        System.out.println("已完成 Bean 的实例化");
    }
}
```

　　（2）创建 XML 配置文件 beanConfig.xml，对 Bean 进行配置，如代码清单 3-2 所示。

代码清单 3-2：beanConfig.xml（源代码为 ch3-1）

```
<beans xmlns="http://www.springframework.org/schema/beans"
    xmlns:xsi="http://www.w3.org/2001/XMLSchema-instance"
    xsi:schemaLocation="http://www.springframework.org/schema/beans
    http://www.springframework.org/schema/beans/spring-beans.xsd">
    <!-- 将指定类 HelloBean 配置在 Spring 容器中，使用 Spring 对其进行管理 -->
    <bean id="helloBean" class="spring.instance.HelloBean">   </bean>
</beans>
```

除了使用 XML 文件配置的方式对 Bean 进行配置外，还可以使用 Java 类或者注解的方式对 Bean 进行配置，这里仅以 XML 文件配置的方式为例进行介绍，其他方式将在 3.2 节和 3.3 节中介绍。

（3）创建测试类 Test，在类的 main()方法中加载 Bean 的配置文件 bean Config.xml，在加载过程中，Spring 容器会通过 id="helloBean"的实现类 HelloBean 中默认的无参构造方法对 Bean 进行实例化，如代码清单 3-3 所示。

代码清单 3-3：测试类 Test（源代码为 ch3-1）

```
public class Test {
    public static void main(String[] args) {
        //加载 XML 配置文件，初始化 Spring 容器，对 Bean 进行实例化
        ApplicationContext    context    =    new    ClassPathXmlApplicationContext("bean
Config.xml");
        //通过 Spring 容器获取 Bean 实例 helloBean
        HelloBean hello = (HelloBean) context.getBean("helloBean");
        //调用实例中的 print()方法
        hello.print();
    }
}
```

（4）运行 Test 类中的 main()方法，程序的运行结果如图 3-2 所示。

图 3-2　程序的运行结果

根据 Spring 的工作原理可以看出，应用程序要实现对 Bean 实例的调用，首先需要对 Bean 进行配置。这个 Bean 的配置过程也可以称为 Bean 的装配过程，如上例的第（2）步，通过 XML 文件配置的方式实现了 Bean 的装配。

Bean 的装配也可以视为一个 Bean 的依赖关系注入的过程，这就意味着 Bean 的装配方式即为 Bean 的依赖注入方式。Spring 中支持多种 Bean 的装配方式，常见的方式有基于 XML 的装配、基于注解的装配和自动装配，但最为常用的是基于注解的装配。

3.2　基于 XML 的 Bean 装配

Spring 容器支持两种格式的配置文件，分别是 Properties 文件和 XML 文件。在实际开发中，常见的是使用 XML 文件实现 Bean 的装配。这种配置方式通过 XML 文件来注册并管理 Bean 及 Bean 之间的依赖关系。

3.2.1　Bean 的 XML 配置文件

Spring 的 XML 配置文件的根元素是<beans>，<beans>中包含了多个<bean>子

元素。每一个<bean>子元素定义了一个 Bean，并描述了该 Bean 如何被装配到 Spring 容器中。下面对<bean>标签的一些常用属性进行介绍。

（1）id 属性：id 属性是 Bean 的唯一标识，IoC 容器中 Bean 的 id 属性值不能重复，否则程序会报错。

（2）name 属性：name 属性是 Bean 的名称标识，在 Spring 4.0 以后的版本中，Bean 标签的 name 属性值也是不能重复的。

（3）class 属性：class 属性是 Bean 的常用属性，为 Bean 的全限定类名，指向类路径下类定义所在的位置。

（4）factory-method 属性：factory-method 是工厂方法属性，使用该属性，可以调用一个指定的静态工厂方法，创建 Bean 实例。

（5）factory-bean 属性：factory-bean 属性用于生成 Bean 的工厂对象，factory-bean 属性和 factory-method 属性通常一起使用，从而创建生成 Bean 的工厂类和方法。

（6）init-method 属性：Bean 的初始方法，在创建好 Bean 后调用该方法。

（7）destory-method 属性：Bean 的销毁方法，在销毁 Bean 之前调用该方法，一般通过该方法释放资源。

（8）scope 属性：表示 Bean 的作用域，scope 有如下 4 个值。

① singleton：单例作用域，是 Spring 容器默认的作用域。使用 singleton 定义的 Bean 时，Spring 容器中只有实例；也就是说，无论有多少个调用者引用这个 Bean，都将指向同一个对象。

② prototype：原型作用域。每次通过 Spring 容器获取 prototype 定义的 Bean 时，容器都将创建一个新的 Bean 实例。

③ request：每次 HTTP 请求生成各自的 Bean 实例。

④ session：每次会话请求对应一个 Bean 实例。

上述 scope 属性值中，singleton 和 prototype 经常使用，request 和 session 基本不使用。

（9）autowire 属性：autowire 属性表示 Bean 的自动装配。autowire 可设置为如下值。

① no：默认值，不进行 Bean 自动装配。

② byName：根据属性名自动装配。该值将先检查容器并根据名称查找与属性名完全一致的 Bean，再将其与属性自动装配起来。

③ byType：如果容器中存在一个与指定属性类型相同的 Bean，那么将与该属性自动装配；如果存在多个该类型的 Bean，则将抛出异常，并指出不能使用 byType 方式进行自动装配；如果没有找到相匹配的 Bean，则什么事都不发生，也可以通过设置 dependency-check="objects"使 Spring 抛出异常。

④ constructor：它与 byType 方式类似，不同之处在于它应用于构造器参数。如果容器中没有找到与构造器参数类型一致的 Bean，则将抛出异常。

⑤ autodetect：通过 Bean 类的内省（Introspection）机制来决定是使用 constructor 还是 byType 方式进行自动装配。如果发现默认的构造器，那么将使用

byType 方式，否则使用 constructor 方式。

⑥ default：由上级标签的 default-autowire 属性确定。

基于 XML 的 Bean 装配有两种方式，分别是 Setter 属性注入（设值注入）和构造方法注入。

3.2.2　Setter 属性注入

Setter 属性注入是实际应用中最常采用的注入方式。Setter 属性注入要求 Bean 类必须提供一个无参构造方法，并且 Bean 类必须为属性提供 Setter 方法。同时，需要在 XML 配置文件中使用<bean>标签的子元素<property>标签为每个属性注入值。下面通过一个具体案例来演示如何使用 Setter 属性注入方式实现 Bean 的装配，案例实现步骤如下。

（1）新建 Java 项目 ch3-2，创建 lib 文件夹，复制 Spring 类库（4 个核心包和 1 个第三方依赖包）到 lib 文件夹下。在工程 ch3-2 上单击鼠标右键，选择"build-path"→"configure build path"选项，完成 JAR 包导入操作。在 src 目录下创建包 spring.di.setter，在包下创建 Bean 组件 Person 类，如代码清单 3-4 所示。

代码清单 3-4：Person 类（源代码为 ch3-2）

```
public class Person {
    private String name;
    private int age;
    private List list;
    //为所有属性提供 Setter 方法，未提供构造方法时，默认提供无参构造方法
    public void setName(String name) {
            this.name= name;
    }
    public void setAge(int age) {
            this.age= age;
    }
    public void setList(List list) {
        this.list = list;
    }
    public void sayHello(){
            String message = "Hello "+this.name+";  your age is "+this.age;
            System.out.println(message);
    }
}
```

（2）在 src 目录下创建 XML 配置文件 applicationContext.xml，如代码清单 3-5 所示。

代码清单 3-5：applicationContext.xml（源代码为 ch3-2）

```
<beans xmlns="http://www.springframework.org/schema/beans"
    xmlns:xsi="http://www.w3.org/2001/XMLSchema-instance"
```

```
        xsi:schemaLocation="http://www.springframework.org/schema/beans
        http://www.springframework.org/schema/beans/spring-beans-3.0.xsd">
    <!--通过 Setter 属性注入的方式装配 Person 实例     -->
    <bean id="person" class="spring.di.setter.Person">
        <property name="name" value="Setter 属性注入"/>
        <property name="age" value="16"/>
        <!—为 list 集合注入值 -->
        <property name="list">
        <list>
            <value>"为 list 集合注入值 1"</value>
            <value>"为 list 集合注入值 2"</value>
        </list>
        </property>
    </bean>
</beans>
```

<property>标签用于调用 Bean 实例中的 Setter 方法完成属性的赋值，从而实现 Bean 属性的依赖注入。子标签<list>用于对 Person 类中的属性 list 集合注入值。

（3）在 spring.di.setter 包下创建测试类 Test，对 Setter 属性注入值进行输出，如代码清单 3-6 所示。

代码清单 3-6：测试类 Test（源代码为 ch3-2）

```
public class Test {
    public static void main(String[] args) {
        ApplicationContext context =
                new ClassPathXmlApplicationContext
                ("applicationContext.xml");
        Person person = (Person)context.getBean("person");
        //输出 Setter 属性注入值
        person.sayHello();
    }
}
```

（4）运行 Test 类中的 main()方法，运行结果如图 3-3 所示。

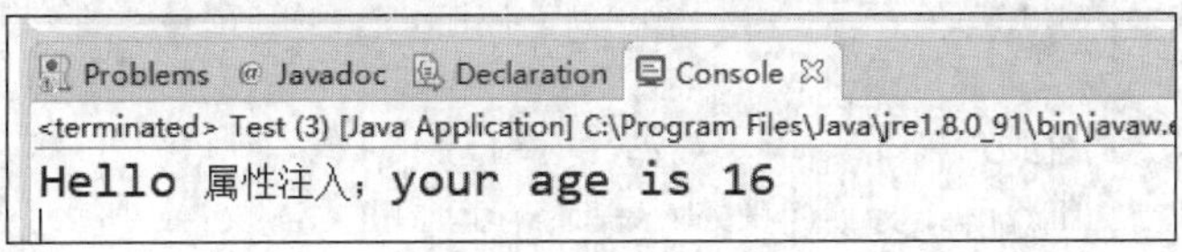

图 3-3　运行结果

3.2.3　构造方法注入

构造方法注入是和 Setter 属性注入不同的一种注入方式，该方式可保证一些必要的属性在 Bean 实例化时就得到设置，并确保 Bean 实例在实例化后就可以使用。构造方法注入默认调用无参数的构造方法，要求 Bean 提供对应的构造方法。调用有参数的构

造方法时，使用构造方法注入的前提是 Bean 必须提供有参数的构造方法。同时，XML
配置文件中使用<constructor-arg>标签来定义构造方法的参数，并可使用其 value 属
性设置该参数的值为参数注入值。下面通过一个具体案例来演示如何使用构造方法注入
方式实现 Bean 的装配，案例实现步骤如下。

（1）新建 Java 项目 ch3-3，创建 lib 文件夹，复制 Spring 类库（4 个核心包和 1 个
第三方依赖包）到 lib 文件夹下。在工程 ch3-3 上单击鼠标右键，选择"build-path"→
"configure build path"选项，完成 JAR 包导入操作。在 src 目录下创建包 spring.di.
constructor，在包下创建 Bean 组件 Person 类，如代码清单 3-7 所示。

代码清单 3-7：Person 类（源代码为 ch3-3）

```java
public class Person {
    private String name;
    private int age;
    private List list;
    //无参构造方法，无属性值注入时采用无参构造函数的默认值
    public Person(){
            this.name= "无参构造器注入";
            this.age= 28;
    }
    //有参构造方法
    public Person(String name,int age,List list){
            this.name= name;
            this.age= age;
            this.list=list;
    }
    public void setName(String name) {
            this.name= name;
    }
    public void setAge(int age) {
            this.age= age;
    }
    public void setList(List list) {
        this.list = list;
    }
    public void sayHello(){
            String message = "Hello "+this.name+";your age is "+this.age;
            System.out.println(message);
    }
}
```

（2）在 src 目录下创建 XML 配置文件 applicationContext.xml，如代码清单 3-8
所示。

代码清单 3-8：applicationContext.xml（源代码为 ch3-3）

```xml
<beans xmlns="http://www.springframework.org/schema/beans"
```

```
    xmlns:xsi="http://www.w3.org/2001/XMLSchema-instance"
    xsi:schemaLocation="http://www.springframework.org/schema/beans
    http://www.springframework.org/schema/beans/spring-beans.xsd">
<!--默认使用无参构造器注入方式装配 Person 实例 -->
<bean id="person" class="spring.di.constructor.Person"> </bean>


<!--使用有参构造器注入方式装配 Person 实例 -->
<bean id="person1" class="spring.di.constructor.Person">
    <constructor-arg value="有参构造器注入" type="java.lang.String"/>
    <constructor-arg value="25" type="int"/>
    <constructor-arg>
        <list>
            <value>"构造方法为 list 集合注入值 1"</value>
            <value>"构造方法为 list 集合注入值 1"</value>
        </list>
    </constructor-arg>
</bean>
</beans>
```

<constructor-arg>标签用于定义构造方法的参数，value 属性用于设置注入的值，子标签<list>用于对 Person 类中的属性 list 集合注入值。

（3）在 spring.di.constructor 包下创建测试类 Test，对构造方法注入值进行输出，如代码清单 3-9 所示。

代码清单 3-9：测试类 Test（源代码为 ch3-3）

```
public class Test {
    public static void main(String[] args) {
        ApplicationContext context =
                new ClassPathXmlApplicationContext
                ("applicationContext.xml");
        //输出无参构造方法注入值
        Person person = (Person)context.getBean("person");
        person.sayHello();
        //输出有参构造方法注入值
        Person person1 = (Person)context.getBean("person1");
        person1.sayHello();
    }
}
```

（4）运行测试类 Test 中的 main()方法，运行结果如图 3-4 所示。

```
 Problems  @ Javadoc  Declaration  Console 
<terminated> Test (4) [Java Application] C:\Program Files\Java\jre1.8.0_91\bin\javaw
Hello 无参构造器注入;your age is 28
Hello 有参构造器注入;your age is 25
```

图 3-4　运行结果

3.3 基于注解的 Bean 装配

基于 XML 的装配可能会导致 XML 配置文件过于"臃肿"，给后续的维护和升级带来一定的困难。为此，Spring 提供了注解技术来实现 Bean 的装配。Spring 中主要包括如下常用注解。

① @Component：用于描述 Spring 中的 Bean，它是一个泛化的概念，仅仅表示一个组件。

② @Repository：用于将数据持久层的类标识为 Spring 中的 Bean。

③ @Service：用于将业务逻辑层的类标识为 Spring 中的 Bean。

④ @Controller：用于将控制层的类标识为 Spring 中的 Bean。

⑤ @Autowired：用于对 Bean 的属性、属性的 Setter 方法及构造方法进行标注，配合对应的注解处理器完成 Bean 的自动配置工作。

⑥ @Resource：其作用与 Autowired 一样。@Resource 中有两个重要属性：name 和 type。Spring 将 name 属性解析为 Bean 实例名称，type 属性解析为 Bean 实例类型。

⑦ @Qualifier：与@Autowired 注解配合使用，会将默认的按 Bean 类型装配修改为按 Bean 的实例名称装配；Bean 的实例名称由@Qualifier 注解的参数指定。

下面通过模拟实现一个添加用户功能的案例来演示如何使用注解的方式实现 Bean 的装配。其整体架构将采用分层的方式来设计，主要包括控制层、业务逻辑层、数据持久层、模型层，其实现过程主要包括以下步骤。

（1）新建 Java 项目 ch3-4，创建 lib 文件夹。除复制 Spring 类库（4 个核心包和 1 个第三方依赖包）到 lib 文件夹下外，由于 Spring 4.0 以后的版本使用注解实现组件扫描和加载，需要依赖于 Spring AOP 的 JAR 包，因此需要将 spring-aop-5.1.6.RELEASE.jar 包复制到 lib 文件夹下。在项目 ch3-4 上单击鼠标右键，选择"build-path"→"configure build path"选项，完成 JAR 包导入操作。Spring 注解应用基本依赖包如图 3-5 所示。

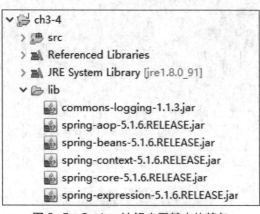

图 3-5　Spring 注解应用基本依赖包

（2）在 src 目录下创建包 spring.annotation.model，在包下创建数据模型 User
类，如代码清单 3-10 所示。

代码清单 3-10：User 类（源代码为 ch3-4）

```java
public class User {
    private String id;
    private String name;
    public String getId() {
        return id;
    }
    public void setId(String id) {
        this.id = id;
    }
    public String getName() {
        return name;
    }
    public void setName(String name) {
        this.name = name;
    }
}
```

（3）在 src 目录下创建 XML 配置文件 applicationContext.xml，并编写基于注解
装配的代码，如代码清单 3-11 所示。

代码清单 3-11：applicationContext.xml（源代码为 ch3-4）

```xml
<beans xmlns="http://www.springframework.org/schema/beans"
    xmlns:xsi="http://www.w3.org/2001/XMLSchema-instance"
    xmlns:context="http://www.springframework.org/schema/context"
    xsi:schemaLocation="http://www.springframework.org/schema/beans
    http://www.springframework.org/schema/beans/spring-beans.xsd
    http://www.springframework.org/schema/context
    http://www.springframework.org/schema/context/spring-context.xsd">
    <!--使用 context 命名空间，开启注解处理器-->
    <context:annotation-config/>
    <!--使用 context 命名空间，配置 Spring 对指定包 spring.annotation 下的所有类进行扫描，
并进行注解解析-->
    <context:component-scan base-package="spring.annotation"/>
</beans>
```

XML 配置文件中用到了<context>标签配置，因此需要在<beans>标签中加入
context 的约束信息，代码如下。

```
xmlns:context=http://www.springframework.org/schema/context
http://www.springframework.org/schema/context
http://www.springframework.org/schema/context/spring-context.xsd
```

（4）在 src 目录下创建包 spring.annotation.controller，在包下创建控制器类
UserController，如代码清单 3-12 所示。

代码清单 3-12：控制器类 UserController（源代码为 ch3-4）

```
@Controller
public class UserController {
    @Resource
    public UserService userService;
    public void addUser(User user){
        System.out.println("===2.业务逻辑层被调用===");
        userService.addUser(user);
    }
}
```

代码清单 3-12 中使用@Controller 注解标注了控制器类 UserController 为控制层组件，替代了在 Spring 的 XML 配置文件中使用语句<bean id="userController" class=" spring.annotation.controller.UserController"/>对 Bean 的配置，实现了对 Bean 组件 UserController 的实例化配置。

将@Resource 注解标注在 userService 属性上，实现依赖注入，替代了在 Spring 的 XML 配置文件中使用<property name="userService" ref="userService">的属性注入配置，即将 Bean 实例 userService 的属性注入 Bean 实例 userController 中。对于标注了@Resource 注解的 userService 属性也不再需要定义其 Setter 方法。

（5）在 src 目录下创建包 spring.annotation.service，在包下创建业务处理类 UserService，如代码清单 3-13 所示。

代码清单 3-13：业务处理类 UserService（源代码为 ch3-4）

```
@Service
public class UserService {
    @Resource
    public UserDaoImp userDao;
    public void addUser(User user){
        userDao.addUser(user);
    }
}
```

代码清单 3-13 中使用@Service 注解标注了 UserService 业务处理类为 Spring 容器中的一个 Bean 组件，并提供了业务逻辑层功能，相当于 Spring 的 XML 配置文件的<bean id="userService" class=" spring.annotation.service.User Service"/>的配置。

将@Resource 注解标注在 userDao 属性上，实现依赖注入，替代了在 Spring 的 XML 配置文件中使用<property name="userDao" ref="userDao">的属性注入配置，即将 Bean 实例 userDao 的属性注入 Bean 实例 userService 中。对于标注了@Resource 注解的 userDao 属性也不再需要定义其 Setter 方法。

（6）在 src 目录下创建包 spring.annotation.dao，在包下创建数据处理类 UserDaoImp，如代码清单 3-14 所示。

代码清单 3-14：数据处理类 UserDaoImp（源代码为 ch3-4）

```
@Repository
public class UserDaoImp{
    public void addUser(User user){
        System.out.println("===3.数据持久层被调用===");
        System.out.println("4.完成数据库操作，添加了一个用户，编号是"+user.getId()+"  姓名
是"+user.getName());
    }
}
```

代码清单 3-14 中使用@Respository 注解将数据处理类 UserDaoImp 标识为
Spring 中的 Bean，相当于 Spring 的 XML 配置文件中的<bean id="userDao" class=
" spring. annotation.dao.UserDaoImp"/>的配置。

（7）在 src 目录下创建包 spring.annotation.test，在包下创建测试类 Test，如代
码清单 3-15 所示。

代码清单 3-15：测试类 Test（源代码为 ch3-4）

```
public class Test {
    public static void main(String[] args) {
        ApplicationContext context =
                new ClassPathXmlApplicationContext("applicationContext.xml");
        UserController controller = (UserController) context.getBean("userController");
        User user = new User();
        user.setId("10001");
        user.setName("张三");
        System.out.println("===1.控制层被调用===");
        controller.addUser(user);
    }
}
```

测试类中，模拟添加用户业务处理流程。首先，从 Spring 容器中使用 getBean()
方法获取控制层 Bean 实例 userController；其次，通过调用 userController 中的
addUser()方法触发业务逻辑层 Bean 实例 userService 中的 addUser()方法；再次，在
userService 的 addUser()方法调用过程中又触发数据持久层 Bean 实例 userDao 中的
addUser()方法；最后，运行测试类 Test 中的 main()方法，运行结果如图 3-6 所示。

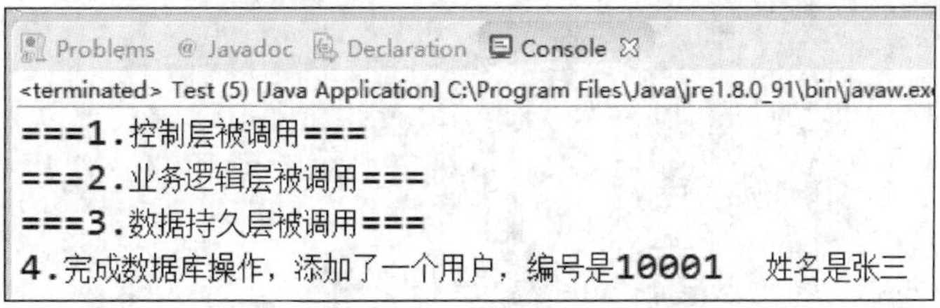

图 3-6   运行结果

@Autowired 注解与@Resource 注解的作用基本相同，因此项目 ch3-4 中所有

使用@Resource 注解的地方都可以使用@Autowired 替代。

3.4　本章小结

本章主要对 Spring 中的 Bean 的定义、装配方式等进行了介绍，先介绍了 Spring 中 Bean 的概念，再通过 Spring 容器工作原理和 Bean 的实例化进一步对 Spring 的 Bean 进行了讲解，最后通过一些具体的案例分别介绍了如何使用 XML 文件和注解实现 Bean 的装配。

3.5　练习与实践

【练习】

（1）简述 Spring 容器的工作原理。

（2）简述 Spring 的 Bean 的装配方式。

【实践】

（1）上机练习创建 Spring 应用，并使用 XML 文件配置的方式实现 Bean 的装配。

（2）上机练习创建 Spring 应用，并使用注解的方式实现 Bean 的装配。

第 4 章
Spring数据库编程

04

Spring 框架为解决数据库编程问题而提供了 Spring JdbcTemplate 类，该类是 Spring 通过模板化的编程方式，针对传统 JDBC 不足而提供的解决方案。Spring JdbcTemplate 的使用可以减少代码重复，减少开发人员的工作量，提高开发效率。

> ▶ 学习目标

① 理解 Spring JdbcTemplate 的概念及如何解决传统 JDBC 的不足。

② 掌握 Spring JdbcTemplate 的配置及应用。

③ 熟悉 NamedParameterJdbcTemplate 模板的配置及使用。

4.1 Spring JdbcTemplate 概述

Spring 框架中针对数据库的操作提供了 JdbcTemplate 类，该类是 Spring 框架数据抽象层的基础。

在 Spring 出现之前，许多开发人员在传统 JDBC 中重复地使用着 try...catch...finally...语句，导致代码冗余、可读性和可维护性差，从而引发一系列问题。为了解决这些问题，Spring 提供了一套解决方案，即 Spring 的 JdbcTemplate 类。

4.1.1 传统 JDBC 的不足

JDBC 是实现 Java 程序与数据库系统连接的标准 API，它允许发送 SQL 语句给数据库，并处理运行结果。JDBC 提供了一种基准，并为 Java 开发者使用数据库提供了统一的编程接口。通过 JDBC 可以创建更高级的工具类和接口，使数据库开发人员能够将 Java 程序与数据库进行连通，实现数据库应用程序的编写。

JDBC 包括一套 JDBC 的 API 和一套开发人员及数据库厂商都必须遵守的规范。JDBC 规范采用接口和实现分离的理念设计了 Java 数据库编程的框架。这些接口的实现类被称为数据库驱动程序，由数据库的厂商、其他厂商或个人提供。如果在编程中使用 JDBC 连接数据库，则必须先加载特定厂商提供的数据库驱动程序（Driver），再通过 JDBC 通用的 API 访问数据库。

通过实践发现，使用传统的 JDBC，即使执行一条简单的 SQL 语句，其过程也是比较复杂的。传统 JDBC 操作数据库一般包括以下 7 个步骤。

（1）载入 JDBC 驱动程序。

（2）定义连接 URL。

（3）建立连接。

（4）创建语句对象。

（5）执行查询或更新。

（6）处理结果。

（7）关闭连接。

应用传统 JDBC 操作数据库如代码清单 4-1 所示。

代码清单 4-1：应用传统 JDBC 操作数据库（源代码为 ch4-1）

```java
private int getUserNum() {
    Connection conn = null ;
    PreparedStatement ps = null;
    ResultSet rs = null ;
    int num=0;
    try {
        Class.forName("com.mysql.cj.jdbc.Driver");
        String url ="jdbc:mysql://localhost:3306/spring?userSSL=true&serverTimezone=GMT";
        String name = "root";
        String passw = "root";
        try {
            conn = DriverManager.getConnection(url,name,passw);
            String sql = "select count(*) from customers";
            ps = conn.prepareStatement(sql);
            rs = ps.executeQuery();
            rs.next();
            System.out.println(rs.getInt(1));
            num=rs.getInt(1);
        } catch (SQLException e) {
            e.printStackTrace();
        }
    } catch (ClassNotFoundException e) {
        e.printStackTrace();
    }finally {
        //关闭数据库资源
        try {
        if (rs != null && !rs.isClosed( ) ) {
        rs. close() ;
        }
        }catch (SQLException e ) {
        e.printStackTrace ( ) ;
```

```
}
try {
if (ps != null && ! ps.isClosed ()) {
ps.close() ;
}
}catch (SQLException e) {
e.printStackTrace();
}
try {
if (conn != null && !conn.isClosed () ) {
conn.close();
}
}catch (SQLException e) {
e.printStackTrace() ;
}
}
return num;
}
```

从代码清单 4-1 中可以看到，每次执行 SQL 语句时，即使仅执行一条 SQL 语句，传统 JDBC 应用的 7 个步骤也需要被执行一遍，即打开数据库连接、执行 SQL 语句、组装结果，关闭数据库资源。这个过程中有太多 try...catch...finally...语句，造成了代码冗余。但是通常情况下，数据库资源的打开、关闭都是定性的，程序发生异常时，数据库的事务就会回滚，否则就会提交，二者都有比较固定的模式。大部分的 try...catch...finally...语句也做着重复的工作，执行非常简单的 SQL 程序也需要如此多的代码，确实让开发人员很头疼。

4.1.2　Spring JdbcTemplate

传统 JDBC 已经能够满足大部分用户最基本的对数据库的需求，但是在使用 JDBC 时，项目必须自己来管理数据库资源。Spring 在数据持久层的封装与整合上做了很多努力。Spring 的 JdbcTemplate 封装了传统的 JDBC 程序执行流程，并进行了例外处理与资源管理处理等，用户所需要的只是给它提供一个 DataSource，而这个过程只需要在 Bean 定义中完成依赖注入即可。通过图 4-1 可以进一步帮助读者理解 Spring JdbcTemplate 的应用。

JdbcTemplate 类是 Spring JDBC 的核心类。JdbcTemplate 继承了基类 JdbcAccessor 和接口类 JdbcOperation。在基类 JdbcAccessor 的设计中，对 DataSource 数据源进行管理和配置。在接口类 JdbcOperation 中，定义了通过 JDBC 操作数据库的一些基本操作方法，而 JdbcTemplate 提供这些方法的实现，如 execute() 方法、query()方法、update()方法等。

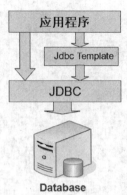

图 4-1　Spring JdbcTemplate 的应用

4.2　Spring JdbcTemplate 配置及应用

Spring 框架为实现数据库的 JDBC 编程，提供了如下 3 个类型的模板用于 JdbcTemplate 的配置。

（1）JdbcTemplate：最基本的 Spring JDBC 模板，支持简单的 JDBC 数据访问功能及基于索引参数的查询。使用占位符（？）绑定参数。本节中的所有示例均采用该模板。

（2）NamedParameterJdbcTemplate：该模板查询时可以将值以命名参数（:参数名）的形式绑定到 SQL 语句中，而不再使用简单的索引参数。例如，String sql="insert into CUSTOMERS (id,name,age) values (:id,:name,:age)";。

（3）SimpleJdbcTemplate：该模板利用 Java 5 的一些特性，如自动装箱、泛型、可变参数列表等，来简化 JDBC 模板的使用。这种方式不常用，这里不再进行详细介绍。

4.2.1　Spring JdbcTemplate 配置

Spring 框架中使用 JdbcTemplate 时需要在 Spring 的 XML 配置文件中对 DataSource 和 JdbcTemplate 进行配置，如代码清单 4-2 所示。

代码清单 4-2：配置 DataSource 和 JdbcTemplate（源代码为 ch4-2）

```xml
<bean id="dataSource1"
    class="org.springframework.jdbc.datasource.DriverManagerDataSource">
    <property name="driverClassName" value="com.mysql.cj.jdbc.Driver" />
    <property name="url" value="jdbc:mysql://localhost:3306/spring?serverTimezone=GMT" />
    <!--MySQL 8.0 以下版本的写法
    <property name="driverClassName" value=" com.mysql.jdbc.Driver " />
    <property name="url" value=" jdbc:mysql://localhost:3306/spring " />
    -->
    <property name="username" value="root" />
    <property name="password" value="root" />
</bean>

<bean id="jdbcTemplate1" class="org.springframework.jdbc.core.JdbcTemplate">
```

```
    <property name="dataSource" ref="dataSource1" ></property>
  </bean>
```

DataSource 配置中包含 4 个属性，各属性含义如下。

（1）driverClassName：所使用驱动器的名称，对应驱动 JAR 包中的 Driver 类。

（2）url：数据源所在的地址。

（3）username：访问数据库的用户名。

（4）password：访问数据库的密码。

这里需要注意的是，以下两行代码，如代码清单 4-3 所示，是 MySQL 8.0 以下版本的写法。

代码清单 4-3：MySQL 8.0 以下版本的写法（源代码为 ch4-2）

```
<property name="driverClassName" value=" com.mysql.jdbc.Driver " />
<property name="url" value=" jdbc:mysql://localhost:3306/spring " />
```

而 MySQL 8.0 及以上版本的写法则不同，具体写法如代码清单 4-4 所示。

代码清单 4-4：MySQL 8.0 及以上版本的写法（源代码为 ch4-2）

```
<property name="driverClassName" value="com.mysql.cj.jdbc.Driver" />
<property name="url" value="jdbc:mysql://localhost:3306/spring?serverTimezone=GMT" />
```

其主要区别在于 MySQL 8.0 及以上版本中的 driverClassName 属性值要写成"com.mysql.cj.jdbc.Driver"，url 属性值的后面要加上 serverTimezone 设置。

在 Spring 的 XML 配置文件中定义一个 JdbcTemplate 的 Bean 组件，并对 DataSource 进行注入，即将 JDBC 数据库连接时会使用到的数据源指向已经配置好的 dataSource1，如代码清单 4-2 中的 ref="dataSource1"实现了 JdbcTemplate 与 DataSource 的关联配置。配置好 DataSource 和 JdbcTemplate 后，即可使用 JdbcTemplate 实现 SQL 操作，如代码清单 4-5 所示。

代码清单 4-5：使用 JdbcTemplate 实现 SQL 操作（源代码为 ch4-2）

```
private JdbcTemplate jdbcTemplate;
public JdbcTemplate getJdbcTemplate() {
  return jdbcTemplate;
}
public void setJdbcTemplate(JdbcTemplate jdbcTemplate) {
  this.jdbcTemplate = jdbcTemplate;
}

public String findNameById(int id) {
  String sql = "SELECT NAME FROM CUSTOMERS WHERE id = ?";
  String name = (String) jdbcTemplate.queryForObject(sql, new Object[] { id }, String.class);
  return name;
}
```

4.2.2　Spring JdbcTemplate 应用

在 JdbcTemplate 核心类中，提供了大量的更新和查询数据库的方法。程序中将使用这些方法来操作数据库，实现 SQL 语句的执行。这些方法包括 execute()、update()、query()等。

（1）execute()方法：无返回值，用于执行 SQL 语句，如代码清单 4-6 所示。

代码清单 4-6：execute()方法（源代码为 ch4-2）

```
/*execute()方法*/
public void executeTest() {
    String sql = "CREATE TABLE temp(user_id integer, name varchar(100))";
    jdbcTemplate.execute(sql);
}
```

（2）update()方法：返回受 SQL 操作影响的行数，用于完成增加、删除和修改数据的操作。在 JdbcTemplate 类中，提供了一系列的 update()方法。

① int update（String sql）：该方法是最简单的 update()方法的重载形式，可以直接执行传入的 SQL 语句，并返回受 SQL 语句操作影响的行数。

② int update（PreparedStatementCreator psc）：该方法执行从 Prepared StatementCreator 返回的语句，并返回受 SQL 语句影响的行数。

③ int update（String sql,PreparedStatementSetter pss）：该方法通过 Prepared StatementSetter 设置 SQL 语句中的参数,并返回受 SQL 语句影响的行数。

④ int update（String sql,Object... args）：该方法使用 Object...设置 SQL 语句中的参数，要求参数不能为 null，并返回受 SQL 语句影响的行数。

使用 update()方法实现 SQL 语句的增加、修改、删除操作，如代码清单 4-7 所示。

代码清单 4-7：使用 update()方法实现 SQL 语句的增加、修改、删除操作（源代码为 ch4-2）

```
/*使用 update()方法实现增加操作*/
public void updateInsert(User user){
    String sql = "insert into CUSTOMERS values(?,?,?)";
    jdbcTemplate.update(sql,
            new Object[]{user.getId(),user.getName(),user.getAge()});
}

/*使用 update()方法实现修改操作*/
public void updateEdit(String id){
    String sql = "update CUSTOMERS set age=50 where id=?";
    jdbcTemplate.update(sql,new Object[]{id});
}

/*使用 update()方法实现删除操作*/
public void updateDel(){
    String sql = "delete from CUSTOMERS where id=7";
    jdbcTemplate.update(sql);
}
```

（3）query ()方法：JdbcTemplate 类中还提供了大量的 query()方法来处理各种对数据库表的查询操作，常用的 query()方法如下。

① queryForObject(sql, requiredType)：返回不同类型的对象，如返回 1 个 String 对象。其包含 2 个参数，第 1 个参数是要执行的 SQL 语句，第 2 个参数是返回的对象类型。其本质上和 queryForInt 相同，但是在 Spring 3.2.2 之后，jdbcTemplate.queryForInt()和 jdbcTemplate.queryForLong()被删除了，全部以 queryForObject 代替，如代码清单 4-8 所示。

代码清单 4-8：queryForObject()方法（源代码为 ch4-2）

```
/*queryForObject()方法*/
public int findNumbers() {
    String sql = "SELECT COUNT(*) FROM CUSTOMERS";
    int total = jdbcTemplate.queryForObject(sql,Integer.class);
    return total;
}
```

需要注意的是，这里不能直接映射为一个实体类，例如，"User user = jdbcTemplate.queryForObject(sql,User.class);"运行时会报错。

② queryForObject(sql, args[],requiredType)：返回不同类型的对象。其中，第 1 个参数是要执行的 SQL 语句，第 2 个参数是参数数组，第 3 个参数是返回的对象类型，如代码清单 4-9 所示。

代码清单 4-9：queryForObject()方法，绑定参数（源代码为 ch4-2）

```
/*queryForObject()方法，绑定参数*/
public String findNameById(int id) {
    String sql = "SELECT NAME FROM CUSTOMERS WHERE id = ?";
    String name = (String) jdbcTemplate.queryForObject(sql, new Object[] { id }, String.class);
    return name;
}
```

③ queryForList（String sql,Object[] args,class<T> elementType）：该方法可以返回多行数据的列表，即返回一个装有 Map 的 List，每个 Map 是 1 条记录，Map 中的 key 是字段名，elementType 参数返回的是 List 元素，如代码清单 4-10 所示。

代码清单 4-10：queryForList()方法（源代码为 ch4-2）

```
/*queryForList()方法*/
public List<Map<String,Object>> findAllMap(){
    String sql = "SELECT * FROM CUSTOMERS";
    return jdbcTemplate.queryForList(sql);
}

/*queryForList()方法，绑定参数*/
public List<Map<String,Object>> getList(String name){
    String sql = "SELECT * FROM CUSTOMERS where name like ?";
    return jdbcTemplate.queryForList(sql,new Object[] {"%"+name+"%"});
}
```

④ queryForMap（String sql）：查询的返回结果只能是 1 条记录，返回 0 条或多

条记录时都会报错，返回结果类型是 Map，Map 数据中的 key 值对应数据库表中例的值，如代码清单 4-11 所示。

代码清单 4-11：queryForMap()方法（源代码为 ch4-2）

```
/*queryForMap()方法*/
public Map<String,Object> findMapById(int id){
    String sql = "SELECT * FROM CUSTOMERS WHERE id = ?";
    return jdbcTemplate.queryForMap(sql,new Object[]{id});
}
```

对于 SQL 的查询操作，JdbcTemplate 所提供的 queryFor()方法基本上已经够用了，而 JdbcTemplate 提供的 query()方法并不常用，这里不再详细讲解。

4.3 NamedParameterJdbcTemplate

NamedParameterJdbcTemplate 和 JdbcTemplate 功能差不多，可以减小编程的出错概率。Spring 框架下，NamedParameterJdbcTemplate 模板在 Spring 的 XML 配置文件中的具体配置如代码清单 4-12 所示。

代码清单 4-12：NamedParameterJdbcTemplate 模板在 Spring 的 XML 配置文件中的
具体配置（源代码为 ch4-3）

```
<bean id="dataSource1"
    class="org.springframework.jdbc.datasource.DriverManagerDataSource">
    <property name="driverClassName" value="com.mysql.cj.jdbc.Driver" />
    <property name="url" value="jdbc:mysql://localhost:3306/spring?userSSL=true&amp;
serverTimezone=GMT" />
    <property name="username" value="root" />
    <property name="password" value="root" />
</bean>

<bean id="jdbcTemplate1" class="org.springframework.jdbc.core.JdbcTemplate">
    <property name="dataSource" ref="dataSource1" >
    </property>
</bean>
<!-- NamedParameterJdbcTemplate 配置 -->
<bean id="namedParameterJdbcTemplate"
class="org.springframework.jdbc.core.namedparam. NamedParameterJdbcTemplate">
    <constructor-arg ref="jdbcTemplate1" />
</bean>
```

在 XML 配置文件中，NamedParameterJdbcTemplate 配置完成以后即可使用该模板进行 SQL 操作。对于 SQL 语句执行参数的绑定方式，可以使用 Map 集合或者实体类的方式。使用 Map 集合传参时，其参数名称与 SQL 语句中变量的名称必须保持一致。NamedParameterJdbcTemplate 使用 Map 传参的具体实现如代码清单 4-13 所示。

代码清单 4-13：NamedParameterJdbcTemplate 使用 Map 传参的具体实现（源代码为 ch4-3）

```
/*定义 Map 参数*/
Map<String,Object> paramMap=new HashMap<String,Object>();
paramMap.put("id", 1);
paramMap.put("age", "20");
paramMap.put("name", "npjt1");
paramMap.put("sex", "女");
userAction.add(paramMap);

/*在 DAO 中使用 NamedParameterJdbcTemplate 进行 SQL 操作*/
private NamedParameterJdbcTemplate npjt;
public NamedParameterJdbcTemplate getNpjt() {
    return npjt;
}
public void setNpjt(NamedParameterJdbcTemplate npjt) {
    this.npjt = npjt;
}
/*NamedParameterJdbcTemplate 使用 Map 传参*/
public void add(Map paramMap){
    String sql="insert into CUSTOMERS (id,name,age) values (:id,:name,:age)";
    npjt.update(sql, paramMap);
}
```

　　NamedParameterJdbcTemplate 模板使用实体类进行传参时，实体类中的属性名必须与 SQL 语句中变量的名称保持一致。NamedParameterJdbcTemplate 使用实体类传参的具体实现如代码清单 4-14 所示。

代码清单 4-14：NamedParameterJdbcTemplate 使用实体类传参（源代码为 ch4-3）

```
/*定义实体类参数*/
User user   =new User();
user.setId(7);
user.setName("npjt2");
user.setAge(20);
userAction.addUser(user);

/*在 DAO 中使用 NamedParameterJdbcTemplate 进行 SQL 操作*/
private NamedParameterJdbcTemplate npjt;
public NamedParameterJdbcTemplate getNpjt() {
    return npjt;
}
public void setNpjt(NamedParameterJdbcTemplate npjt) {
    this.npjt = npjt;
}
/*NamedParameterJdbcTemplate 使用实体类（User）传参*/
```

```
public void addUser(User user){
    String sql="insert into CUSTOMERS (id,name,age) values (:id,:name,:age)";
    SqlParameterSource paramSource=new BeanPropertySqlParameterSource(user);
    npjt.update(sql, paramSource);
}
```

4.4 本章小结

本章主要介绍了 Spring 框架下如何使用 Spring JdbcTemplate 模板实现数据库的编程。使用 JdbcTemplate，可使开发工作更加灵活、简单。但是这种方式仍有弊端，如果系统的代码量很大，使用最基本的框架仍会有很多重复的代码，这时就需要进行一层层的抽象、封装，抽象之后代码的复用性更强。其实，框架都是通过抽象、封装得来的，不断地抽象、封装，可以使代码更灵活，并代码质量更高。

4.5 练习与实践

【练习】

（1）简述如何配置 Spring JdbcTemplate。

（2）简述 Spring JdbcTemplate 类的常用方法及返回值。

【实践】

上机练习使用 Spring JdbcTemplate 类模拟实现学生信息查看功能。

第 5 章
Spring MVC入门

Spring MVC 是 Spring 提供的一个实现了 MVC 设计模式的轻量级 Web 框架。通过 MVC 设计模式的应用，对 Web 层进行了解耦，同时简化了开发人员的日常 Web 开发流程。

▶ 学习目标

① 掌握 Spring MVC 的概念及入门程序。　　③ 掌握 Spring MVC 常用注解的使用。

② 理解 Spring MVC 组件及工作流程。

5.1　Spring MVC 简介

MVC 并不是 Java 语言所特有的设计思想，也并不是 Web 项目所特有的思想，它是所有使用 OOP 的编程语言都应该遵守的规范。目前，常见的应用 MVC 模式的 Web 框架有 Struts 1、WebWork、Struts 2、Spring MVC 等。Struts 是 Apache 组织的一个项目，是一个比较好的基于 MVC 模式的 Web 项目框架。它采用的主要技术是 Servlet、JSP 和 Custom Tag Library。

Struts 2 以 WebWork 优秀的设计思想为核心，吸收了 Struts 1 的部分优点，建立了一个兼容 WebWork 和 Struts 1 的 MVC 框架。Struts 2 的目标是让原来使用 Struts 1、WebWork 的开发人员都可以平稳过渡到使用 Struts 2 框架。

一般情况下，Java EE 体系结构包括 4 层，从上到下分别是应用层、Web 层、业务逻辑层、数据持久层。Struts 或 Spring MVC 都是应用于 Web 层的框架，Spring 则是应用于业务逻辑层的框架，Hibernate 和 MyBatis 是应用于数据持久层的框架，这将在本书的第 9 章中介绍。

Spring MVC 是基于 Spring 框架并采用 Web MVC 设计模式的一个轻量级 Web 框架，也是目前最流行的 Web 框架之一。Spring MVC 框架具有如下特点。

（1）拥有强大的灵活性、非侵入性和可配置性。

（2）提供了一个前端控制器 DispatcherServlet，开发者无须额外开发控制器对象。

（3）分工明确，包括控制器、验证器、命令对象、模型对象、处理程序映射的视图解析器，每一个功能由一个专门的对象负责实现。

（4）可以自动绑定用户输入，并正确地转换数据类型。例如，Spring MVC 能自动解析字符串，并将其设置为模型的 int 或者 float 类型的属性。

（5）使用了一个 Map 对象，实现了更加灵活的模型数据传输。

（6）内置了常见的校验器，可以校验用户输入。如果校验不通过，则重定向到输入表单。输入校验是可选的，并支持编程方式及声明方式。

（7）支持国际化，支持根据用户区域显示多国语言，且支持国际化的相关配置非常简单。

（8）支持多种视图技术，常见的有 JSP、Velocity 和 FreeMarker 等。

（9）提供了一个简单而强大的 JSP 标签库，支持数据绑定功能，使编写 JSP 页面更加容易。

5.2　Spring MVC 入门程序

可使用 Spring MVC 进行 Web 项目的构建，构建过程主要包括以下步骤。

（1）新建 Java Web 项目，通过"build path"导入 Spring 及 Spring MVC 的类库（JAR 包）。

（2）在 web.xml 文件中配置 Spring MVC。

（3）定义实体 Bean（持久化类）。

（4）创建控制层类及方法，并使用@Controller 注解和@RequestMapping 注解标注。

（5）创建业务逻辑层类及方法，并使用@Service 注解标注。

（6）创建数据持久层类及方法，并使用@Repository 注解标注。

（7）创建并配置 Spring MVC 的 XML 配置文件。

（8）在 WebContent 目录下创建系统欢迎页面文件 index.jsp 或 index.html 等。

（9）在 WEB-INF 目录下创建存放页面文件的文件夹，在各文件夹下创建并编写用户请求的响应页面文件，对业务处理数据进行显示输出。

（10）在 Tomcat 服务器上发布并运行项目，查看运行结果。

下面通过模拟实现一个具有获取用户信息功能的案例来演示如何使用 Spring MVC 构建项目。

（1）新建一个 Java Web 项目，在 Eclipse IDE 中，选择"File"→"New"→"Other..."选项，打开"New"窗口，如图 5-1 所示。

（2）在"New"窗口中展开"Web"节点，并选择"Web"节点下的"Dynamic Web Project"选项，单击"Next"按钮，打开"New Dynamic Web Project"窗口，如图 5-2 所示。

（3）在"New Dynamic Web Project"窗口中，输入项目名称 ch5-1，单击"Finish"按钮完成项目创建。下载并复制 Spring（4 个核心包和 1 个第三方依赖包）、Spring MVC（2 个 Web 相关 JAR 包）和其他依赖 JAR 包到 WebContent/WEB-INF/lib/路径下并单击鼠标右键，在弹出的快速菜单中选择"build-path"→"configure build path"选项，完成 JAR 包导入操作。Spring MVC 项目依赖的 JAR 包如图 5-3 所示。

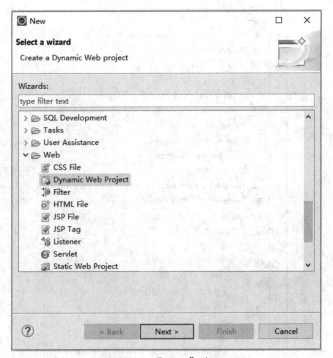

图 5-1 "New" 窗口

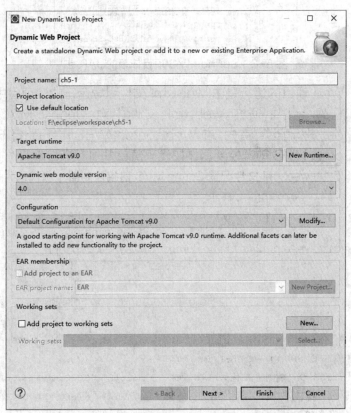

图 5-2 "New Dynamic Web Project" 窗口

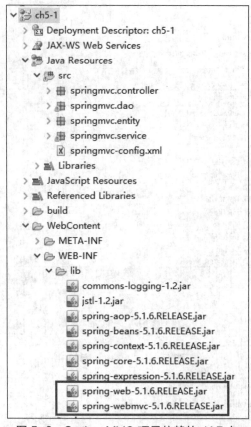

图 5-3　Spring MVC 项目依赖的 JAR 包

（4）Java Web 项目的运行是由 web.xml 文件引导运行的，项目中如果需要使用 Spring MVC 框架，则必须在 web.xml 文件中对 Spring MVC 前端控制器 DispatcherServlet 进行配置。首先，在 WebContent/WEB-INF/路径下新建 web.xml 文件，并配置 Spring MVC 前端控制器，如代码清单 5-1 所示。

代码清单 5-1：web.xml 文件配置 Spring MVC 前端控制器（源代码为 ch5-1）

```xml
<?xml version="1.0" encoding="UTF-8"?>
<web-app xmlns:xsi="http://www.w3.org/2001/XMLSchema-instance" xmlns="http://java.sun.com/xml/ns/j2ee" xmlns:web="http://xmlns.jcp.org/xml/ns/javaee" xsi:schemaLocation="http://xmlns.jcp.org/xml/ns/javaee http://java.sun.com/xml/ns/javaee/web-app_2_5.xsd http://java.sun.com/xml/ns/j2ee http://java.sun.com/xml/ns/j2ee/web-app_2_4.xsd" id="WebApp_ID" version="2.4">
    <display-name>Spring Web MVC Hello World Application</display-name>
    <servlet>
        <!-- 配置 Spring MVC 的前端控制器 DispatcherServlet，将其命名为 springmvc -->
        <servlet-name>springmvc</servlet-name>
        <servlet-class>org.springframework.web.servlet.DispatcherServlet</servlet-class>
        <!-- 配置项目初始化时需要加载的配置文件为类根路径下的 springmvc-config.xml 文件 -->
        <init-param>
            <param-name>contextConfigLocation</param-name>
```

```
                <param-value>classpath:springmvc-config.xml</param-value>
            </init-param>
        <!-- 表示容器在启动时立即加载该 Servlet -->
        <load-on-startup>1</load-on-startup>
    </servlet>
    <servlet-mapping>
        <servlet-name>springmvc</servlet-name>
        <url-pattern>*.do</url-pattern>
    </servlet-mapping>
        <!-- 系统默认欢迎页面 -->
        <welcome-file-list>
            <welcome-file>index.jsp</welcome-file>
        </welcome-file-list>
</web-app>
```

在 web.xml 文件中，使用<servlet>标签对 Spring MVC 的前端控制器 Dispatcher Servlet 进行了配置，并将其命名为 springmvc；并通过<init-param>标签设置了 Spring MVC 启动时要加载的 XML 配置文件的路径及名称；在<load-on-startup>标签中设置值为"1"，表示 Spring 容器在启动时会立刻加载名为 springmvc 的 Servlet；使用<servlet- mapping>标签下的子标签<url-pattern>配置对整个项目的所有请求地址以".do"结尾的 URL 请求进行拦截，并将拦截后的 URL 请求交由名为 springmvc 的 Servlet 来进行控制，即交由 Spring MVC 的前端控制器 DispatcherServlet 进行处理。<welcome-file>标签配置了系统默认的欢迎页面为 index.jsp。

（5）在 src 目录下创建 springmvc.entity 包，在包下创建持久化类 User，如代码清单 5-2 所示。

代码清单 5-2：User（源代码为 ch5-1）

```java
public class User {
    private String id;
    private String name;
    public String getId() {
        return id;
    }
    public void setId(String id) {
        this.id = id;
    }
    public String getName() {
        return name;
    }
    public void setName(String name) {
        this.name = name;
    }
}
```

（6）在 src 目录下创建 springmvc.controller 包，在包下创建控制层类 User Controller 和用户请求响应方法，如代码清单 5-3 所示。

代码清单 5-3：UserController 类和用户请求响应方法（源代码为 ch5-1）

```
@Controller
public class UserController {
    @Resource
    public UserService userService;
    @RequestMapping(value="/userList.do")
    //使用 Spring MVC 中的 ModelAndView 对象实现请求页面的响应
    protected ModelAndView userList(){
        List<User> list=userService.getUserList();
        Map<String,Object> model = new HashMap<String,Object>();
        model.put("list", list);
        //为 ModelAndView 对象指定响应页面，并绑定响应数据
        ModelAndView modelAndView = new ModelAndView("/WEB-INF/views/userList.jsp",model);
        return modelAndView;
    }
}
```

代码中使用@Controller 注解对 UserController 类进行了标注，表示该类是一个控制器类，具有对用户请求进行响应、实现页面跳转的功能。通常，一个控制器类中会有多个请求处理方法，那么如何知道不同的 URL 请求需要调用的到底是哪一个请求处理方法呢？这里就需要用到@RequestMapping 注解。在代码清单 5-3 中，在请求处理方法 userList()上面标注了@RequestMapping(value="/userList.do")，意味着当客户端用户发起 userList.do 请求，即请求地址为 http://localhost:8080/ch5-1/userList.do 时，会执行 userList() 方法。userList() 方法中使用 Spring MVC 所提供的 ModelAndView 对象实现了请求响应页面及显示数据的设置。ModelAndView 对象中有两个参数，第 1 个表示请求响应的页面，第 2 个参数表示要绑定到页面中进行显示的数据模型。

（7）在 src 目录下创建 springmvc.service 包，在包下创建业务逻辑层组件类 UserService 和业务处理方法，如代码清单 5-4 所示。

代码清单 5-4：UserService 类和业务处理方法（源代码为 ch5-1）

```
@Service
public class UserService {
    @Resource
    public UserDaoImp userDao;
    public List<User> getUserList() {
        List<User> list=userDao.getUserList();
        return list;
    }
}
```

（8）在 src 目录下创建 springmvc.dao 包，在包下创建数据持久层类 UserDaoImp 和数据处理方法，如代码清单 5-5 所示。

代码清单 5-5：UserDaoImp 类和数据处理方法（源代码为 ch5-1）

```java
@Repository
public class UserDaoImp{
    public List<User> getUserList() {
        /*模拟数据库操作，获取用户信息列表数据并赋值给 list，返回 list 结果集*/
        List<User> list = new ArrayList<User>();
        User user = new User();
        user.setId("1001");
        user.setName("张三");
        list.add(user);
        User user1 = new User();
        user1.setId("1002");
        user1.setName("李四");
        list.add(user1);
        return list;
    }
}
```

（9）在 src 目录下创建 Spring 及 Spring MVC 的配置文件 springmvc-config.xml，对 Spring 组件及 Spring MVC 项目进行配置，如代码清单 5-6 所示。

代码清单 5-6：springmvc-config.xml（源代码为 ch5-1）

```xml
<beans xmlns="http://www.springframework.org/schema/beans"
    xmlns:xsi="http://www.w3.org/2001/XMLSchema-instance"
    xmlns:context="http://www.springframework.org/schema/context"
    xmlns:mvc="http://www.springframework.org/schema/mvc"
    xsi:schemaLocation="http://www.springframework.org/schema/beans
    http://www.springframework.org/schema/beans/spring-beans.xsd
    http://www.springframework.org/schema/context
    http://www.springframework.org/schema/context/spring-context.xsd
    http://www.springframework.org/schema/mvc
    http://www.springframework.org/schema/mvc/spring-mvc.xsd">
    <!--配置 Spring 对指定包（如 controller、service、dao 包）下的所有类进行扫描，并进行注解解析-->
    <context:component-scan base-package="springmvc.controller"/>
    <context:component-scan base-package="springmvc.service"/>
    <context:component-scan base-package="springmvc.dao"/>
    <!-- 使用注解驱动 Spring MVC-->
    <mvc:annotation-driven />
</beans>
```

使用 MVC 的 annotation-driven 会自动注册 RequestMappingHandlerMapping、RequestMappingHandlerAdapter 与 ExceptionHandlerExceptionResolver 这 3 个

Bean。在 Spring 3.2 以后的版本中，RequestMappingHandlerAdapter 完全可以代替 AnnotationMethodHandlerAdapter。

（10）在 WebContent 目录下创建项目并运行欢迎页面 index.jsp，如代码清单 5-7 所示。

代码清单 5-7：index.jsp（源代码为 ch5-1）

```jsp
<%@ page language="java" contentType="text/html; charset=UTF-8"
    pageEncoding="UTF-8"%>
<!DOCTYPE html PUBLIC "-//W3C//DTD HTML 4.01 Transitional//EN"
    "http://www.w3.org/TR/html4/loose.dtd">
<html>
<head>
<meta http-equiv="Content-Type" content="text/html; charset=UTF-8">
<title>第一个 Spring MVC 项目</title>
</head>
<body>
<h3>第一个 Spring MVC 项目，可单击超链接"显示用户信息"进行测试</h3>
    <a href="userList.do">显示用户信息</a>
</body>
</html>
```

（11）在 WebContent/WEB-INF/路径下创建 views 文件夹，在 views 文件夹下创建 userList.jsp 页面，用于显示项目运行后所获取到的用户信息列表。userList.jsp 页面代码如代码清单 5-8 所示。

代码清单 5-8：userList.jsp 页面代码（源代码为 ch5-1）

```jsp
<%@ taglib prefix="c" uri="http://java.sun.com/jsp/jstl/core"%>
<%@ page language="java" contentType="text/html;charset=UTF-8"
    pageEncoding="UTF-8"%>
<html>
<head>
    <title>第一个 Spring MVC 项目</title>
</head>
<body>
    <h2>用户信息列表</h2>
    <table border="1">
        <tr>
            <th>编号</th>
            <th>姓名</th>
        </tr>
        <c:forEach items="${list}" var="l">
            <tr>
                <td>${l.id}</td>
                <td>${l.name}</td>
            </tr>
        </c:forEach>
```

```
        </table>
    </body>
</html>
```

（12）在 Tomcat 服务器上发布并运行项目，项目运行后启动 web.xml 文件。根据 web.xml 文件中的配置加载 Spring MVC 前端控制器，并加载 Spring MVC 的配置文件 springmvc-config.xml。根据系统默认欢迎页面的配置，运行系统欢迎页面 index.jsp，系统欢迎页面运行效果如图 5-4 所示。

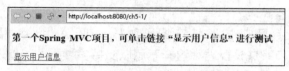

图 5-4　系统欢迎页面运行效果

单击页面中的"显示用户信息"超链接，将向控制层发起 userList.do 请求。根据控制层类 UserController 中的请求处理方法 userList()，通过 ModelAndView 对象所指定的响应页面 userList.jsp，最终显示用户信息列表页面，如图 5-5 所示。

图 5-5　用户信息列表页面

5.3　Spring MVC 组件与流程

Spring MVC 框架为 Web 项目的开发提供了一些核心组件，为开发人员提供了极大的方便，降低了程序组件间的耦合度，使开发工作更加简便。开发人员在开发过程中只需要关注实际业务逻辑（业务处理器 Handler）和具体展示页面（View 层视图页面，如 JSP 页面等）的编写。

系统业务处理器 Handler 涉及具体的用户业务逻辑，是由开发人员负责编写的。编写 Handler 时要按照 HandlerAdapter 的要求去做，这样适配器才可以正确执行 Handler。Handler 是继承 DispatcherServlet 前端控制器的后端控制器，在 DispatcherServlet 的控制下，Handler 对具体的用户请求进行处理。

系统 View 层视图页面（如 JSP、FreeMarker、PDF 页面等）也需要由开发人员负责编写。一般情况下，页面中需要通过一些页面标签或页面模板技术将业务数据展示给用户，需要由开发人员根据实际业务需求进行开发。

Spring MVC 框架提供了四大核心组件，包括前端控制器（DispatcherServlet）、处理器映射器（HandlerMapping）、处理器适配器（HandlerAdapter）、视图解析器（ViewResovler）。

1. 前端控制器

DispatcherServlet 用于接收请求、响应结果，相当于计算机的 CPU。Dispatcher

Servlet 降低了其他组件之间的耦合度。用户请求到达前端控制器时，其作用就相当于 MVC 模式中的"C"。DispatcherServlet 是整个流程控制的中心，由它调用其他组件处理用户的请求。

2. 处理器映射器

HandlerMapping 负责根据用户请求找到 Handler，即处理器。Spring MVC 提供了不同的映射器以实现不同的映射方式，例如，配置文件方式、实现接口方式、注解方式等。

3. 处理器适配器

HandlerAdapter 用于按照特定规则（HandlerAdapter 要求的规则）执行 Handler，把处理器包装成适配器，这样就可以支持多种类型的处理器，相当于笔记本式计算机的适配器（适配器模式的应用）。

4. 视图解析器

ViewResolver 用于进行视图解析，根据逻辑视图名将处理结果解析成真正的视图（View）。ViewResolver 先根据逻辑视图名解析成物理视图名，即得到具体的页面地址；再生成视图对象；最后对视图进行渲染，将处理结果通过页面展示给用户。Spring MVC 框架提供了多种视图类型，包括 jstlView、freemarkerView、pdfView 等。

在程序的执行过程中，以上 Spring MVC 核心组件都是由框架内部来执行的。开发人员并不需要关心组件的内部实现过程，只需要对前端控制器进行配置即可。前端控制器 DispatcherServlet 的配置需要在 web.xml 文件中完成，具体配置如代码清单 5-9 所示。

代码清单 5-9：前端控制器 DispatcherServlet 的具体配置（源代码为 ch5-1）

```xml
<?xml version="1.0" encoding="UTF-8"?>
<web-app xmlns:xsi=
"http://www.w3.org/2001/XMLSchema-instance" xmlns="http://java.sun.com/xml/ns/j2ee" xmlns:
web="http://xmlns.jcp.org/xml/ns/javaee" xsi:schemaLocation="http://xmlns.jcp.org/xml/ns/javaee
http://java.sun.com/xml/ns/javaee/web-app_2_5.xsd http://java.sun.com/xml/ns/j2ee http://java.
sun.com/xml/ns/j2ee/web-app_2_4.xsd" id="WebApp_ID" version="2.4">
    <display-name>Spring Web MVC Hello World Application</display-name>
    <servlet>
    <!-- 配置 Spring MVC 的前端控制器 DispatcherServlet，将其命名为 springmvc -->
    <servlet-name>springmvc</servlet-name>
    <servlet-class>org.springframework.web.servlet.DispatcherServlet</servlet-class>
        <!-- 配置项目初始化时需要加载的配置文件为类根路径下的 springmvc-config.xml 文
件 -->
    <init-param>
        <param-name>contextConfigLocation</param-name>
        <param-value>classpath:springmvc-config.xml</param-value>
    </init-param>
    <!-- 表示容器在启动时立即加载该 Servlet -->
    <load-on-startup>1</load-on-startup>
    </servlet>
```

```
<servlet-mapping>
    <servlet-name>springmvc</servlet-name>
    <url-pattern>*.do</url-pattern>
</servlet-mapping>
<!-- 系统默认欢迎页面 -->
<welcome-file-list>
    <welcome-file>index.jsp</welcome-file>
</welcome-file-list>
</web-app>
```

在 web.xml 文件中，使用<servlet>标签对 Spring MVC 的前端控制器 Dispatcher Servlet 进行了配置，并将其命名为 springmvc。<init-param>和<load-on-startup>标签是可省略的，如果<init-param>省略，则应用程序启动时会默认到 WEB-INF 目录下寻找并加载以 springmvc（指 web.xml 文件中为 DispatcherServlet 配置的 Servlet 名称，如<servlet-name>springmvc </servlet-name>）为文件名前半部分、以-servlet.xml（固定写法）为文件名后半部分的 XML 配置文件，即在 WEB-INF 目录下寻找并加载 springmvc-servlet.xml 文件。如果<load-on-startup>省略，则应用程序会在第一个 Servlet 请求出现时加载该 Servlet。而如果<load-on-startup>标签中设置值为 "1"，则表示 Spring 容器在启动时会立刻加载这个 Servlet。

通过 Spring MVC 的工作流程（见图 5-6），可以更加清晰地展示 Spring MVC 中的各个内置组件，以及由开发人员定义的处理器 Handler（或称后端控制器）、数据展示页面间是如何调用执行的。

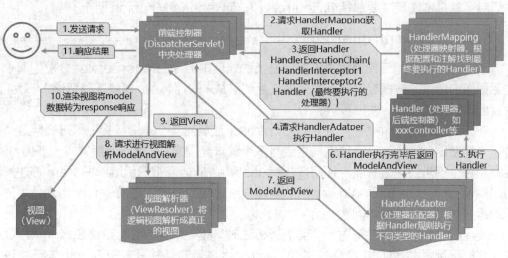

图 5-6　Spring MVC 的工作流程

Spring MVC 的工作流程可分为如下步骤。

（1）用户发送请求至前端控制器 DispatcherServlet，并加载 Spring MVC 的 XML 配置文件，如配置文件名为 springmvc.xml。

（2）前端控制器会找到处理器映射器（HandlerMapping）。通过 HandlerMapping，根据配置或注解找到最终要执行的处理器 Handler。

（3）处理器映射器找到具体的处理器（可以根据 XML 配置文件、注解进行查找），生成处理器对象及处理器拦截器（如果有则生成）并返回给 DispatcherServlet。

（4）DispatcherServlet 获取 Handler 后，找到处理器适配器（HandlerAdapter），通过它来访问处理器，并执行处理器。

（5）HandlerAdapter 经过适配调用具体的处理器（控制器类中的方法）。

（6）执行控制器类中的方法并返回一个 ModelAndView 对象给 HandlerAdapter。

（7）HandlerAdapter 将处理方法的执行结果 ModelAndView 返回给 Dispatcher Servlet。

（8）前端控制器请求视图解析器（ViewResolver）进行视图解析。根据逻辑视图名将处理结果解析成真正的视图（JSP 页面），其实就是用 ModelAndView 对象中存放的视图名称进行查找，找到对应的页面形成视图对象。

（9）ViewResolver 解析后，返回具体 View 到前端控制器。

（10）渲染视图，即将 ModelAndView 对象中的数据放到 Request 域中，以使页面加载数据。

（11）通过第（8）步，通过名称找到了对应的页面。通过第（10）步，Request 域中有了需要的数据，DispatcherServlet 即可响应用户。

5.4　Spring MVC 的常用注解

目前的程序开发过程中，通常采用注解的开发方式。Spring MVC 中注解的使用十分简单，其基本注解主要包括@Controller 和@RequestMapping 两个。

5.4.1　@Controller 注解

Spring MVC 的工作流程是由控制器负责处理由 DispatcherServlet 分发的请求，之后把用户请求的数据经过业务层处理之后封装成一个 Model 对象，再把该 Model 对象返回给对应的 View 进行展示。

在 Spring MVC 中，只需使用@Controller 注解对某个类进行标记即可表明这个类是一个控制器。通常，一个控制器中会有多个请求处理方法，那么到底哪个 URL 请求会调用哪个请求处理方法呢？使用@RequestMapping 和@RequestParam 等注解就可以实现 URL 请求和 Controller 请求处理方法之间的映射，进而使 Controller 中的请求处理方法可以被外界访问。

使用@Controller 注解对一个类进行标注时，其实并没有彻底完成 Spring MVC 中控制器的配置，因为此时这个标注了@Controller 注解的类并没有在 Spring 容器中进行配置，Spring 并不"认识"它。因此，除了在类上标注@Controller 注解外，还需要把这个控制器类交给 Spring 容器来管理，具体实现方式有以下两种。

（1）在 XML 配置文件中使用<context:component-scan>标签"告诉"Spring 容器到哪里去找标记了@Controller 注解的控制器，如<context:component-scan base-package="springmvc.controller"/>。

（2）在 XML 配置文件中使用<bean>标签对这个控制器类进行实例化配置，即将控制器类定义为一个 Bean 对象，如<bean id="userController" class="springmvc.controller.UserController"></bean>。

下面通过具体的代码分别对使用@Controller 注解实现控制器类的标注和使用 Spring MVC 的 XML 配置文件实现控制器类的实例化配置进行演示。使用@Controller 注解实现控制器类的标注如代码清单 5-10 所示。

代码清单 5-10：使用@Controller 注解实现控制器类的标注（源代码为 ch5-1）

```
@Controller
public class UserController {
    @Resource
    public UserService userService;
    @RequestMapping(value="/userList.do")
    //使用 Spring MVC 中的 ModelAndView 对象实现请求页面的响应
    protected ModelAndView userList(){
        List<User> list=userService.getUserList();
        Map<String,Object> model = new HashMap<String,Object>();
        model.put("list", list);
        //为 ModelAndView 对象指定响应页面，并绑定响应数据
        ModelAndView modelAndView = new ModelAndView("/WEB-INF/views/userList.jsp",model);
        return modelAndView;
    }
}
```

使用 Spring MVC 的 XML 配置文件实现控制器类的实例化配置，如代码清单 5-11 所示。

代码清单 5-11：使用 Spring MVC 的 XML 配置文件实现控制器类的实例化配置（源代码为 ch5-1）

```
<%@ taglib prefix="c" uri="http://java.sun.com/jsp/jstl/core"%>
<%@ page language="java" contentType="text/html;charset=UTF-8"
    pageEncoding="UTF-8"%>
<html>
<head>
    <title>Spring MVC 请求响应的方式</title>
</head>
<body>
    <h2>客户信息列表</h2>
    <table border="1">
        <tr>
            <th>编号</th>
            <th>姓名</th>
            <th>年龄</th>
        </tr>
        <c:forEach items="${customers}" var="customer">
            <tr>
```

```
                    <td>${customer.custId}</td>
                    <td>${customer.name}</td>
                    <td>${customer.age}</td>
                </tr>
            </c:forEach>
        </table>
    </body>
</html>
```

5.4.2 @RequestMapping 注解

使用@Controller 注解只是定义了一个控制器类，但要想完成控制器类中方法的调用，还需要使用@RequestMapping 注解，这样才能真正完成 URL 请求的处理。

@RequestMapping 注解是一个用来处理 URL 请求地址映射的注解，可标记在控制器类或方法上。当标记在方法上时，表示该方法将作为一个请求处理方法被调用，会在接收到@RequestMapping 注解中的 value 属性等于 URL 请求时被调用。使用@RequestMapping 注解标注在方法上的示例如代码清单 5-12 所示。

代码清单 5-12：使用@RequestMapping 注解标注在方法上的示例（源代码为 ch5-1）

```
@Controller
public class UserController {
    @Resource
    public UserService userService;
    @RequestMapping(value="/userList.do")
    protected ModelAndView userList(){
        List<User> list=userService.getUserList();
        Map<String,Object> model = new HashMap<String,Object>();
        model.put("list", list);
        //为 ModelAndView 对象指定响应页面，并绑定响应数据
        ModelAndView  modelAndView  =  new  ModelAndView("/WEB-INF/views/user
List.jsp",model);
        return modelAndView;
    }
}
```

在代码清单 5-12 中，在 userList()方法上使用@RequestMapping(value="/user List.do")进行了标注。这就意味着当 URL 请求地址为 http://localhost:8080/ ch5-1/ userList.do 时，userList()方法将作为请求处理方法被调用。

如果@RequestMapping 注解标注在控制器类上，则表示类中的所有请求处理方法都以该地址作为父路径，该控制器类中的所有请求都被映射到 value 属性所指示的路径下。使用@RequestMapping 注解标注在控制器类上的示例如代码清单 5-13 所示。

代码清单 5-13：使用@RequestMapping 注解标注在控制器类上的示例（源代码为 ch5-1）

```
@Controller
@RequestMapping(value="user")
public class UserController {
```

```
@Resource
public UserService userService;
@RequestMapping(value="/userList.do")
protected ModelAndView userList(){
    List list=userService.getUserList();
    Map<String,Object> model = new HashMap<String,Object>();
    model.put("list", list);
    //为 ModelAndView 对象指定响应页面，并绑定响应数据
    ModelAndView    modelAndView    =    new    ModelAndView("/WEB-INF/views/
userList.jsp",model);
    return modelAndView;
    }
}
```

代码清单 5-13 中除了在 userList()方法上使用@RequestMapping (value="/userList.do")进行标注外，还在类 UserController 上使用@Request Mapping (value="user")进行了标注。这意味着当 URL 请求地址为 http://localhost: 8080/ch5-1/user/userList.do 时，userList()方法将作为请求处理方法被调用。

如果在控制器类（如 UserController）上使用@RequestMapping 注解（如@RequestMapping(value="user")），那么要想调用该控制器类下的任何方法，都需要在 URL 请求路径中添加控制器类上@RequestMapping 注解设置的 value 属性值（如 user）。

@RequestMapping 注解除了 value 属性外，还有一些其他属性，各属性名称及作用如下。

（1）value 属性：可以省略，为默认属性，用于定义 URL 请求的地址映射。

（2）name 属性：可以省略，用于为映射地址指定别名。

（3）method 属性：可以省略，用于定义 URL 请求的 method 类型，如 get、post、head、options、put、patch、delete、trace 等。默认类型为 get 请求。如果请求方式和定义的方式不一样，则请求无效。

（4）params 属性：定义请求中必须包含的参数值。只有在指定请求中必须包含某些参数值时，才让方法进行处理。

（5）headers 属性：首先，只有指定请求中必须包含某些指定的 header 值（请求头）时，才能让方法处理请求；其次，定义请求中必须包含某些指定的请求头，如RequestMapping(value = "/something", headers = "content-type=text/*")说明请求中必须要包含"text/html""text/plain"这种类型的 content-type 头，这样的请求才是一个匹配的请求。

（6）consumes 属性：定义请求提交内容的类型，指定处理请求的提交内容类型（content-type），如 application/json、text/html。

（7）produces 属性：指定响应体返回内容的类型和编码。但是必须和@ResponseBody 注解一起使用，如果不加@ResponseBody 注解，则会报错。

5.4.3 其他注解

Spring MVC 中除了@Controller 和@RequestMapping 两个注解外，还有

@Resource、@Autowired、@PathVariable、@RequestParam、@ResponseBody、@Component 和@Repository 等注解。

（1）@Resource 和@Autowired：都用于 Bean 的依赖注入。@Resource 并不是 Spring 的注解，它的包是 javax.annotation.Resource，需要导入，但是 Spring 支持该注解的使用。如果两个注解写在字段上，则不需要再写 Setter 方法。@Autowired 注解是为 Spring 提供的注解，需要导入包 org.springframework.beans. factory. annotation.Autowired，并且按照 byType 方式注入。

（2）@PathVariable：接收请求路径中占位符的值，是 Spring 3.0 的一个新功能，该功能在 Spring MVC 向 RESTful 编程风格发展过程中具有里程碑的意义。通过该注解可以将 URL 请求地址中的占位符参数绑定到控制器处理方法的传入参数中。例如，使用@PathVariable("xxx")可以将 URL 中的{xxx}占位符参数绑定到控制器处理方法的传入参数中。

（3）@RequestParam：主要用于在 Spring MVC 控制层获取参数，类似于 request.getParameter("name")，该注解包括 3 个常用参数：defaultValue、required 和 value。defaultValue 表示设置默认值，required 通过 boolean 值设置是否为必须要传入的参数，value 值表示可接受的传入参数的类型。

（4）@ResponseBody：该注解用于将 Controller 类的方法返回的对象，通过适当的 HttpMessageConverter 转换为指定格式后，写入 Response 对象的 body 数据区。使用该注解可以将整个返回结果以某种格式返回，如 JSON 或 XML 格式，而不是返回 HTML 页面。

（5）@Component：属于通用注解，当不知道一些类应该归到哪个层时可使用该注解，但通常不推荐使用该注解。

（6）@Repository：用于标注数据持久层的类。

5.5 本章小结

本章主要对 Spring MVC 的相关概念、框架核心组件、工作流程等进行了介绍，并结合 Spring MVC 的入门程序对 Spring MVC 的一些常用注解进行了介绍。

5.6 练习与实践

【练习】
（1）简述 Spring MVC 框架及工作流程。
（2）列举 Spring MVC 的常用注解。
【实践】
（1）上机练习创建 Spring MVC 入门程序。
（2）在 Spring MVC 入门程序的基础上，上机练习使用常用注解。

第6章
Spring MVC应用

第5章中对Spring MVC框架的概念和基本流程等进行了介绍。但在实际项目开发中，会存在如何将客户端请求参数传递到后台、如何对客户端请求的页面进行响应、如何实现静态资源访问等应用问题，本章将对这一系列问题的解决方案进行介绍。

▶ 学习目标

① 掌握如何基于Spring MVC框架实现请求参数的传递和请求的响应。

② 理解视图解析器的配置和使用。

③ 熟悉如何实现JSON数据交互。

④ 了解如何实现静态资源访问。

6.1 Spring MVC请求参数和请求响应

在Spring MVC应用中，对于控制器类的开发是其核心工作，一般其开发步骤可分别为以下3步。

（1）获取请求参数。

（2）处理业务逻辑。

（3）绑定数据模型和视图以实现请求响应。

6.1.1 Spring MVC请求参数

这里通过模拟实现客户信息添加功能案例对获取请求参数的具体方式进行介绍。首先，新建一个Web项目ch6-1，创建web.xml文件和Spring的XML配置文件springmvc-config.xml，创建持久化类Customer。web.xml文件如代码清单6-1所示。

代码清单6-1：web.xml文件（源代码为ch6-1）

```
<?xml version="1.0" encoding="UTF-8"?>
<web-app xmlns:xsi="http://www.w3.org/2001/XMLSchema-instance"xmlns="http://java.sun.
com/xml/ns/j2ee" xmlns: web="http://xmlns.jcp.org/xml/ns/javaee"xsi:schemaLocation="http://xmlns.
jcp.org/xml/ns/javaee http://java.sun.com/xml/ns/javaee/web-app_2_5.xsd http://java.sun.com/xml/
ns/j2ee http://java. sun.com/xml/ns/j2ee/web-app_2_4.xsd" id="WebApp_ID" version="2.4">
```

```xml
    <display-name>Spring Web MVC Hello World Application</display-name>
    <servlet>
        <servlet-name>spring</servlet-name>
        <servlet-class>org.springframework.web.servlet.DispatcherServlet</servlet-class>
            <!-- 初始化时加载配置文件 -->
            <init-param>
                <param-name>contextConfigLocation</param-name>
                <param-value>classpath:springmvc-config.xml</param-value>
            </init-param>
        <load-on-startup>1</load-on-startup>
    </servlet>
    <servlet-mapping>
        <servlet-name>spring</servlet-name>
        <url-pattern>*.do</url-pattern>
    </servlet-mapping>
</web-app>
```

springmvc-config.xml 文件如代码清单 6-2 所示。

代码清单 6-2：springmvc-config.xml 文件（源代码为 ch6-1）

```xml
<beans xmlns="http://www.springframework.org/schema/beans"
    xmlns:xsi="http://www.w3.org/2001/XMLSchema-instance"
    xmlns:context="http://www.springframework.org/schema/context"
    xmlns:mvc="http://www.springframework.org/schema/mvc"
    xsi:schemaLocation="http://www.springframework.org/schema/beans
    http://www.springframework.org/schema/beans/spring-beans.xsd
    http://www.springframework.org/schema/context
    http://www.springframework.org/schema/context/spring-context.xsd
    http://www.springframework.org/schema/mvc
    http://www.springframework.org/schema/mvc/spring-mvc.xsd">
    <!-- 注解注入-->
    <context:component-scan base-package="springmvc.req.controller"/>
    <!-- MVC 注解驱动-->
    <mvc:annotation-driven />
</beans>
```

持久化类 Customer 的定义如代码清单 6-3 所示。

代码清单 6-3：持久化类 Customer 的定义（源代码为 ch6-1）

```java
public class Customer {
    int custId;
    String name;
    int age;
    String[] hobby;
    public Customer(){}
```

```
    public Customer(int custId,String name,int age){
        this.custId = custId;
        this.name = name;
        this.age = age;
    }
    public int getCustId() {
        return custId;
    }
    public void setCustId(int custId) {
        this.custId = custId;
    }
    public String getName() {
        return name;
    }
    public void setName(String name) {
        this.name = name;
    }
    public int getAge() {
        return age;
    }
    public void setAge(int age) {
        this.age = age;
    }
    public String[] getHobby() {
        return hobby;
    }
    public void setHobby(String[] hobby) {
        this.hobby = hobby;
    }
    @Override
    public String toString() {
        return "Customer [custId=" + custId + ", name=" + name + ", age=" + age
                + ", hobby=" + Arrays.toString(hobby) + "]";
    }
}
```

项目基础配置完成以后，需要模拟开发一个添加客户信息页面，其运行效果如图 6-1 所示。

在添加客户信息页面中通过<form>（即表单）的 action 属性值的设置来模拟实现不同类型参数的绑定方式。添加客户信息页面 index.jsp 的具体代码如代码清单 6-4 所示。

图 6-1　添加客户信息页面运行效果

代码清单 6-4：添加客户信息页面 index.jsp 的具体代码（源代码为 ch6-1）

```
<%@ page language="java" contentType="text/html; charset=UTF-8"
    pageEncoding="UTF-8"%>
<!DOCTYPE html PUBLIC "-//W3C//DTD HTML 4.01 Transitional//EN"
    "http://www.w3.org/TR/html4/loose.dtd">
<html>
<head>
<meta http-equiv="Content-Type" content="text/html; charset=UTF-8">
<title>Spring MVC 请求及参数绑定</title>
</head>
<body>
    <h2>添加客户信息</h2>
    <!--绑定默认参数类型-->
    <!-- <form action="add.do"> -->
    <!--绑定简单数据类型-->
    <!-- <form action="simple.do">-->
    <!-- 绑定 POJO 类型 -->
    <form action="pojo.do">
    <!--绑定简单数据类型，使用@RequestParam 注解-->
    <!-- <form action="requestParam.do">-->
    <table>
    <tr>
    <td> 用户名：</td><td><input name="name" type="text"></td>
    </tr>
    <tr>
    <td>年龄：</td><td><input name="age" type="text"></td>
    </tr>
    <tr>
    <td> 兴趣爱好：</td><td>
      <input type="checkbox" name="hobby" value="游泳">游泳<br>
      <input type="checkbox" name="hobby" value="阅读">阅读<br>
      <input type="checkbox" name="hobby" value="旅游">旅游<br></td>
    </tr>
    <tr><td colspan="2" align="center"><button type="submit" >提交</button></td></tr>
    </table>
```

```
    </form>
  </body>
</html>
```

在添加客户信息页面中，当单击"提交"按钮进行提交时，将执行<form>中 action
属性设置的请求，同时通过 name 属性的命名与后台控制器请求处理方法的参数，对页
面中<form>的所有<input>标签中的值进行绑定及传递。

Spring MVC 会根据前端页面请求参数的不同，将请求参数信息以一定的方式转换
并绑定到控制器类的方法参数中，常用的参数绑定方式包括以下 3 种。

① 绑定默认参数类型。

② 绑定简单数据类型。

③ 绑定简单的 Java 对象（Plain Ordinary Java Object，POJO）类型。

当请求参数比较简单时，常使用默认参数类型进行参数绑定，可以在请求处理方法
的形参中直接使用 Spring MVC 提供的默认参数类型进行数据绑定，常用默认参数类型
如下。

① HttpServletRequest：通过 Request 对象获取请求信息。

② HttpServletResponse：通过 Response 对象处理响应信息。

③ HttpSession：通过 Session 对象得到 Session 中存放的对象。

④ Model/ModelMap：Model 是一个接口，ModelMap 是一个接口实现，作用是
将 Model 数据填充到 Request 域中。

CustomerController.java 中绑定默认参数类型示例如代码清单 6-5 所示。

代码清单 6-5：CustomerController.java 中绑定默认参数类型示例（源代码为 ch6-1）

```java
//绑定默认参数类型
@RequestMapping(value="/add.do")
protected ModelAndView userAdd(HttpServletRequest req){
    String name=req.getParameter("name");
    int age=Integer.parseInt(req.getParameter("age"));
    String[] hobby=req.getParameterValues("hobby");
    Customer c1 = new Customer();
    c1.setCustId(1);
    c1.setName(name);
    c1.setAge(age);
    c1.setHobby(hobby);
    System.out.println("======"+c1);
    ModelAndView modelAndView = new ModelAndView("index.jsp");
    return modelAndView;
}
```

简单数据类型的绑定，指的是 Java 中几种基本数据类型的绑定，如 int、String、
Double 等类型，相关示例如代码清单 6-6 所示。

代码清单 6-6：CustomerController.java 中简单数据类型的绑定示例（源代码为 ch6-1）

```java
//绑定简单数据类型
@RequestMapping(value="/simple.do")
```

```
protected ModelAndView simple(String name,int age,String[] hobby){
    Customer c1 = new Customer();
    c1.setCustId(1);
    c1.setName(name);
    c1.setAge(age);
    c1.setHobby(hobby);
    System.out.println("======"+c1);
    ModelAndView modelAndView = new ModelAndView("index.jsp");
    return modelAndView;
}
```

当前端请求中的参数名和后台控制器类方法中的形参名不一样时，可以使用@RequestParam 注解类型来进行间接数据绑定，即先使用@RequestParam 接收同名参数后，再将参数值间接绑定到方法形参上，相关示例如代码清单 6-7 所示。

代码清单 6-7：CustomerController.java 中@RequestParam 注解应用示例（源代码为 ch6-1）

```
//绑定简单数据类型，使用@RequestParam 注解
@RequestMapping(value="/requestParam.do")
protected ModelAndView requestParam(@RequestParam(value="name") String username,
@RequestParam(value="age") int userage,String[] hobby){
    Customer c1 = new Customer();
    c1.setCustId(1);
    c1.setName(username);
    c1.setAge(userage);
    c1.setHobby(hobby);
    System.out.println("======"+c1);
    ModelAndView modelAndView = new ModelAndView("index.jsp");
    return modelAndView;
}
```

若参数使用了@RequestParam 注解，则该参数默认不允许为空，如果为空，则会抛出异常。但如果希望该参数允许为空，则可将@RequestParam 注解的 required 属性设置为 false，如@RequestParam(value="name",required=false)String username。

在使用简单数据类型绑定时，可以根据具体需求轻松地定义方法中的形参类型和个数。然而，在实际应用中，客户端请求可能会传递多个不同类型的参数。如果使用简单数据类型进行绑定，则需要手动编写多个不同类型的参数，这种操作显然比较烦琐。

针对多类型、多参数的请求，可以使用 POJO 类型进行数据绑定。POJO 类型的数据绑定就是将所有关联的请求参数封装在一个 POJO 中，并在方法中直接使用该POJO 作为形参来完成数据绑定，相关示例如代码清单 6-8 所示。

代码清单 6-8：CustomerController.java 中 POJO 类型的数据绑定示例（源代码为 ch6-1）

```
//绑定 POJO 类型
@RequestMapping(value="/pojo.do")
protected ModelAndView pojo(Customer c1){
```

```
        System.out.println("======"+c1);
        ModelAndView modelAndView = new ModelAndView("index.jsp");
        return modelAndView;
    }
```

需要注意的是，使用 POJO 类型进行数据绑定时，前端请求参数名，即\<form>内各元素的 name 属性值必须与要绑定的 POJO 类中的属性名一致，这样才能够自动将请求数据绑定到 POJO 对象中，否则后台控制器接收的参数值为 null。

6.1.2　Spring MVC 请求响应

对于控制器类，每一个请求处理方法都可以接收并传递多个不同类型的参数，同时会返回多种不同类型的结果。控制器类中方法返回值的常见类型有以下 3 种。

（1）ModelAndView 类型：返回数据和页面，可以添加 Model 数据，并指定视图。

（2）String 类型：返回的 String 类型值表示返回视图的名称，可以跳转视图，但不能携带数据。此外，它可以在方法的参数中定义 Model 对象，通过 Model 对象绑定数据到页面视图中。如果在 XML 配置文件中配置了视图解析器，则会把视图解析器配置的前缀和后缀添加在返回值的前面和后面。视图解析器的具体配置及应用在后续内容中将会具体介绍。实际开发中推荐使用返回 String 类型的方法，因为该方法可以将模型和视图分开，降低程序耦合度。

String 类型除了可以返回视图页面外，还可以进行重定向与请求转发，具体方式包括 redirect（重定向）和 forward（请求转发）两种。例如，return "forward:/role/roleList" 和 return "redirect:/role/roleList"。对于 redirect，如果需要携带参数，则可以使用 get 请求的方式进行追加，如 return "redirect:/role/roleList?id="+id。

（3）void 类型：返回值是 void，意味着请求处理方法执行完成后不会进行页面跳转。通常用于异步请求时，只返回数据，而不会跳转视图。

下面通过模拟实现客户信息列表显示功能案例对 Spring MVC 框架中对请求进行响应的几种常用方式，即请求处理方法的几种常见返回类型进行具体介绍。首先，新建一个 Web 项目 ch6-2，创建 web.xml 文件和 Spring 的 XML 配置文件 springmvc-config.xml，创建持久化类 Customer。web.xml 文件如代码清单 6-9 所示。

代码清单 6-9：web.xml 文件（源代码为 ch6-2）

```xml
<?xml version="1.0" encoding="UTF-8"?>
<web-app xmlns:xsi="http://www.w3.org/2001/XMLSchema-instance" xmlns="http://java.sun.com/xml/ns/j2ee" xmlns:web="http://xmlns.jcp.org/xml/ns/javaee" xsi:schemaLocation="http://xmlns.jcp.org/xml/ns/javaee http://java.sun.com/xml/ns/javaee/web-app_2_5.xsd http://java.sun.com/xml/ns/j2ee http://java.sun.com/xml/ns/j2ee/web-app_2_4.xsd" id="WebApp_ID" version="2.4">
    <display-name>Spring Web MVC Hello World Application</display-name>
    <servlet>
        <servlet-name>spring</servlet-name>
        <servlet-class>org.springframework.web.servlet.DispatcherServlet</servlet-class>
        <!-- 初始化时加载配置文件 -->
```

```
        <init-param>
            <param-name>contextConfigLocation</param-name>
            <param-value>classpath:springmvc-config.xml</param-value>
        </init-param>
    <load-on-startup>1</load-on-startup>
  </servlet>
  <servlet-mapping>
    <servlet-name>spring</servlet-name>
    <url-pattern>*.do</url-pattern>
  </servlet-mapping>
</web-app>
```

springmvc-config.xml 文件如代码清单 6-10 所示。

代码清单 6-10：springmvc-config.xml 文件（源代码为 ch6-2）

```
<beans xmlns="http://www.springframework.org/schema/beans"
    xmlns:xsi="http://www.w3.org/2001/XMLSchema-instance"
    xmlns:context="http://www.springframework.org/schema/context"
    xmlns:mvc="http://www.springframework.org/schema/mvc"
    xsi:schemaLocation="http://www.springframework.org/schema/beans
    http://www.springframework.org/schema/beans/spring-beans.xsd
    http://www.springframework.org/schema/context
    http://www.springframework.org/schema/context/spring-context.xsd
    http://www.springframework.org/schema/mvc
    http://www.springframework.org/schema/mvc/spring-mvc.xsd">
    <!-- 注解注入-->
    <context:component-scan base-package="springmvc.response.controller"/>
    <!-- MVC 注解驱动-->
    <mvc:annotation-driven />
</beans>
```

持久化类 Customer 的定义如代码清单 6-11 所示。

代码清单 6-11：持久化类 Customer 的定义（源代码为 ch6-2）

```
public class Customer {
    int custId;
    String name;
    int age;
    public Customer(){}
    public Customer(int custId,String name,int age){
        this.custId = custId;
        this.name = name;
        this.age = age;
    }
    public int getCustId() {
        return custId;
```

```
    }
    public void setCustId(int custId) {
        this.custId = custId;
    }
    public String getName() {
        return name;
    }
    public void setName(String name) {
        this.name = name;
    }
    public int getAge() {
        return age;
    }
    public void setAge(int age) {
        this.age = age;
    }
}
```

项目基础配置完成以后，需要模拟开发一个客户信息列表页面和一个用户请求操作页面，客户信息列表显示页面的运行效果如图 6-2 所示。

图 6-2　客户信息列表页面的运行效果

客户信息列表页面 customerList.jsp 如代码清单 6-12 所示。

代码清单 6-12：客户信息列表页面 customerList.jsp（源代码为 ch6-2）

```
<%@ taglib prefix="c" uri="http://java.sun.com/jsp/jstl/core"%>
<%@ page language="java" contentType="text/html;charset=UTF-8"
    pageEncoding="UTF-8"%>
<html>
<head>
    <title>Spring MVC 请求响应的方式</title>
</head>
<body>
    <h2>客户信息列表</h2>
    <table border="1">
        <tr>
            <th>编号</th>
            <th>姓名</th>
```

```
                <th>年龄</th>
        </tr>
        <c:forEach items="${customers}" var="customer">
            <tr>
                <td>${customer.custId}</td>
                <td>${customer.name}</td>
                <td>${customer.age}</td>
            </tr>
        </c:forEach>
    </table>
</body>
</html>
```

用户请求操作页面的运行效果如图 6-3 所示。

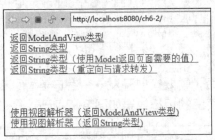

图 6-3　用户请求操作页面的运行效果

用户请求操作页面 index.jsp 如代码清单 6-13 所示。

代码清单 6-13：用户请求操作页面 index.jsp（源代码为 ch6-2）

```
<%@ page language="java" contentType="text/html; charset=UTF-8"
        pageEncoding="UTF-8"%>
<!DOCTYPE html PUBLIC "-//W3C//DTD HTML 4.01 Transitional//EN"
        "http://www.w3.org/TR/html4/loose.dtd">
<html>
<head>
<meta http-equiv="Content-Type" content="text/html; charset=UTF-8">
<title>Spring MVC 请求响应的方式</title>
</head>
<body>
        <a href="userList">返回 ModelAndView 类型</a><br>
        <a href="updateView">返回 String 类型</a><br>
        <a href="updateUserView">返回 String 类型（使用 Model 返回页面需要的值）</a><br>
        <a href="updateUserView">返回 String 类型（重定向与请求转发）</a><br>
        <br><br><br>
        <a href="userList2">使用视图解析器（返回 ModelAndView 类型)</a><br>
        <a href="userList3">使用视图解析器（返回 String 类型)</a><br>
</body>
</html>
```

接下来在控制器类 CustomerController 中对客户信息列表页面的请求处理方法的多种响应方式分别进行模拟实现。

请求处理方法的返回类型是 ModelAndView 时，具体实现如代码清单 6-14 所示。

代码清单 6-14：返回 ModelAndView 类型（源代码为 ch6-2）

```
//返回 ModelAndView 类型
@RequestMapping(value="/userList")
protected ModelAndView userList(){
    List<Customer> customers = new ArrayList<Customer>();
    Customer c1 = new Customer();
    c1.setCustId(1);
    c1.setName("张三");
    c1.setAge(22);
    customers.add(c1);
    Customer c2 = new Customer();
    c2.setCustId(2);
    c2.setName("李四");
    c2.setAge(20);
    customers.add(c2);
    Map<String,Object> model = new HashMap<String,Object>();
    model.put("customers", customers);
    ModelAndView modelAndView = new ModelAndView("/WEB-INF/views/ customer
List.jsp",model);
    return modelAndView;
}
```

请求处理方法的返回类型是 String，但不需要绑定业务数据到页面中并进行显示时，具体实现如代码清单 6-15 所示。

代码清单 6-15：返回 String 类型，不绑定数据（源代码为 ch6-2）

```
//返回 String 类型
@GetMapping(value="/updateView")
protected String updateView(){
    return "/WEB-INF/views/customerEdit.jsp";
}
```

请求处理方法的返回类型是 String，但需要绑定业务数据到页面中并进行显示时，需要使用 Model 对象，具体实现如代码清单 6-16 所示。

代码清单 6-16：返回 String 类型，使用 Model 对象绑定数据（源代码为 ch6-2）

```
//返回 String 类型（使用 Model 对象返回页面需要的值）
@RequestMapping(value="/updateUserView")
protected String updateUserView(Model model){
    Customer c1 = new Customer();
    c1.setCustId(1);
    c1.setName("张三");
    c1.setAge(22);
```

```
        model.addAttribute("customers", c1);
        return "/WEB-INF/views/customerEdit.jsp";
    }
```

请求处理方法的返回类型是 String，并进行页面重定向或请求转发时，具体实现如代码清单 6-17 所示。

代码清单 6-17：返回 String 类型（重定向与请求转发）（源代码为 ch6-2）

```
//返回 String 类型（重定向与请求转发）
@RequestMapping(value="/update")
protected String update(String name,int age){
    List<Customer> customers = new ArrayList<Customer>();
    Customer c1 = new Customer();
    c1.setCustId(1);
    c1.setName(name);
    c1.setAge(age);
    customers.add(c1);
    //return "redirect:userList";//redirect（重定向）
    return "forward:userList";//forward（请求转发）
}
```

forward 是服务器内部重定向，程序收到请求后重定向到另一个程序，客户端并不知道；在客户端浏览器的地址栏中不会显示重定向后的地址。forward 会将 Request、Bean 等信息带往下一个 JSP 页面。而 redirect 则表示服务器收到请求后发送一个状态头给客户，客户将再请求一次，浏览器将会得到跳转的地址，并重新发送请求超链接。redirect 表示送到客户端后再一次请求，所以原有信息不被保留。但如果使用 forward，则可以使用 getAttribute()方法来获取前一个 JSP 页面所放入的 Bean 等信息。

6.2 视图解析器

Spring MVC 中的组件——视图解析器负责将请求处理方法的执行结果生成视图。ViewResolver 会先根据逻辑视图名解析出物理视图名，即具体的页面地址；再生成视图对象；最后对视图进行渲染并将处理结果通过页面展示给用户。视图解析器的使用需要在 Spring MVC 的 XML 配置文件中进行配置。在项目 ch6-2 中，如果需要使用视图解析器来对请求的响应页面进行解析，则需要在 ch6-2 的 springmvc-config.xml 文件中进行配置。视图解析器的相关配置如代码清单 6-18 所示。

代码清单 6-18：视图解析器的相关配置（源代码为 ch6-2）

```
<beans xmlns="http://www.springframework.org/schema/beans"
    xmlns:xsi="http://www.w3.org/2001/XMLSchema-instance"
    xmlns:context="http://www.springframework.org/schema/context"
    xmlns:mvc="http://www.springframework.org/schema/mvc"
    xsi:schemaLocation="http://www.springframework.org/schema/beans
    http://www.springframework.org/schema/beans/spring-beans.xsd
    http://www.springframework.org/schema/context
```

```
        http://www.springframework.org/schema/context/spring-context.xsd
        http://www.springframework.org/schema/mvc
        http://www.springframework.org/schema/mvc/spring-mvc.xsd">
    <!-- 注解注入-->
    <context:component-scan base-package="springmvc.response.controller"/>
    <!-- MVC 注解驱动-->
    <mvc:annotation-driven />
    <!-- 配置视图解析器 -->
    <bean
        class="org.springframework.web.servlet.view.InternalResourceViewResolver">
        <property name="prefix" value="/WEB-INF/views/" />
        <property name="suffix" value=".jsp" />
    </bean>
</beans>
```

  XML 配置文件中使用 InternalResourceViewResolver 定义了视图解析器，并设置视图的前缀（prefix）属性值为 value="/WEB-INF/views/"，后缀（suffix）属性值为 value=".jsp"。这样设置后，在控制器请求处理方法所定义的 view/路径下就可以简化编写。例如，要想返回"/WEB-INF/views/customerList.jsp"页面，只需要在请求方法中设置返回页面的值为"customerList"即可，视图解析器会自动地增加前缀"/WEB-INF/views/"和后缀".jsp"并生成完整的响应地址以实现页面响应。

  例如，在项目 ch6-2 中，在控制器类 CustomerController 中，通过视图解析器实现页面响应的请求处理方法的返回类型是 ModelAndView 时，具体实现如代码清单 6-19 所示。

代码清单 6-19：返回 ModelAndView 类型（使用视图解析器）（源代码为 ch6-2）

```
//返回 ModelAndView 类型（使用视图解析器）
@RequestMapping(value="/userList2")
protected ModelAndView userList2(){
    List<Customer> customers = new ArrayList<Customer>();
    Customer c1 = new Customer();
    c1.setCustId(1);
    c1.setName("张三");
    c1.setAge(22);
    customers.add(c1);
    Customer c2 = new Customer();
    c2.setCustId(2);
    c2.setName("李四");
    c2.setAge(20);
    customers.add(c2);
    Map<String,Object> model = new HashMap<String,Object>();
    model.put("customers", customers);
    ModelAndView modelAndView = new ModelAndView("customerList",model);
    return modelAndView;
```

```
    }
```

请求处理方法的返回类型是 String 时，具体实现如代码清单 6-20 所示。

代码清单 6-20：返回 String 类型（使用视图解析器）（源代码为 ch6-2）

```
//返回 String 类型（使用视图解析器）
@RequestMapping(value="/userList3")
protected String userList3(Model model){
    List<Customer> customers = new ArrayList<Customer>();
    Customer c1 = new Customer();
    c1.setCustId(1);
    c1.setName("张三");
    c1.setAge(22);
    customers.add(c1);
    Customer c2 = new Customer();
    c2.setCustId(2);
    c2.setName("李四");
    c2.setAge(20);
    customers.add(c2);
    model.addAttribute("customers", customers);
    return "customerList";
}
```

在使用视图解析器的情况下，返回类型是 String 时需要注意以下问题。

（1）如果直接输入字符串，那么这个字符串就是视图，会自动添加前缀和后缀，请求跳转方式是内部转发。

（2）如果字符串以 forward 开头，那么视图解析器不会添加前缀和后缀，请求跳转方式是内部转发，路径格式和原生的内部转发的路径格式没有区别。

（3）如果字符串以 redirect 开头，那么视图解析器不会添加前缀和后缀，请求跳转方式是重定向，路径格式和原生的路径格式不同，不会显示 Web 项目的名称。

（4）如果是重定向，则 Model 中的数据是不能使用的，因为 Model 中的数据保存在 Request 域中。

6.3 JSON 数据交互

JavaScript 对象简谱（JavaScript Object Notation，JSON）是一种轻量级的数据交换格式，易于阅读和编写，也易于计算机解析和生成。其基于 JavaScript 的一个子集。JSON 采用完全独立于编程语言的文本格式，但是使用了类似于 C 语言 "家族"（包括 C、C++、C#、Java、JavaScript、Perl、Python 等）的 "习惯"。这些特性使 JSON 成为理想的数据交换格式。

JSON 与 XML 非常相似，都是用来存储数据的，并且都是基于纯文本的数据格式。与 XML 相比，JSON 解析速度更快、占用空间更小。作为轻量级数据交换格式，JSON 能够替代 XML 的工作，其主要原因有以下几个。

（1）数据格式比较简单，易于读写，格式都是压缩的，占用带宽小，其可读性也不错，基本具备了结构化数据格式的性质。

（2）易于解析，客户端 JavaScript 程序可以简单地通过 eval() 进行 JSON 数据的解析，通过遍历数组和访问对象属性来获取数据。

（3）JSON 格式能够直接为服务器端代码所用，大大减少了服务器端和客户端的代码开发量，并且易于维护，支持多种语言，包括 ActionScript、C、C#、ColdFusion、Java、JavaScript、Perl、PHP、Python、Ruby 等服务器端语言。

但是 JSON 也存在如下缺点。

（1）不如 XML 格式使用广泛，通用性也不如 XML。

（2）JSON 格式目前在 Web Service 中的推广还处于初级阶段。

6.3.1　JSON 的数据结构

JSON 用于描述数据结构时，有两种基本形式：一种是对象结构（即"键/值"对），另一种是数组结构（即值的有序列表）。

（1）对象结构：以"键/值"对形式存储数据，键和值之间使用"："隔开。每个"键/值"对之间使用"，"分割，并且放在"{""}"内，如{key:value}。如果有一个 user 对象，其包含用户 ID、姓名、邮箱等信息，则其使用 JSON 表示的形式如下。

```
{"userId":001,
"name":"zhangsan",
"email":"zhangsan@neusoft.edu.cn"};
```

其在实际中使用起来时可能会更复杂一点，例如，为 name 定义更详细的结构，使它具有 firstName 和 lastName。

```
{"userId":001,
"name":{"firstName":"san","lastName":"zhang"},
"email":"zhangsan@neusoft.edu.cn"}
```

（2）数组结构：值的有序列表（Array）形式。一个或者多个值之间使用"，"隔开，放在"[""]"内就形成了这样的列表，如[collection, collection]。对于 user 对象，当某页面需要显示多个用户信息时，需要创建一个用户信息列表数组，使用 JSON 形式表示如下。

```
[
{"userId":001,
"name":{"firstName":"san","lastName":"zhang"},
"email":"zhangsan@neusoft.edu.cn"},
{"userId":002, "name":{"firstName":"ming","lastName":"li"},
  "email":"xxx@xxx.com"},
{"userId":003,
"name":{"firstName":"tianlai","lastName":"wang"},
"email":"xxx2@xxx2.com"}
]
```

JSON 的使用特点可归纳为以下 4 点。

（1）对象是键/值对的集合。一个对象开始于"{"，结束于"}"。每一个键和值间用
":"分隔，属性间用","分隔。

（2）数组是有顺序的值的集合。一个数组开始于"["，结束于"]"，值之间用","
分隔。

（3）值可以是引号中的字符串、数值、true、false、null，也可以是对象或数组。
这些结构都能嵌套。

（4）字符串和数值的定义与 C 语言或 Java 语言基本一致。

6.3.2　JSON 数据交互注解

使用 Spring MVC 框架实现 Web 项目开发时，前后台的数据交互是必不可少的核
心功能之一。Spring MVC 中提供了两个重要的 JSON 数据格式转换注解，分别是
@RequestBody 和@ResponseBody，这两个注解的作用分别如下。

（1）@RequestBody 注解：标注在方法的形参上，用于接收 HTTP 请求的 JSON
数据，将 JSON 数据转换为 Java 对象，并绑定到控制器类 Controller 的请求处理方法
的参数上。

（2）@ResponseBody 注解：标注在方法上，用于将控制器类 Controller 的请求
处理方法返回的 Java 对象转换为指定格式（如 JSON 或 XML 等）的数据，最终数据
通过 Response 响应到客户端以进行显示。

为实现客户端请求与控制器类之间的数据交互，Spring 提供了 HttpMessage
Converter 接口和接口的实现类来对不同类型的数据进行格式转换。MappingJackson
2HttpMessageConverter 是 Spring MVC 默认的处理 JSON 格式请求和响应的实现
类。该实现类由 Jackson 开源包提供 JSON 数据读/写支持，实现将 Java 对象转换为
JSON 对象和 XML 文档，或将 JSON 对象和 XML 文档转换为 Java 对象的功能。
Jackson 开源包主要有 jackson-annotations-x.x.x.jar、jackson- core-x.x.x.jar、
jackson-databind-x.x.x.jar 3 个包。对于 Spring 5 以上版本，可使用的 Jackson 版
本为 2.9.9，如果使用的 Jackson 的版本过低，则程序运行时将会出错。Jackson 的相
关 JAR 包如图 6-4 所示。

图 6-4　Jackson 的相关 JAR 包

下面通过具体的案例来演示 Spring MVC 应用中如何实现 JSON 数据的交互。先

新建 Web 项目 ch6-3，并导入 Spring 及 JSON 相关 JAR 包。创建 web.xml 文件和 Spring 的 XML 配置文件 springmvc-config.xml，创建持久化类 Customer。web.xml 文件如代码清单 6-21 所示。

代码清单 6-21：web.xml 文件（源代码为 ch6-3）

```xml
<?xml version="1.0" encoding="UTF-8"?>
<web-app xmlns:xsi="http://www.w3.org/2001/XMLSchema-instance" xmlns="http://xmlns.jcp.org/xml/ns/javaee" xsi:schemaLocation="http://xmlns.jcp.org/xml/ns/javaee http://xmlns.jcp.org/xml/ns/javaee/web-app_3_1.xsd" id="WebApp_ID" version="3.1">
    <display-name>ch6-3</display-name>
    <welcome-file-list>
        <welcome-file>index.jsp</welcome-file>
    </welcome-file-list>
    <servlet>
        <servlet-name>springmvc</servlet-name>
        <servlet-class>
                org.springframework.web.servlet.DispatcherServlet
        </servlet-class>
        <init-param>
            <param-name>contextConfigLocation</param-name>
            <param-value>classpath:springmvc-config.xml</param-value>
        </init-param>
        <load-on-startup>1</load-on-startup>
    </servlet>
    <servlet-mapping>
        <servlet-name>springmvc</servlet-name>
        <url-pattern>/</url-pattern>
    </servlet-mapping>
</web-app>
```

在 <servlet-mapping> 中，通过 <url-pattern> 标签设置了 "/"，这表示将拦截所有 URL 请求并交由 DispatcherServlet 处理。

springmvc-config.xml 文件如代码清单 6-22 所示。

代码清单 6-22：springmvc-config.xml 文件（源代码为 ch6-3）

```xml
<beans xmlns="http://www.springframework.org/schema/beans"
        xmlns:xsi="http://www.w3.org/2001/XMLSchema-instance"
xmlns:mvc="http://www.springframework.org/schema/mvc"
        xmlns:context="http://www.springframework.org/schema/context"
xmlns:tx="http://www.springframework.org/schema/tx"
        xsi:schemaLocation="http://www.springframework.org/schema/beans
        http://www.springframework.org/schema/beans/spring-beans.xsd
        http://www.springframework.org/schema/mvc
        http://www.springframework.org/schema/mvc/spring-mvc.xsd
        http://www.springframework.org/schema/context
```

```
                http://www.springframework.org/schema/context/spring-context.xsd">
        <!-- 定义组件扫描器，指定需要扫描的包 -->
        <context:component-scan base-package="springmvc.json.controller" />
        <!-- 配置注解驱动 -->
        <mvc:annotation-driven />
        <!-- 配置视图解析器 -->
        <bean
            class="org.springframework.web.servlet.view.InternalResourceViewResolver">
            <property name="prefix" value="/WEB-INF/jsp/" />
            <property name="suffix" value=".jsp" />
        </bean>
</beans>
```

持久化类 Customer 的定义如代码清单 6-23 所示。

代码清单 6-23：持久化类 Customer 的定义（源代码为 ch6-3）

```java
public class Customer {
    int custId;
    String name;
    int age;
    public Customer(){}
    public Customer(int custId,String name,int age){
        this.custId = custId;
        this.name = name;
        this.age = age;
    }
    public int getCustId() {
        return custId;
    }
    public void setCustId(int custId) {
        this.custId = custId;
    }
    public String getName() {
        return name;
    }
    public void setName(String name) {
        this.name = name;
    }
    public int getAge() {
        return age;
    }
    public void setAge(int age) {
        this.age = age;
    }
    @Override
```

```
public String toString() {
    return "Customer [custId=" + custId + ", name=" + name + ", age=" + age + "]";
}
}
```

项目基础配置完成以后，在 WebContent 目录下创建 index.jsp 页面，模拟实现提交 JSON 数据的客户端请求，index.jsp 页面的运行效果如图 6-5 所示。

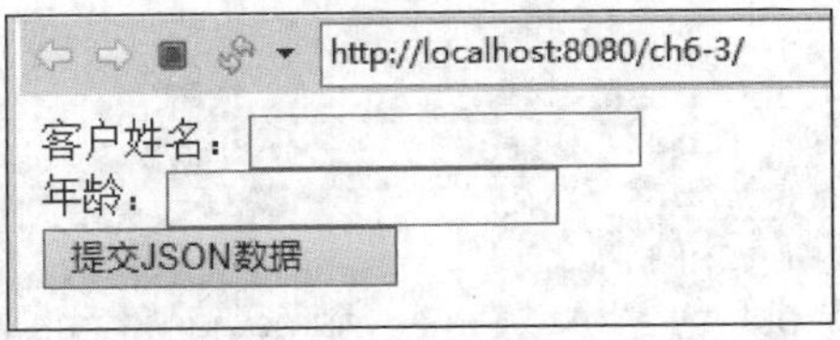

图 6-5　index.jsp 页面的运行效果

index.jsp 如代码清单 6-24 所示。

代码清单 6-24：index.jsp（源代码为 ch6-3）

```
<%@ page language="java" contentType="text/html; charset=UTF-8"
    pageEncoding="UTF-8"%>
<!DOCTYPE html PUBLIC "-//W3C//DTD HTML 4.01 Transitional//EN"
"http://www.w3.org/TR/html4/loose.dtd">
<html>
<head>
<title>测试 JSON 交互——提交 JSON 数据</title>
<meta http-equiv="Content-Type" content="text/html; charset=UTF-8">
<script type="text/javascript"
        src="${pageContext.request.contextPath }/js/jquery-1.11.3.min.js">
</script>
<script type="text/javascript">
function testJson(){
    //获取输入的客户姓名和年龄
    var name = $("#name").val();
    var age = $("#age").val();
    $.ajax({
        url : "${pageContext.request.contextPath }/testJson",
        type : "post",
        //data 表示发送的数据
        data :JSON.stringify({name:name,age:age}),
        //定义发送请求的数据格式为 JSON 字符串
        contentType : "application/json;charset=UTF-8",
        //定义回调响应的数据格式为 JSON 字符串，该属性可以省略
        dataType : "json",
        //成功响应的结果
        success : function(data){
            if(data != null){
```

```
                        $("#msg").empty();
                            $("#msg").append(" 从 控 制 器 返 回 的  JSON  格式数据："+JSON.
stringify(data)+"   客户姓名为："+data.name+"年龄为："+data.age);
                        }
                    }
            });
    }
    </script>
    </head>
    <body>
        <form>
                客户姓名：<input type="text" name="name" id="name"><br/>
                年龄：<input type="text" name="age" id="age"><br />
                <input type="button" value="提交 JSON 格式数据" onclick=" testJson()" />
        </form>
        <br>
        <div id="msg"></div>
    </body>
    </html>
```

单击 index.jsp 页面中的<form>的提交按钮，会执行 JavaScript 函数 testJson()。在 testJson()中使用了 jQuery 的 Ajax 异步请求方式将 JSON 数据（即客户姓名和年龄信息）通过 URL 请求地址${pageContext.request.contextPath }/testJson 传递给后台控制器的请求处理方法。

Ajax 是一种用于创建快速动态页面的技术。通过在后台与服务器间进行少量数据交换，Ajax 可以使页面实现异步更新。对于传统的页面（不使用 Ajax），如果需要更新内容，则必须重载整个页面。而如果使用 Ajax，则意味着可以在不重新加载整个页面的情况下，对页面的某部分进行更新。jQuery 中的 Ajax 方法各参数的含义如下。

（1）url：为 String 类型的参数，规定发送请求的 URL，默认是当前页面的 URL。

（2）type：为 String 类型的参数，规定请求的类型为 get 或 post，默认为 get。

（3）data：为 Object 或 String 类型的参数，规定要发送到服务器的数据。如果数据不是字符串，则将自动转换为字符串格式。请求为 get 类型时，数据将附加在 URL 后面。

（4）dataType：为 String 类型的参数，预测服务器返回的数据类型。如果不指定，则 jQuery 将自动根据 HTTP 包 mime 信息返回 responseXML 或 responseText，并作为回调函数参数进行传递。dataType 可用的类型如下。

① xml：返回 XML 文件，可用 jQuery 处理。

② html：返回纯文本 HTML 信息；其包含的<script>标签会在插入文档对象模型（Document Object Model，DOM）时执行。

③ script：返回纯文本 JavaScript 代码，不会自动缓存结果，除非设置了 cache 参数。注意，在远程请求（不在同一个域下）时，所有的 post 请求都将转换为 get 请求。

④ json：返回 JSON 数据。

⑤ jsonp：JSONP 格式。

⑥ text：返回纯文本字符串。

（5）success：为 function 类型的参数，即当请求成功时运行的函数。

（6）async：为 boolean 类型的参数，默认设置为 true，所有请求均为异步请求。如果需要发送同步请求，则应将此选项设置为 false。注意，同步请求将"锁住"浏览器，用户其他操作必须等待请求完成才可以执行。

（7）cache：为 boolean 类型的参数，默认为 true（当 dataType 为 script 时，默认为 false），设置为 false 将不会从浏览器缓存中加载请求信息。

另外，需要注意的是，要想使用 jQuery 的 Ajax 实现 JSON 数据的提交和响应，必须有 jquery.js 文件的支持。如在当前案例中，在 WebContent/js/路径下放置了 jquery-1.11.3.min.js 文件，如图 6-6 所示。

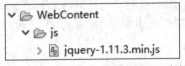

图 6-6　jquery-1.11.3.min.js 文件

在 index.jsp 页面中通过 JavaScript 引入的方式将 jQuery 文件引入页面并进行使用，如代码清单 6-25 所示。

代码清单 6-25：index.jsp 页面中引入 jQuery 文件（源代码为 ch6-3）

```
<script type="text/javascript"
        src="${pageContext.request.contextPath }/js/jquery-1.11.3.min.js">
</script>
```

在 index.jsp 页面中输入客户姓名及年龄，单击"提交 JSON 格式数据"按钮，发起"/testJson"请求。后台控制器类 Controller 的 testJson()方法将接收请求发送过来的 JSON 参数，并在进行模拟处理后将 JSON 格式数据返回到客户端页面，如图 6-7 所示。

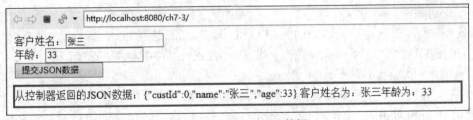

图 6-7　返回 JSON 数据

控制器类 Controller 的 testJson()方法实现如代码清单 6-26 所示。

代码清单 6-26：控制器类 Controller 的 testJson()方法实现（源代码为 ch6-3）

```
@Controller
public class CustomerController {
    /*
     * 接收页面请求的 JSON 数据，并返回 JSON 结果
```

```
        */
    @RequestMapping("/testJson")
    @ResponseBody
    public Customer testJson(@RequestBody Customer cust) {
        //输出接收的 JSON 格式的数据
        System.out.println(cust);
        //返回 JSON 响应
        return cust;
    }
}
```

在控制器类的 testJson()方法中，使用@RequestBody 注解将前端 Ajax 请求提交过来的 JSON 格式数据绑定到了 Customer 类型参数 cust 中。因此，通过 System.out.println(cust);可将请求的客户姓名和年龄信息输出在控制台上。使用@ResponseBody 注解将 testJson()方法返回的 Customer 对象默认地转换为 JSON 格式数据，并响应给客户端页面。

6.4 静态资源访问

Spring MVC 的核心原理是通过前端控制器 DispatcherServlet 拦截请求并进行分发处理。DispatcherServlet 可以拦截的请求需要在 web.xml 文件中配置，常见的配置方式有以下 3 种。

（1）拦截所有非.jsp 结尾的 URL 请求并交给 DispatcherServlet，如以.html 或.jpg 等结尾的请求都会被拦截。此时，web.xml 中的相关配置如下。

```
<url-pattern>/</url-pattern>
```

（2）拦截所有 URL 请求并交给 DispatcherServlet，包括静态资源和 JSP 资源。返回 JSP 页面时会被 Spring 的 DispatcherServlet 类拦截处理，导致找不到对应的 Controller，并报 404 错误。此时，web.xml 中的相关配置如下。

```
<url-pattern>/*</url-pattern>
```

（3）拦截以某指定字符串为后缀的 URL 请求，如只拦截结尾是.action 或.do 等的请求并交给 DispatcherServlet 处理。此时，web.xml 中的相关配置如下。

```
<url-pattern>*.action</url-pattern>
```

但在实际应用中，经常需要对一些静态资源（如 CSS 样式表、JavaScript、图片文件等）进行直接访问，而经 DispatcherServlet 拦截后的页面中将找不到这些静态资源，从而导致页面报错。那么如何解决静态资源被拦截而无法直接访问的问题呢？具体有以下 3 种解决方法。

方法 1：在 Spring MVC 的 XML 配置文件中进行拦截放行配置，这样 Spring MVC 就会自动放行静态资源的访问请求，具体配置如下。

```
<mvc:default-servlet-handler/>
```

方法 2：同样在 Spring MVC 的 XML 配置文件中进行拦截放行配置，但需要自己设定对哪些路径进行放行。在 Spring 3.0.4 之后，Spring 定义了专门用于处理静态资源请求的处理器 ResourceHttpRequestHandler。使用<mvc:resources/>标签可以解决静态资源无法访问的问题。<mvc:resources/>标签包括两个属性：一个是 location，表示静态资源本地路径；另一个是 mapping，表示映射地址。例如，对静态资源的请求配置方式如下。

```
<mvc:resources location="/images/" mapping="/img/**"/>
```

该配置表示对于 URL 请求中包含 img 的请求，均需要访问 images 文件夹下的内容。其中两个*表示映射 img/下所有的 URL，包括子路径。通过这种配置方式可以灵活地分配需要放行的请求地址。

方法 1 和方法 2 一定要同时对注解驱动进行配置，即<mvc:annotation-driven/>，否则@RequestMapping 注解无法生效。

方法 3：激活 Tomcat 的 defaultServlet 来处理静态文件。Tomcat 中有一个默认的 Servlet，名称为 default。当所有路径都不匹配的时候，该 Servlet 进行静态资源处理。该方法需要对 web.xml 进行配置，如代码清单 6-27 所示。

代码清单 6-27：在 web.xml 中配置访问静态资源（源代码为 ch6-4）

```xml
<servlet-mapping>
    <servlet-name>default</servlet-name>
    <url-pattern>*.jpg</url-pattern>
</servlet-mapping>
<servlet-mapping>
    <servlet-name>default</servlet-name>
    <url-pattern>*.css</url-pattern>
</servlet-mapping>
```

该方法在 web.xml 中可配置多个 Servlet，可为每种类型文件配置一个 Servlet。在实际开发中，使用<mvc:resources/>标签的方式更为常见。

下面通过一个具体案例来演示如何在经过前端控制器拦截后的页面中显示图片。首先，新建 Web 项目 ch6-4，并导入 Spring 相关 JAR 包。创建 web.xml 文件和 Spring 的 XML 配置文件 springmvc-config.xml。web.xml 文件如代码清单 6-28 所示。

代码清单 6-28：web.xml 文件（源代码为 ch6-4）

```xml
<?xml version="1.0" encoding="UTF-8"?>
<web-app xmlns:xsi="http://www.w3.org/2001/XMLSchema-instance" xmlns="http://xmlns.jcp.org/xml/ns/javaee" xsi:schemaLocation="http://xmlns.jcp.org/xml/ns/javaee http://xmlns.jcp.org/xml/ns/javaee/web-app_3_1.xsd" id="WebApp_ID" version="3.1">
    <display-name>ch6-4</display-name>
    <welcome-file-list>
      <welcome-file>index.jsp</welcome-file>
    </welcome-file-list>
    <servlet>
      <servlet-name>springmvc</servlet-name>
      <servlet-class>
            org.springframework.web.servlet.DispatcherServlet
      </servlet-class>
```

```
        <init-param>
            <param-name>contextConfigLocation</param-name>
            <param-value>classpath:springmvc-config.xml</param-value>
        </init-param>
        <load-on-startup>1</load-on-startup>
    </servlet>
    <servlet-mapping>
        <servlet-name>springmvc</servlet-name>
            <url-pattern>/</url-pattern>
    </servlet-mapping>
    <!-- 方法3：配置静态资源访问—>
    <!--
    <servlet-mapping>
        <servlet-name>default</servlet-name>
        <url-pattern>*.jpg</url-pattern>
    </servlet-mapping>
    <servlet-mapping>
        <servlet-name>default</servlet-name>
        <url-pattern>*.css</url-pattern>
    </servlet-mapping>
    -->
</web-app>
```

这里通过<servlet-mapping>标签配置激活 Tomcat 默认的 Servlet，以处理静态资源。springmvc-config.xml 文件如代码清单 6-29 所示。

代码清单 6-29：springmvc-config.xml 文件（源代码为 ch6-4）

```
<beans xmlns="http://www.springframework.org/schema/beans"
        xmlns:xsi="http://www.w3.org/2001/XMLSchema-instance"       xmlns:mvc="http://www.
springframework.org/schema/mvc"
        xmlns:context="http://www.springframework.org/schema/context"  xmlns:tx="http://www.
springframework.org/schema/tx"
        xsi:schemaLocation="http://www.springframework.org/schema/beans
        http://www.springframework.org/schema/beans/spring-beans.xsd
        http://www.springframework.org/schema/mvc
        http://www.springframework.org/schema/mvc/spring-mvc.xsd
        http://www.springframework.org/schema/context
        http://www.springframework.org/schema/context/spring-context.xsd">
        <!-- 定义组件扫描器，指定需要扫描的包 -->
        <context:component-scan base-package="springmvc.resources.controller" />
        <!-- 配置注解驱动 -->
        <mvc:annotation-driven />
        <!-- 方法1：配置静态资源访问-->
        <mvc:default-servlet-handler/>
        <!-- 方法2：配置静态资源访问映射，通过配置，在访问 images 文件夹下的文件时将不会被前
```

端控制器拦截。

```
    <mvc:resources location="/images/" mapping="/images/**"/>
    -->
</beans>
```

项目基础配置完成以后，在 WebContent 目录下创建 index.jsp 页面，模拟实现客户端请求。index.jsp 如代码清单 6-30 所示。

代码清单 6-30：index.jsp（源代码为 ch6-4）

```
<%@ page language="java" contentType="text/html; charset=UTF-8"
    pageEncoding="UTF-8"%>
<!DOCTYPE html PUBLIC "-//W3C//DTD HTML 4.01 Transitional//EN"
"http://www.w3.org/TR/html4/loose.dtd">
<html>
<head>
<title>静态资源访问</title>
<meta http-equiv="Content-Type" content="text/html; charset=UTF-8">
</head>
<body>
    <a href="${pageContext.request.contextPath }/urlTest">URL 请求测试</a><br>
</body>
</html>
```

如果在 web.xml 文件或 springmvc-config.xml 文件中没有采用方法 1～方法 3 中的任意一种方法进行静态资源访问配置，则单击"URL 请求测试"超链接后图片无法正常显示，如图 6-8 所示。

图 6-8　图片无法正常显示

而如果采用方法 1～方法 3 的任意一种方法进行静态资源访问配置，则单击"URL 请求测试"超链接后图片可正常显示，如图 6-9 所示。

图 6-9　图片可正常显示

6.5 本章小结

本章主要对 Spring MVC 中请求参数传递和请求响应的几种方式、视图解析器的概念及配置方式进行了详细介绍，同时对如何使用 JSON 数据在请求和响应的过程中进行数据交互进行了介绍，并对如何解决静态资源访问的问题进行了讲解。

6.6 练习与实践

【练习】

（1）简述 Spring MVC 请求参数绑定的几种方式。

（2）简述 JSON 数据交互中两个注解的作用。

【实践】

（1）上机练习使用 Spring MVC 框架完成几种请求参数的绑定。

（2）上机练习使用 Spring MVC 框架实现 JSON 数据的交互。

第 7 章
Spring MVC拦截器

07

拦截器（Interceptor）应用场景很广泛。例如，通过拦截器可以实现权限验证、记录请求信息的日志、判断用户是否登录等功能。本章主要对 Spring MVC 中拦截器的使用进行介绍。

▶ 学习目标

①掌握拦截器的概念及配置方式。

②理解拦截器的执行流程。

③学习拦截器应用案例。

7.1 拦截器概述

拦截器是一个运行在服务器端的程序，主要用于拦截用户的请求并进行相应的处理，即实现对控制器请求的预处理或后处理。通过拦截器可以使程序在某个操作执行前或执行后，先执行或后执行特定的代码逻辑，也可以在某个操作执行前阻止某些代码逻辑的执行。

Spring MVC 中的拦截器是通过 HandlerInterceptor 接口实现的。在 Spring MVC 中定义一个拦截器比较简单，主要有两种方式：一种是定义的拦截器类要实现 Spring 的 HandlerInterceptor 接口，或者这个类继承实现了 HandlerInterceptor 接口的抽象类 HandlerInterceptorAdapter；另一种是定义的 Interceptor 类要实现 Spring 的 WebRequestInterceptor 接口，或者这个类继承实现了 WebRequestInterceptor 接口的实现类。

在实际应用中，常用的是实现 HandlerInterceptor 接口的方式。在 HandlerInterceptor 接口中定义了 3 个方法，包括 preHandle()、postHandle()、afterCompletion()，通过这 3 个方法来对用户的请求进行拦截处理。

（1）preHandle(HttpServletRequest request, HttpServletResponse response, Object handle)：调用控制器方法之前执行。如果返回结果为 true，则表示放行；如果返回结果为 false，则表示拦截（常用于权限拦截、登录检查拦截等）。

Spring MVC 中的拦截器是链式调用的，在一个应用中或者在一个请求中可以同时存在多个拦截器。每个拦截器的调用会依据它的声明顺序依次执行，且最先执行的都是拦截器中的 preHandle()方法。在这个方法中可以进行一些前置初始化操作或者对当前请求的预处理，也可以进行一些判断来决定请求是否要继续进行。其返回值是 boolean 类型，当它返回 false 时，表示请求结束，后续的拦截器和控制器都不会再执行；当返回 true 时，表示就会继续调用下一个拦截器的 preHandle()方法，如果已经到最后一个拦截器，则会调用当前请求的控制器方法。

（2）postHandle(HttpServletRequest request, HttpServletResponse response, Object handle, ModelAndView modelAndView)：调用控制器方法之后执行，即当前所属的拦截器的 preHandle()方法的返回值为 true 时，在渲染视图页面之前执行。

postHandle()方法在当前请求进行处理之后，即控制器方法调用之后执行，但是它会在 DispatcherServlet 进行视图渲染之前执行，所以可以在这个方法中对控制器处理之后的 ModelAndView 对象进行操作。postHandle()方法执行的方向和 preHandle() 是相反的，也就是说，先声明的拦截器的 postHandle()方法反而会后执行。

（3）afterCompletion(HttpServletRequest request, HttpServletResponse response, Object handle, Exception ex)：视图渲染完成后，将要给用户返回最终结果的时候执行。

当 afterCompletion()方法当前对应的拦截器的 preHandle()方法的返回值为 true 时，即在整个请求结束之后，在 DispatcherServlet 渲染了对应的视图之后执行。该方法主要用于处理控制器异常信息、记录操作日志、清理资源等。

拦截器的使用通常有两个步骤：创建拦截器类，实现拦截器的自定义；在 Spring MVC 的 XML 配置文件中对拦截器的应用进行配置。以实现 HandlerInterceptor 接口的方式自定义拦截器 UserInterceptor 类，如代码清单 7-1 所示。

代码清单 7-1：自定义拦截器 UserInterceptor 类（源代码为 ch7-1）

```java
public class UserInterceptor implements HandlerInterceptor{
    @Override
    public boolean preHandle(HttpServletRequest request,
        HttpServletResponse response, Object handler)throws Exception {
        System.out.println("全局拦截器：UserInterceptor...preHandle");
        //对拦截的请求进行放行处理
        return true;
    }
    @Override
    public void postHandle(HttpServletRequest request,
        HttpServletResponse response, Object handler,
        ModelAndView modelAndView) throws Exception {
        System.out.println("全局拦截器：UserInterceptor...postHandle");
    }
    @Override
    public void afterCompletion(HttpServletRequest request,
        HttpServletResponse response, Object handler,
        Exception ex) throws Exception {
        System.out.println("全局拦截器：UserInterceptor...afterCompletion");
```

```
        }
    }
```

要使自定义拦截器 UserInterceptor 类生效，还需要在 Spring MVC 的配置文件中进行配置，具体配置如代码清单 7-2 所示。

代码清单 7-2：自定义拦截器 UserInterceptor 类的具体配置（源代码为 ch7-1）

```
<!--配置拦截器(只能拦截请求，不能拦截具体页面)-->
<mvc:interceptors>
    <!--使用<bean>直接定义全局拦截器，将拦截所有请求-->
    <bean class="springmvc.interceptor.UserInterceptor"/>
    <!-- 拦截器 1 -->
    <mvc:interceptor>
        <!--配置拦截器作用的路径，即拦截什么样的路径
            /*：表示拦截所有的一级路径
            /**：拦截任意多级路径，如/user/get/list/query
        -->
        <!--对定义在<mvc:interceptor>下表示匹配指定路径的请求进行拦截-->
        <mvc:mapping path="/**" />
        <!-- 配置不需要拦截器作用的路径 -->
        <mvc:exclude-mapping path="/hello1" />
        <bean class="springmvc.interceptor.MyInterceptor" />
    </mvc:interceptor>
</mvc:interceptors>
```

在 Spring MVC 的配置文件中可以使用<mvc:interceptors>标签声明拦截器。拦截器定义后就可以形成一个拦截器链，拦截器的执行顺序是按声明的先后顺序执行的。先声明的拦截器中的 preHandle()方法会先执行，但其 postHandle()方法和 afterCompletion()方法会后执行。在<mvc:interceptors>标签下声明拦截器主要有以下两种方式。

（1）直接定义一个拦截器实现类的 Bean 对象。使用这种方式声明的拦截器将会对所有的请求进行拦截。例如，<bean class="springmvc.interceptor.UserInterceptor"/>。

（2）使用<mvc:interceptor>标签进行拦截器声明，定义的是指定路径的拦截器。该方式声明的 Interceptor 可以通过<mvc:mapping>子标签来定义需要进行拦截的请求路径。路径值使用 path 属性定义。例如，路径的 path 属性值"/**"表示拦截所有路径，"/hello1"表示拦截所有以"/hello1"结尾的路径。如果希望排除一些不需要拦截的路径，则可以使用<mvc:exclude-mapping>标签进行配置。需要注意的是，<mvc:interceptor>中的子标签必须按照固定的配置顺序进行编写，即按照<mvc:mapping>→<mvc:exclude-mapping>→<bean>的顺序进行配置，否则文件会报错。

经过上述配置后，定义的拦截器会发生作用并对特定的请求进行拦截。下面通过一个具体案例来对拦截器的定义及配置进行演示。首先，新建 Web 项目 ch7-1，创建 web.xml 文件和 Spring 的 XML 配置文件 springmvc-config.xml。创建包 springmvc.

interceptor，在包下创建拦截器类 UserInterceptor 和 MyInterceptor。WEB-INF/路径下的 web.xml 文件如代码清单 7-3 所示。

代码清单 7-3：WEB-INF/路径下的 web.xml 文件（源代码为 ch7-1）

```xml
<?xml version="1.0" encoding="UTF-8"?>
<web-app xmlns:xsi="http://www.w3.org/2001/XMLSchema-instance"
xmlns="http://xmlns. jcp.org/xml/ns/javaee"
xsi:schemaLocation="http://xmlns.jcp.org/xml/ns/javaee
http://xmlns.jcp. org/xml/ns/javaee/web-app_3_1.xsd" id="WebApp_ID" version="3.1">
  <welcome-file-list>
    <welcome-file>index.jsp</welcome-file>
  </welcome-file-list>
  <servlet>
    <servlet-name>springmvc</servlet-name>
    <servlet-class>
        org.springframework.web.servlet.DispatcherServlet
    </servlet-class>
    <init-param>
      <param-name>contextConfigLocation</param-name>
      <param-value>classpath:springmvc-config.xml</param-value>
    </init-param>
    <load-on-startup>1</load-on-startup>
  </servlet>
  <servlet-mapping>
    <servlet-name>springmvc</servlet-name>
    <url-pattern>/</url-pattern>
  </servlet-mapping>
</web-app>
```

在 src 目录下创建的 Spring MVC 的 XML 配置文件 springmvc-config.xml。springmvc-config.xml 文件如代码清单 7-4 所示。

代码清单 7-4：springmvc-config.xml 文件（源代码为 ch7-1）

```xml
<?xml version="1.0" encoding="UTF-8"?>
<beans xmlns="http://www.springframework.org/schema/beans"
  xmlns:mvc="http://www.springframework.org/schema/mvc"
  xmlns:xsi="http://www.w3.org/2001/XMLSchema-instance"
  xmlns:context="http://www.springframework.org/schema/context"
  xsi:schemaLocation="http://www.springframework.org/schema/beans
  http://www.springframework.org/schema/beans/spring-beans.xsd
  http://www.springframework.org/schema/mvc
  http://www.springframework.org/schema/mvc/spring-mvc.xsd
  http://www.springframework.org/schema/context
  http://www.springframework.org/schema/context/spring-context.xsd">
    <!-- 定义组件扫描器，指定需要扫描的包 -->
```

```xml
<context:component-scan base-package="springmvc.controller" />
<!--配置拦截器-->
<mvc:interceptors>
    <!--使用<bean>直接定义全局拦截器，拦截所有请求-->
    <bean class="springmvc.interceptor.UserInterceptor"/>
    <!-- 拦截器 1 -->
    <mvc:interceptor>
        <!--表示匹配指定路径的请求才进行拦截。/**表示匹配所有请求 -->
        <mvc:mapping path="/**" />
        <!-- 配置不需要拦截器作用的路径 -->
        <mvc:exclude-mapping path="/hello1" />
        <bean class="springmvc.interceptor.MyInterceptor" />
    </mvc:interceptor>
</mvc:interceptors>
</beans>
```

拦截器类 MyInterceptor 的定义如代码清单 7-5 所示。

代码清单 7-5：拦截器类 MyInterceptor 的定义（源代码为 ch7-1）

```java
/**
 * 以实现 HandlerInterceptor 接口的方式自定义拦截器
 */
public class MyInterceptor implements HandlerInterceptor {
    @Override
    public boolean preHandle(HttpServletRequest request,
        HttpServletResponse response, Object handler) throws Exception {
        System.out.println("指定拦截器：MyInterceptor1...preHandle");
        return true;
    }
    @Override
    public void postHandle(HttpServletRequest request,
        HttpServletResponse response, Object handler,
        ModelAndView modelAndView) throws Exception {
        System.out.println("指定拦截器：MyInterceptor1...postHandle");
    }
    @Override
    public void afterCompletion(HttpServletRequest request,
        HttpServletResponse response, Object handler,
        Exception ex) throws Exception {
        System.out.println("指定拦截器：MyInterceptor1...afterCompletion");
    }
}
```

拦截器类 UserInterceptor 的定义如代码清单 7-6 所示。

代码清单 7-6：拦截器类 UserInterceptor 的定义（源代码为 ch7-1）

```java
/**
 * 以实现 HandlerInterceptor 接口的方式自定义拦截器类
```

```
    */
    public class UserInterceptor implements HandlerInterceptor{
        @Override
        public boolean preHandle(HttpServletRequest request,
            HttpServletResponse response, Object handler)throws Exception {
            System.out.println("全局拦截器：UserInterceptor...preHandle");
                //对拦截的请求进行放行处理
            return true;
        }
        @Override
        public void postHandle(HttpServletRequest request,
            HttpServletResponse response, Object handler,
            ModelAndView modelAndView) throws Exception {
            System.out.println("全局拦截器：UserInterceptor...postHandle");
        }
        @Override
        public void afterCompletion(HttpServletRequest request,
            HttpServletResponse response, Object handler,
            Exception ex) throws Exception {
            System.out.println("全局拦截器：UserInterceptor...afterCompletion");
        }
    }
```

　　两个拦截器类 MyInterceptor 和 UserInterceptor 分别用于模拟指定拦截器和全局拦截器。为模拟用户请求，需创建 index.jsp 页面和客户端请求处理控制器类 HelloController。控制器类 HelloController 如代码清单 7-7 所示。

代码清单 7-7：控制器类 HelloController（源代码为 ch7-1）

```
    @Controller
    public class HelloController {
        /**
         * 模拟请求被多次拦截
         */
        @RequestMapping("/hello")
        public String Hello(Model model) {
            System.out.println("Hello，请求被多次拦截！");
            model.addAttribute("msg","Hello，请求被多次拦截（全局拦截器类 UserInterceptor 和
指定拦截器类 MyInterceptor）！");
            return "index.jsp";
        }
        /**
         * 模拟拦截器对请求放行
         */
```

```
@RequestMapping("/hello1")
public String Hello1(Model model) {
        System.out.println("Hello，请求未被 MyInterceptor 拦截！");
        model.addAttribute("msg","Hello，请求仅被全局拦截器类 UserInterceptor 拦截，指定
拦截器类 MyInterceptor 放行！");
        return "index.jsp";
    }
}
```

用户请求模拟页面文件 index.jsp 如代码清单 7-8 所示。

代码清单 7-8：用户请求模拟页面文件 index.jsp（源代码为 ch7-1）

```
<%@ page language="java" contentType="text/html; charset=UTF-8"
    pageEncoding="UTF-8"%>
<!DOCTYPE html PUBLIC "-//W3C//DTD HTML 4.01 Transitional//EN"
"http://www.w3.org/TR/html4/loose.dtd">
<html>
<head>
<title>拦截器</title>
<meta http-equiv="Content-Type" content="text/html; charset=UTF-8">
</head>
<body>
    <a href="${pageContext.request.contextPath }/hello">请求拦截测试（被 UserInterceptor
和 MyInterceptor 拦截）</a><br>
    <a href="${pageContext.request.contextPath }/hello1">请求放行测试（被全局拦截器类
UserInterceptor 拦截，指定拦截器类 MyInterceptor 放行）</a><br>
    <h3>${msg}</h3>
</body>
</html>
```

项目初始运行时，会先加载 index.jsp 页面，用户请求模拟页面运行效果如图 7-1
所示。

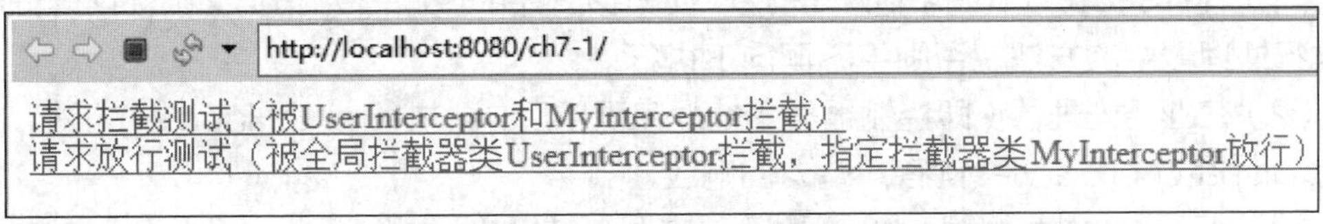

图 7-1　用户请求模拟页面运行效果

根据 src 目录下 springmvc-config.xml 文件中的拦截器配置，页面中第一个超链接请求"/hello"会分别被 UserInterceptor 和 MyInterceptor 两个拦截器类多次拦截，其运行效果如图 7-2 所示。

页面中第二个超链接请求"/hello1"仅会被 UserInterceptor 全局拦截器类拦截。而对于拦截器类 MyInterceptor，由于在 XML 配置文件中通过<mvc:exclude-mapping

111

path="/hello1" />设置了指定拦截器类的放行，因此请求"/hello1"不会被MyInterceptor拦截。其运行效果如图 7-3 所示。

图 7-2　请求被多次拦截运行效果

图 7-3　MyInterceptor 放行运行效果

7.2　拦截器的执行

　　Spring MVC 中可以配置一个或多个拦截器。在程序的执行过程中，拦截器会按照一定的顺序来执行，具体的执行顺序与 XML 配置文件中拦截器的定义顺序有关。如果程序中仅定义了一个拦截器，那么这个拦截器的执行顺序如下。

　　（1）程序先执行 preHandle()方法，如果该方法的返回值为 true，则程序会继续向下执行处理器中的方法，否则将不再向下执行。

　　（2）在业务处理器（即控制器类）处理完请求后，会执行 postHandle()方法，并会通过 DispatcherServlet 向客户端返回响应。

　　（3）在 DispatcherServlet 处理完请求后，才会执行 afterCompletion()方法。

　　运行 7.1 节中的项目案例 ch7-1，单击用户请求模拟页面中的"请求放行测试（被全局拦截器类 UserInterceptor 拦截，指定拦截器类 MyInterceptor 放行）"超链接，即发起请求"/hello1"，被拦截器类 UserInterceptor 拦截。从控制台的输出结果中可以对单个拦截器的执行流程进行验证，如图 7-4 所示。

　　在实际项目中，拦截器通常会有多个，程序开发人员可能需要定义多个拦截器来实现不同的功能。多个拦截器的执行顺序与 XML 配置文件中拦截器的定义顺序有关。下面以 MyInterceptor1 和 MyInterceptor2 两个拦截器的执行为例来演示多个拦截器的执行顺序，XML 配置文件中 MyInterceptor1 配置在 MyInterceptor2 的前面。多个拦截器的执行顺序如图 7-5 所示。

图 7-4　验证单个拦截器的执行流程

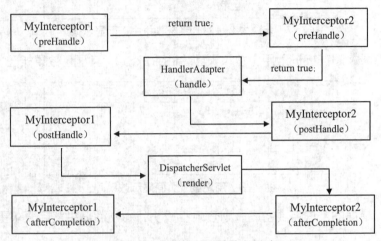

图 7-5　多个拦截器的执行顺序

运行 7.1 节中的项目案例 ch7-1，单击用户请求模拟页面中的"请求拦截测试（被 UserInterceptor 和 MyInterceptor 拦截 ）"超链接，即发起请求 " /hello"，被 UserInterceptor 和 MyInterceptor 拦截。从控制台的输出结果中可查看多个拦截器的执行流程，如图 7-6 所示。

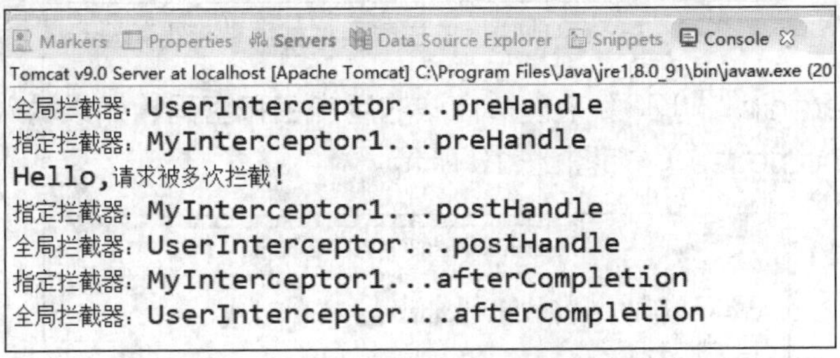

图 7-6　查看多个拦截器的执行流程

当多个拦截器同时正常执行时，拦截器方法的执行顺序如下：XML 配置文件中在前面的拦截器的 preHandle()方法先执行；根据 XML 配置文件中拦截器的顺序依次执行拦截器的 preHandle()方法；等所有拦截器的 preHandle()方法执行完成后，逆序执行每个拦截器的 postHandle()方法；当所有 postHandle()方法执行完成后，再逆序执行 afterCompletion()方法。

7.3 拦截器应用案例

在实际应用中，通过拦截器可以实现权限验证、记录日志、判断用户是否登录等功能。本节中将通过实现用户登录验证功能来进一步对拦截器的应用进行介绍。具体应用场景如下：系统初始运行时通过 index.jsp 页面跳转到系统模拟主页面（home.jsp）。用户未登录时，系统模拟主页面显示效果如图 7-7 所示。

图 7-7　用户未登录时，系统模拟主页面显示效果

单击"登录"超链接进入用户登录页面（login.jsp），其显示效果如图 7-8 所示。

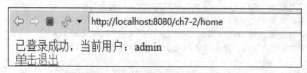

图 7-8　用户登录页面显示效果

如果输入错误的用户名或密码，则登录不成功，由拦截器拦截后要求重新登录，如图 7-9 所示。

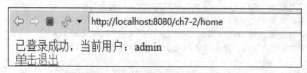

图 7-9　登录不成功，由拦截器拦截后要求重新登录

这里使用"admin""123"来模拟合法的用户名和密码，如果输入正确，则进入系统模拟主页面（home.jsp），如图 7-10 所示。

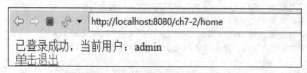

图 7-10　系统模拟主页面

单击"单击退出"超链接后，用户可以退出当前系统，可从系统模拟主页面重定向到用户登录页面。

为实现上述用户登录验证功能，首先要新建 Web 项目 ch7-2，创建 web.xml 文件。创建包 springmvc.entity，在包下创建实体类 User，并生成各属性的 get 和 set 方法。

实体类 User 如代码清单 7-9 所示。

代码清单 7-9：实体类 User（源代码为 ch7-2）

```
/**
 * 用户 POJO 类
 */
public class User {
    private Integer id;            //用户 ID
    private String username;   //用户名
    private String password;   //密码
    public Integer getId() {
        return id;
    }
    public void setId(Integer id) {
        this.id = id;
    }
    public String getUsername() {
        return username;
    }
    public void setUsername(String username) {
        this.username = username;
    }
    public String getPassword() {
        return password;
    }
    public void setPassword(String password) {
        this.password = password;
    }
}
```

WEB-INF/路径下的 web.xml 文件如代码清单 7-10 所示。

代码清单 7-10：WEB-INF/路径下的 web.xml 文件（源代码为 ch7-2）

```xml
<?xml version="1.0" encoding="UTF-8"?>
<web-app xmlns:xsi="http://www.w3.org/2001/XMLSchema-instance"
xmlns="http://xmlns. jcp.org/xml/ns/javaee"
xsi:schemaLocation="http://xmlns.jcp.org/xml/ns/javaee
http://xmlns.jcp. org/xml/ns/javaee/web-app_3_1.xsd" id="WebApp_ID" version="3.1">
  <welcome-file-list>
    <welcome-file>index.jsp</welcome-file>
  </welcome-file-list>
  <servlet>
    <servlet-name>springmvc</servlet-name>
    <servlet-class>
        org.springframework.web.servlet.DispatcherServlet
    </servlet-class>
```

```
    <init-param>
        <param-name>contextConfigLocation</param-name>
        <param-value>classpath:springmvc-config.xml</param-value>
    </init-param>
    <load-on-startup>1</load-on-startup>
  </servlet>
  <servlet-mapping>
    <servlet-name>springmvc</servlet-name>
    <url-pattern>/</url-pattern>
  </servlet-mapping>
</web-app>
```

在 WebContent/路径下新建欢迎页面 index.jsp，实现初始运行时系统模拟主页面的自动跳转。index.jsp 文件如代码清单 7-11 所示。

代码清单 7-11：index.jsp 文件（源代码为 ch7-2）

```
<%@ page language="java" contentType="text/html; charset=UTF-8"
        pageEncoding="UTF-8"%>
<!--跳转页面 -->
<jsp:forward page="/WEB-INF/jsp/home.jsp"/>
```

在 WEB-INF/路径下新建 jsp 文件夹，在文件夹下新建系统模拟主页面 home.jsp 和用户登录页面 login.jsp。home.jsp 文件如代码清单 7-12 所示。

代码清单 7-12：home.jsp 文件（源代码为 ch7-2）

```
<%@ page language="java" contentType="text/html; charset=UTF-8"
        pageEncoding="UTF-8"%>
<%@ taglib prefix="c" uri="http://java.sun.com/jsp/jstl/core"%>
<html>
<head>
<meta http-equiv="Content-Type" content="text/html; charset=UTF-8">
<title>模拟主页面</title>
</head>
<body>
    <c:if test="${USER_SESSION.username==null}">
     暂未登录，请先<a href="${pageContext.request.contextPath }/loginview">登录</a>
    </c:if>
    <c:if test="${USER_SESSION.username!=null}">
        已登录成功，当前用户：${USER_SESSION.username} <br>
        <a href="${pageContext.request.contextPath }/logout">单击退出</a>
    </c:if>
</body>
</html>
```

login.jsp 文件如代码清单 7-13 所示。

代码清单 7-13：login.jsp 文件（源代码为 ch7-2）

```
<%@ page language="java" contentType="text/html; charset=UTF-8"
```

```
            pageEncoding="UTF-8"%>
<html>
<head>
<meta http-equiv="Content-Type" content="text/html; charset=UTF-8">
<title>用户登录页面</title>
</head>
<body>
    ${msg}
    <form action="${pageContext.request.contextPath }/login" method="POST">
        用户名：<input type="text" name="username"/><br />
        密码：<input type="password" name="password"/><br />
        <input type="submit" value="登录" />
    </form>
</body>
</html>
```

用户登录页面通过<form>标签实现用户名和密码的提交，使用 action 属性向后台控制器发起"/login"请求。在 src 目录下创建 springmvc.controller 包，在包下创建控制器类 UserController，在类中实现用户登录、退出登录等请求处理方法，如代码清单 7-14 所示。

代码清单 7-14：控制器类 UserController（源代码为 ch7-2）

```
@Controller
public class UserController {
    /**
     * 向用户登录页面跳转
     */
    @RequestMapping(value="/loginview")
    public String toLogin(Model model) {
        model.addAttribute("msg", "您还没有登录，请先登录");
        return "login";
    }
    /**
     * 用户登录
     */
    @RequestMapping(value="/login")
    public String login(User user,Model model,HttpSession session) {
        // 获取用户名和密码
        String username = user.getUsername();
        String password = user.getPassword();
        // 此处模拟从数据库中获取用户名和密码并进行判断
        if(username != null && username.equals("admin")
                && password != null && password.equals("123")){
            // 将用户对象添加到 Session 对象中
            session.setAttribute("USER_SESSION", user);
```

```
            // 重定向到系统模拟主页面的跳转方法
                return "redirect:home";
        }
        model.addAttribute("msg", "用户名或密码错误，请重新登录");
        return "login";
    }
    /**
     * 向系统模拟主页面跳转
     */
    @RequestMapping(value="/home")
    public String toMain() {
        return "home";
    }
    /**
     * 退出登录
     */
    @RequestMapping(value = "/logout")
    public String logout(HttpSession session) {
        // 清除 Session
        session.invalidate();
        // 重定向到用户登录页面
        return "redirect:loginview";
    }
}
```

在 src 目录下创建 springmvc.interceptor 包，在包下创建拦截器类 LoginInterceptor，如代码清单 7-15 所示。

代码清单 7-15：拦截器类 LoginInterceptor（源代码为 ch7-2）

```
/**
 * 登录拦截器
 */
public class LoginInterceptor implements HandlerInterceptor{
    @Override
    public boolean preHandle(HttpServletRequest req,
        HttpServletResponse response, Object handler) throws Exception {
        HttpSession session = req.getSession();
        User user = (User)session.getAttribute("USER_SESSION");
        if(user==null){
            req.getRequestDispatcher("loginview").forward(req, response);
            return false;
        }else{
            return true;
        }
```

```
    }
    @Override
    public void postHandle(HttpServletRequest request,
            HttpServletResponse response, Object handler,
            ModelAndView modelAndView) throws Exception {
    }
    @Override
    public void afterCompletion(HttpServletRequest request,
            HttpServletResponse response, Object handler, Exception ex)
            throws Exception {
    }
}
```

在拦截器类 LoginInterceptor 的 preHandle() 方法中，验证 Session 中是否存在用户登录信息。如果存在，则 preHandle() 方法返回 true，即通过拦截，继续执行拦截器的其他方法或控制器中的请求处理方法。拦截器到底会拦截或放行哪些请求呢？这需要在 src 目录下创建 Spring 的 XML 配置文件 springmvc-config.xml，并对拦截器进行配置。springmvc-config.xml 文件如代码清单 7-16 所示。

代码清单 7-16：springmvc-config.xml 文件（源代码为 ch7-2）

```xml
<?xml version="1.0" encoding="UTF-8"?>
<beans xmlns="http://www.springframework.org/schema/beans"
    xmlns:mvc="http://www.springframework.org/schema/mvc"
    xmlns:xsi="http://www.w3.org/2001/XMLSchema-instance"
    xmlns:context="http://www.springframework.org/schema/context"
    xsi:schemaLocation="http://www.springframework.org/schema/beans
    http://www.springframework.org/schema/beans/spring-beans.xsd
    http://www.springframework.org/schema/mvc
    http://www.springframework.org/schema/mvc/spring-mvc.xsd
    http://www.springframework.org/schema/context
    http://www.springframework.org/schema/context/spring-context.xsd">
    <!-- 定义组件扫描器，指定需要扫描的包 -->
    <context:component-scan base-package="springmvc.controller" />
    <!-- 定义视图解析器 -->
    <bean id="viewResolver" class=
    "org.springframework.web.servlet.view.InternalResourceViewResolver">
        <property name="prefix" value="/WEB-INF/jsp/" />
        <property name="suffix" value=".jsp" />
    </bean>
    <!--配置拦截器(只能拦截请求，不能拦截具体页面)-->
    <mvc:interceptors>
        <mvc:interceptor>
            <mvc:mapping path="/**" />
            <!-- 配置不需要拦截器作用的路径 -->
```

```
                <mvc:exclude-mapping path="/loginview" />
                <mvc:exclude-mapping path="/login" />
                <bean class="springmvc.interceptor.LoginInterceptor" />
            </mvc:interceptor>
        </mvc:interceptors>
    </beans>
```

根据配置，除"/loginview""/login"请求不被拦截外，其他的用户请求均会被拦截器 LoginInterceptor 拦截。

7.4　本章小结

本章主要对 Spring MVC 中拦截器的概念、执行流程等内容进行了介绍，并通过一个用户登录验证的应用案例对拦截器的实际应用场景进行了演示。

7.5　练习与实践

【练习】

（1）简述 Spring MVC 拦截器的概念及定义方式。

（2）简述 Spring MVC 多个拦截器的执行流程。

【实践】

上机练习创建项目并模拟实现用户登录验证功能。

第8章
Spring MVC文件上传/下载

文件上传和下载是项目开发中常见的功能，如图片或视频的上传和下载、压缩文件的上传和下载等。本章将对 Spring MVC 框架中文件的上传和下载进行介绍。

▶ 学习目标

① 掌握文件上传功能的实现。

② 掌握文件下载功能的实现。

8.1 文件上传

文件上传是 Web 项目中常见的功能，如上传图片或视频、上传压缩文件等。一般而言，对于表单的提交，数据多以"name-value"这种"名-值"对的形式进行组织。但这种形式对于传送图片、文件等二进制数据就显得"力不从心"了。对于带有上传文件的表单，需要以 multipart 的格式组织数据，表单被拆分为多个部分（part），每个 part 对应一个输入域，输入域中可以存放文本类型的数据，也可以存放图片、文件等二进制数据。

8.1.1 文件上传的表单设计

对于带文件上传功能的页面，需要在对应的 HTML<form>标签中设置属性 method = "post"和 enctype="multipart/form-data"，同时需要在<form>元素中添加<input type = "file">元素。如果需要支持多个文件的上传，则需要添加属性"multiple"，代码如下。

```
<form action="" method="post" enctype="multipart/form-data">
    <input type="file" name="file" id="file" multiple><br>
    <input type="submit" value="上传">
</form>
```

表单中的 enctype 属性值的详细说明如下。

（1）application/x-www=form-urlencoded：默认值，只处理表单元素中的 value 属性值，这种编码方式会以"name-value"的形式处理表单数据。

（2）multipart/form-data：这种编码方式会以二进制流的方式来处理表单数据。这种编码方式会把文件域指定的文件的内容封装到请求参数中，不会对字符进行编码。

（3）text/plain：除了把空格符转换为"+"外，对其他字符不进行编码处理。这种方式适用于直接通过表单发送邮件。

8.1.2　Spring MVC 处理上传文件

Spring MVC 处理带上传文件的 multipart 格式的请求非常容易。但由于 DispatcherServlet 本身不具备解析 multipart 请求数据的功能，因此需要为其配置实现 MultipartResolver 接口的解析器，由这个解析器来解析 multipart 请求中的内容。MultipartResolver 接口位于 org.springframework.web.multipart 包，它是 Spring 为解析包含上传文件的 multipart 请求定义的接口策略。从 Spring 3.1 开始，Spring 内置了以下两个用于实现 MultipartResolver 接口的解析器，供用户选择。

（1）CommonsMultipartResolver：使用 Apache Commons FileUpload 组件解析 multipart 请求。

（2）StandardServletMultipartResolver：依赖于 Servlet 3.0 支持 multipart 请求。

通常来讲，在这两种解析器中，可以优先选择使用 StandardServletMultipartResolver。因为它使用的是 Servlet 提供的功能支持，无须依赖其他组件。但该解析器要求 Web 项目必须被部署到支持 Servlet 3.0 的容器中，且 Spring 的版本不低于 3.1，否则，只能使用 CommonsMultipartResolver。

下面依次介绍这两种解析器的使用。

（1）CommonsMultipartResolver 解析器。

由于 CommonsMultipartResolver 解析器使用 Apache Commons FileUpload 组件解析 multipart 请求，因此在使用这个解析器时，需要先在项目的 lib 文件夹下引入 Apache Commons FileUpload 组件的 JAR 包 commons-fileupload-1.3.2.jar 和 commons-io-2.5.jar，再在 XML 配置文件 springmvc-config.xml 中添加如下配置信息。

```xml
<!-- 配置文件上传解析器 CommonsMultipartResolver -->
<bean id="multipartResolver" class=
    "org.springframework.web.multipart.commons.CommonsMultipartResolver">
    <!-- 设置请求编码格式-->
    <property name="defaultEncoding" value="UTF-8" />
    <!-- 设置上传文件的最大尺寸（单位为 Byte）-->
    <property name="maxUploadSize" value="10000000" />
</bean>
```

（2）StandardServletMultipartResolver 解析器。

使用 StandardServletMultipartResolver 解析器无须额外添加 JAR 包，直接在 XML 配置文件 springmvc-config.xml 中添加如下配置信息即可。

```xml
<!-- 配置文件上传解析器 StandardServletMultipartResolver -->
<bean id="multipartResolver" class=
    "org.springframework.web.multipart.support.StandardServletMultipartResolver">
</bean>
```

由于这个解析器基于 Servlet，因此其他参数可以在 Web 项目的 web.xml 文件中配置。

```
<servlet>
    <servlet-name>springmvc</servlet-name>
    <servlet-class>org.springframework.web.servlet.DispatcherServlet</servlet-class>
    <init-param>
        <param-name>contextConfigLocation</param-name>
        <param-value>classpath:springmvc.xml</param-value>
    </init-param>
    <load-on-startup>1</load-on-startup>
    <multipart-config>
        <!-- 临时文件的目录 -->
        <location>upload/temp/</location>
        <!-- 上传文件最大为 2MB-->
        <max-file-size>2097152</max-file-size>
        <!-- 上传文件整个请求的大小不超过 4MB-->
        <max-request-size>4194304</max-request-size>
    </multipart-config>
</servlet>
```

Spring MVC 使用 MultipartFile 接口接收 multipart 数据，该接口提供了获取上传文件的文件名、文件大小、文件内容类型等信息的方法。MultipartFile 接口的常用方法如下。

① String getName()：获取参数的名称。

② String getOriginalFilename()：获取文件的原名称。

③ String getContentType()：获取文件内容的类型。

④ boolean isEmpty()：判断文件是否为空。

⑤ long getSize()：获取文件大小。

⑥ byte[] getBytes()：将文件内容以字节数组的形式返回。

⑦ InputStream getInputStream()：将文件内容以输入流的形式返回。

⑧ void transferTo(File dest)：将文件内容保存到指定文件中。

8.1.3 文件上传实例

在 Eclipse IDE 中，创建名为 ch8-1 的 Web 项目，将 Spring MVC 的核心 JAR 包和 Apache Commons FileUpload 组件的 JAR 包一同添加到项目的 WEB-INF/lib 文件夹下。

在项目的 web.xml 中，添加 Spring MVC 对请求的控制，此时，web.xml 如代码清单 8-1 所示。

代码清单 8-1：web.xml（源代码为 ch8-1）

```
<?xml version="1.0" encoding="UTF-8"?>
<web-app
xmlns:xsi="http://www.w3.org/2001/XMLSchema-instance"
```

```
xmlns="http://xmlns.jcp.org/xml/ns/javaee"
xsi:schemaLocation="http://xmlns.jcp.org/xml/ns/javaee
http://xmlns.jcp.org/xml/ns/javaee/web-app_3_1.xsd" id="WebApp_ID" version="3.1">
  <servlet>
    <servlet-name>springmvc</servlet-name>
    <servlet-class>
        org.springframework.web.servlet.DispatcherServlet
    </servlet-class>
    <init-param>
      <param-name>contextConfigLocation</param-name>
      <param-value>classpath:springmvc-config.xml</param-value>
    </init-param>
    <load-on-startup>1</load-on-startup>
  </servlet>
  <servlet-mapping>
    <servlet-name>springmvc</servlet-name>
    <url-pattern>/</url-pattern>
  </servlet-mapping>
</web-app>
```

在项目的 WebContent 目录下创建 fileUpload.jsp，提供上传文件的表单，具体代码如代码清单 8-2 所示。

代码清单 8-2：fileUpload.jsp（源代码为 ch8-1）

```
<%@ page pageEncoding="UTF-8"%>
<!DOCTYPE html>
<html>
<head>
<title>文件上传</title>
<script>
// 判断是否填写上传人并选择上传文件
function check(){
    var name = document.getElementById("name").value;
    var file = document.getElementById("file").value;
    if(name==""){
        alert("填写上传人");
        return false;
    }
    if(file.length==0||file==""){
        alert("请选择上传文件");
        return false;
    }
    return true;
}
</script>
```

```
</head>
<body>
    <form action="${pageContext.request.contextPath }/fileUpload"
    method="post" enctype="multipart/form-data" onsubmit="return check()">
        上传人：<input id="name" type="text" name="name"><br>
        请选择文件：<input id="file" type="file" name="uploadfile" multiple><br>
        <input type="submit" value="上传">
    </form>
</body>
</html>
```

在项目的 src 目录下的 cn.edu.example.springmvc.controller 包中新建 FileUpload
Controller.java 类，处理文件上传的请求，如代码清单 8-3 所示。

代码清单 8-3：FileUploadController.java（源代码为 ch8-1）

```java
package cn.edu.example.springmvc.controller;
import java.io.File;
import java.util.List;
import java.util.UUID;
import javax.servlet.http.HttpServletRequest;
import org.springframework.stereotype.Controller;
import org.springframework.web.bind.annotation.RequestMapping;
import org.springframework.web.bind.annotation.RequestParam;
import org.springframework.web.multipart.MultipartFile;
@Controller
public class FileUploadController {
    /**
     * 执行文件上传操作
     */
    @RequestMapping("/fileUpload")
    public String handleFileUpload(@RequestParam("name") String name,
            @RequestParam("uploadfile") List<MultipartFile> uploadfile,
            HttpServletRequest request) {
        // 判断上传文件是否存在
        if (!uploadfile.isEmpty() && uploadfile.size() > 0) {
            // 遍历上传文件
            for (MultipartFile file : uploadfile) {
                // 获取上传文件的原始名称
                String originalFilename = file.getOriginalFilename();
                // 设置上传文件的保存目录
                String dirPath = request.getServletContext().getRealPath("/upload/");
                File filePath = new File(dirPath);
                // 如果保存文件的目录不存在，则先创建目录
                if (!filePath.exists()) {
                    filePath.mkdirs();
```

125

```
                   }
        /*  使用通用唯一标识（Universally Unique Identifer，UUID）重新命名上传文件(上传人_uuid_
原始文件名称)*/
                   String newFilename = name+ "_"+UUID.randomUUID() +
                                    "_"+originalFilename;
                   try {
                       // 使用 MultipartFile 接口的方法将文件上传到指定位置
                       file.transferTo(new File(dirPath + newFilename));
                   } catch (Exception e) {
                       e.printStackTrace();
                    return"error";
                   }
               }
               // 跳转到成功页面
               return "success";
          }else{
               // 跳转到失败页面
               return"error";
          }
        }
    }
```

在项目的 WEB-INF 目录下创建目录 jsp，在 jsp 目录下创建文件 success.jsp，
如代码清单 8-4 所示。

代码清单 8-4：success.jsp（源代码为 ch8-1）

```jsp
<%@ page pageEncoding="UTF-8"%>
<!DOCTYPE html>
<html>
<head>
<title>成功页面</title>
</head>
<body>
    文件上传成功!
</body>
</html>
```

在项目的 WEB-INF/jsp 目录下创建文件 error.jsp，如代码清单 8-5 所示。

代码清单 8-5：error.jsp（源代码为 ch8-1）

```jsp
<%@ page pageEncoding="UTF-8"%>
<!DOCTYPE html>
<html>
<head>
```

```
<title>失败页面</title>
</head>
<body>
    文件上传失败，请重新上传!
</body>
</html>
```

在项目的 src 目录下创建 springmvc-config.xml 文件，如代码清单 8-6 所示。

代码清单 8-6：springmvc-config.xml 文件（源代码为 ch8-1）

```xml
<?xml version="1.0" encoding="UTF-8"?>
<beans xmlns="http://www.springframework.org/schema/beans"
    xmlns:mvc="http://www.springframework.org/schema/mvc"
    xmlns:xsi="http://www.w3.org/2001/XMLSchema-instance"
    xmlns:context="http://www.springframework.org/schema/context"
    xsi:schemaLocation="http://www.springframework.org/schema/beans
http://www.springframework.org/schema/beans/spring-beans-4.3.xsd
http://www.springframework.org/schema/mvc
http://www.springframework.org/schema/mvc/spring-mvc-4.3.xsd
http://www.springframework.org/schema/context
http://www.springframework.org/schema/context/spring-context-4.3.xsd">
    <!-- 定义组件扫描器，指定需要扫描的包 -->
    <context:component-scan base-package="cn.edu.example.springmvc.controller" />
    <!--配置注解驱动 -->
    <mvc:annotation-driven />
    <!-- 定义视图解析器 -->
    <bean id="viewResolver"
        class="org.springframework.web.servlet.view.InternalResourceViewResolver">
        <!-- 设置前缀 -->
        <property name="prefix" value="/WEB-INF/jsp/" />
        <!-- 设置后缀 -->
        <property name="suffix" value=".jsp" />
    </bean>
    <!-- 配置文件上传解析器 CommonsMultipartResolver -->
    <bean id="multipartResolver"
        class="org.springframework.web.multipart.commons.CommonsMultipartResolver">
        <!-- 设置请求编码格式 -->
        <property name="defaultEncoding" value="UTF-8" />
        <!-- 设置上传文件的最大尺寸（单位为 Byte） -->
        <property name="maxUploadSize" value="10000000" />
    </bean>
</beans>
```

部署并运行项目，访问 fileUpload.jsp 页面，页面效果如图 8-1 所示。

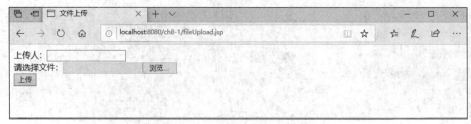

图 8-1　fileUpload.jsp 页面效果

在图 8-1 所示页面中选择两个文件后，单击"上传"按钮，页面效果如图 8-2 所示。

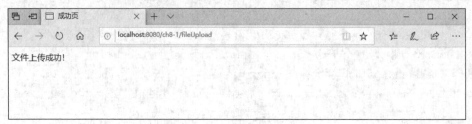

图 8-2　文件上传后的页面效果

观察服务器中的项目目录，发现新增了 upload 目录，其下有两个文件，如图 8-3 所示。

图 8-3　upload 目录

8.2　文件下载

用户从服务器下载文件也是 Web 项目常用的功能之一，一般通过在响应头中设置 Content-Disposition 和 Content-Type 的方法使浏览器无法使用某种方式处理 MIME 类型的文件，这样浏览器就会提示是否保存文件，即下载文件。通常情况下，Content-Disposition 的值为 attachment;filename=文件名，Content-Type 的值为 application/octet-stream 或者 application/x-msdownload。需要注意的是，针对文件的中文编码问题，不同浏览器的处理会有所差异。

基于 Spring MVC 进行文件下载有两种常见的方式：一种是使用传统的 I/O 流方式，另一种是使用 Spring MVC 提供的 ResponseEntity 接口。下面分别介绍这两种文件下载方式。

8.2.1 使用 I/O 流下载文件

文件下载前，需要先明确文件的具体位置和大小，为防止由于中文字符无法解析而产生乱码，需要针对不同浏览器对文件名进行编码；再设置 Response 对象的响应头信息，通知浏览器以下载方式打开文件。

使用 I/O 流下载文件时，可以使用缓冲输入字节流 BufferedInputStream 打开待下载的文件，循环读取文件中的内容并写入由 BufferedOutputStream 包装的响应对象输出流，完成文件的下载。

8.2.2 使用 ResponseEntity 接口下载文件

文件下载前，仍需要明确文件的具体位置和大小，为防止由于中文字符无法解析而产生乱码，首先，需要针对不同浏览器对文件名进行编码；其次，需要使用 HttpHeaders 设置以下载方式打开文件；再次，需要使用 FileUtils.readFileToByteArray()读取文件数据，FileUtils 属于 org.apache.commons.io 包，是 Apache 提供的用于操作文件的工具类；最后，使用 Spring MVC 框架的 ResponseEntity 对象封装返回数据。使用这种方式下载文件时，可以很方便地实现下载功能，并定义返回的 HttpHeaders 和 HttpStatus。

8.2.3 文件下载实例

下面使用 8.2.1 节和 8.2.2 节介绍的两种方式实现文件下载的实例。

在项目 ch8-1 的 WebContent 目录下新建 upload 目录，向其中添加两个名称中有中文字符的文件，以供下载使用。upload 目录结构如图 8-4 所示。

图 8-4　upload 目录结构

在 WebContent 目录下新建 fileDownload.jsp 文件，提供下载文件的超链接，如代码清单 8-7 所示。

代码清单 8-7：fileDownload.jsp 文件（源代码为 ch8-1）

```
<%@ page pageEncoding="UTF-8"%>
<!DOCTYPE html>
<html>
<head>
<title>文件下载</title>
</head>
<body>
<a href="${pageContext.request.contextPath }/fileDownload1?filename=测试文件 1.docx">
    测试文件 1
```

```
</a><br>
<a href="${pageContext.request.contextPath }/fileDownload2?filename=测试文件 2.xlsx">
    测试文件 2
</a>
</body>
</html>
```

在 src 目录下的 cn.edu.example.springmvc.controller 包中新建 FileDownload Controller.java 类，提供两种方式的文件下载，通过请求路径区分二者，如代码清单 8-8 所示。

代码清单 8-8：FileDownloadController.java（源代码为 ch8-1）

```java
package cn.edu.example.springmvc.controller;
import java.io.*;
import java.net.URLEncoder;
import javax.servlet.http.HttpServletRequest;
import javax.servlet.http.HttpServletResponse;
import org.apache.commons.io.FileUtils;
import org.springframework.http.HttpHeaders;
import org.springframework.http.HttpStatus;
import org.springframework.http.MediaType;
import org.springframework.http.ResponseEntity;
import org.springframework.stereotype.Controller;
import org.springframework.web.bind.annotation.RequestMapping;
/**
 * 文件下载
 */
@Controller
public class FileDownloadController {
    /**
     * 以 I/O 流方式进行文件下载
     */
    @RequestMapping("/fileDownload1")
    public void download(HttpServletRequest request, HttpServletResponse response,
String filename) {
        // 定义 I/O 流
        BufferedInputStream bis = null;
        BufferedOutputStream bos = null;
        try {
            // 指定要下载的文件所在路径
            String path = request.getServletContext().getRealPath("/upload/");
            // 创建该文件的对象
            File file = new File(path + File.separator + filename);
            // 获取下载文件的长度
            long filelength = file.length();
```

```
            // 对文件名进行编码，以防止因名称中的中文字符无法解析而产生乱码
            filename = this.getFilename(request, filename);
            // 通知浏览器以下载的方式打开文件
            response.setContentType("application/x-msdownload;");
            // 设置响应头信息
            response.setHeader("Content-disposition", "attachment; filename=" + filename);
            response.setHeader("Content-Length", String.valueOf(filelength));
            // 以输入流打开文件
            bis = new BufferedInputStream(new FileInputStream(file));
            // 获取响应的输出流
            bos = new BufferedOutputStream(response.getOutputStream());
            byte[] buff = new byte[2048];
            int bytesRead;
            // 将文件内容写入响应的输出流
            while (-1 != (bytesRead = bis.read(buff, 0, buff.length))) {
                bos.write(buff, 0, bytesRead);
            }
        } catch (Exception e) {
            e.printStackTrace();
        } finally {
            if (bis != null)
                try {
                    bis.close();
                } catch (IOException e) {
                    e.printStackTrace();
                }
            if (bos != null)
                try {
                    bos.close();
                } catch (IOException e) {
                    e.printStackTrace();
                }
        }
    }

    /**
     * 以 ResponseEntity 方式进行文件下载
     */
    @RequestMapping("/fileDownload2")
    public ResponseEntity<byte[]> fileDownload(HttpServletRequest request, String filename)
throws Exception {
        // 指定要下载的文件所在路径
        String path = request.getServletContext().getRealPath("/upload/");
```

```
            // 创建该文件对象
            File file = new File(path + File.separator + filename);
            // 对文件名进行编码，以防止名称中的中文字符无法解析而产生乱码
            filename = this.getFilename(request, filename);
            // 设置响应头信息
            HttpHeaders headers = new HttpHeaders();
            // 通知浏览器以下载的方式打开文件
            headers.setContentDispositionFormData("attachment", filename);
            // 定义以流的形式下载返回文件数据
            headers.setContentType(MediaType.APPLICATION_OCTET_STREAM);
            // 使用 Spring MVC 框架的 ResponseEntity 对象封装返回下载数据
            return new ResponseEntity<byte[]>(FileUtils.readFileToByteArray(file),        headers,
HttpStatus.OK);
        }

        /**
         * 根据浏览器的不同进行编码设置，返回编码后的文件名
         */
        public String getFilename(HttpServletRequest request, String filename) throws Exception {
            // IE 不同版本 User-Agent 中出现的关键词
            String[] IEBrowserKeyWords = { "MSIE", "Trident", "Edge" };
            // 获取请求头代理信息
            String userAgent = request.getHeader("User-Agent");
            for (String keyWord : IEBrowserKeyWords) {
                if (userAgent.contains(keyWord)) {
                    // IE 内核浏览器统一以 UTF-8 编码显示
                    return URLEncoder.encode(filename, "UTF-8");
                }
            }
            // 火狐等其他浏览器统一以 ISO-8859-1 编码显示
            return new String(filename.getBytes("UTF-8"), "ISO-8859-1");
        }
    }
```

运行项目，访问 fileDownload.jsp 页面，运行效果如图 8-5 所示。

图 8-5　fileDownload.jsp 页面的运行效果

在图 8-5 所示页面中单击"测试文件 1"超链接，文件下载的显示效果如图 8-6 所示。

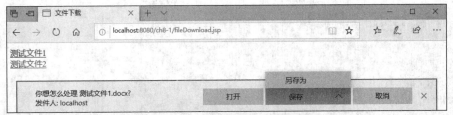

图 8-6　文件下载的显示效果

在图 8-6 所示页面中单击"另存为"按钮，即可完成文件下载。

8.3　本章小结

本章主要介绍了在 Spring MVC 框架中如何实现文件的上传和下载功能。

对于带文件上传功能的页面，需要在对应的 HTML<form>标签中设置属性 method ="post"和 enctype="multipart/form-data"，说明表单以 multipart 的格式组织数据。Spring MVC 处理 multipart 格式的请求时，需要为 DispatcherServlet 配置实现MultipartResolver 接口的解析器，解析器有两种实现方式。Spring MVC 使用MultipartFile 接口接收 multipart 数据，该接口提供了获取上传文件的文件名、文件大小、文件内容类型等信息的方法。

文件下载操作可以使用传统的 I/O 流方式实现，也可以使用 Spring MVC 提供的ResponseEntity 接口实现。

8.4　练习与实践

【练习】
简述文件上传页面表单需要满足的 3 个条件。

【实践】
模拟文件上传和下载实例，完成图片文件的上传和下载。

第9章
MyBatis入门

09

MyBatis 是一个优秀的数据持久层框架,它支持定制化 SQL、存储过程和高级映射。MyBatis 避免了几乎所有的 JDBC 代码、手动设置参数和获取结果集,它与 Hibernate 一样,也是一个 ORM 框架。由于其性能优异,具有可优化性、可维护性和高度灵活性等特点,目前已成为一些企业级项目的首选框架。本章将介绍 MyBatis 框架的概念。

▶ 学习目标

① 掌握 MyBatis 框架的概念和工作原理。 ② 掌握 MyBatis 框架的入门程序。

9.1 MyBatis 概述

在介绍 MyBatis 框架之前,先来了解一下什么是数据持久层框架。

9.1.1 数据持久层框架

几乎所有的应用系统都需要数据持久化,所谓数据持久化一般是指将内存中的数据保存到磁盘中加以"固化",而持久化的实现大多通过将数据存储在各种关系型数据库中来完成。因此,在应用系统架构中,应该有一个相对独立的逻辑层,专注于数据持久化逻辑的实现,该逻辑层通常被称为"数据持久层"。此层与系统其他层之间应该具有一个较为清晰和严格的逻辑边界。

在 Java 应用的数据库开发中,不可避免地会使用到数据持久层框架。之前第 5 章讨论的 Spring JdbcTemplate,是 Spring 官方提供的一个数据持久层框架,它对 JDBC 进行了抽象和封装,消除了重复冗余的 JDBC 代码,使数据库操作变得更简单。但它本身并不是一个 ORM 框架,它需要自己操作 SQL 语句,手动映射字段关系,虽保持了灵活性,但导致开发效率降低。

ORM 一般指持久化数据和实体对象的映射。ORM 框架一般采用 XML 格式描述对象关系的映射细节,并且将其存放在专门的映射文件中。只要提供了持久化数据与实体对象的映射关系,ORM 框架在运行时就能参照映射文件的信息,把对象持久化到数据库中。ORM 框架的使用降低了学习门槛,使一名对 SQL 语句并不熟悉的开发人员也可以很容易地通过 ORM 框架 API 进行数据库的操作。ORM 框架的使用提高了开发效率,减少了很多烦琐的工作，使开发者可以把注意力集中在实现业务上。

在 Java Web 项目开发过程中，常用的 ORM 数据持久层框架是 Hibernate 和 MyBatis。Hibernate 是一个开放源代码的全自动 ORM 数据持久层框架，它实现了 Java 项目中对象映射到关系数据库中表的自动、透明的持久化。简单地说，Hibernate 是一个将持久化类与数据库表相映射的工具，每个持久化类的实例均对应于数据库表中的一个数据行。它对 JDBC 进行了轻量级的对象封装，用户只需直接使用面向对象的方法就可以操作持久化类实例，即完成对数据库表数据的增加、删除、修改、查询等操作。Hibernate 还定义了基于面向对象的 Hibernate 查询语言（Hibernate Query Language，HQL），通过它生成实际的 SQL 语句并传递到数据库中执行。在与数据库连接方面，Hibernate 可以使用连接池技术。在数据操作过程中，Hibernate 借助事务服务来保证可靠性，通过数据缓冲技术来改善性能。这些内部的机制均可通过 XML 配置文件来调整，大大方便了开发人员的工作。

本章重点介绍另一种常用的 ORM 数据持久层框架——MyBatis。

9.1.2　MyBatis 框架

MyBatis 本是 Apache 的一个开源项目 iBatis，2010 年，这个项目从 Apache Software Foundation 迁移到了 Google Code，并且被改名为 MyBatis。2013 年 11 月，这个项目又迁移到了 Github。当前，MyBatis 的最新版本是 3.5.2，其发布时间是 2019 年 7 月 15 日，本书中采用的是 MyBatis 3.5.1。

MyBatis 可以使用简单的 XML 代码或注解，将原生类型、接口和 Java 的 POJO 配置映射为数据库中的记录。

MyBatis 具有如下特点。

（1）简单易学。

MyBatist 体量小且简单，没有任何第三方依赖。开发人员安装一个 JAR 包，并配置几个 SQL 映射文件即可使用 MyBatis。它易于学习、易于使用，通过文档和源代码，可以比较完整地掌握它的设计思路和实现方法。

（2）灵活。

MyBatis 不会对应用程序或者数据库的现有设计强加任何影响。SQL 语句写在 XML 文件中，便于统一管理和优化。它解除了 SQL 语句与程序代码的耦合，提供了数据持久层，将业务逻辑和数据访问逻辑分离，使系统的设计更清晰、更易维护、更易进行单元测试。

（3）提供映射标签。

MyBatis 支持对象与数据库的 ORM 字段关系映射，支持对象关系组建维护，提供了 XML 标签，支持动态 SQL。

和全自动 ORM 框架 Hibernate 相比，MyBatis 框架属于半自动 ORM 框架。Hibernate 的设计理念是完全面向 POJO 的，所以开发人员基本不用书写 SQL 语句就能通过配置的映射关系完成数据库操作，但是 MyBatis 需要开发人员手动编写 SQL 语句。总的来说，Hibernate 的优势在于能使程序开发人员更多地关注业务实现，而不是

SQL 语句编写。虽然 MyBatis 需要开发人员编写 SQL 语句和接口，开发工作量较大，但是它比 Hibernate 更灵活，可优化性也更好。Hibernate 通常用于传统管理系统的开发，而 MyBatis 被广泛地应用于互联网开发，因为互联网项目更需要灵活性和可优化性，毕竟一条 SQL 语句的执行时间在优化前和优化后的差别是很大的。

9.2　MyBatis 工作原理

了解了 MyBatis 的概念后，下面来看看 MyBatis 的工作原理。

9.2.1　MyBatis 核心类

（1）Configuration。

Configuration 就像是 MyBatis 的"总管"，MyBatis 所有的配置信息都保存在 Configuration 对象中，XML 配置文件中的大部分配置会存储到该类中。此外，它还提供了设置这些配置信息的方法。Configuration 可以从 XML 配置文件中获取属性值，也可以通过程序直接进行配置。

（2）SqlSessionFactory。

SqlSessionFactory，顾名思义，即可以从中获得 SqlSession 的实例。每个基于 MyBatis 的项目都以一个 SqlSessionFactory 的实例为中心。SqlSessionFactory 的实例可以通过 SqlSessionFactoryBuilder 获得。而 SqlSessionFactoryBuilder 则可以从 XML 配置文件或一个预先定制的 Configuration 的实例中创建 SqlSessionFactory 的实例。SqlSessionFactory 一旦被创建，就应该在项目的运行期间一直存在，建议使用单例模式或者静态单例模式。

（3）SqlSession。

作为 MyBatis 的主要顶层 API，SqlSession 表示和数据库交互时的会话，完全包含了面向数据库执行 SQL 语句所需的所有方法。SqlSession 是一个接口，它有两个实现类，分别是 DefaultSqlSession 和 SqlSessionManager。SqlSession 通过内部存放的执行器（Executor）来对数据进行 CRUD（增加 Create，读取 Retrieve，更新 Update，删除 Delete）操作。此外，每个线程都应该有它自己的 SqlSession 实例，但 SqlSession 实例不是线程安全的，因此不能被共享，使用后需关闭。

（4）Executor。

Executor 即 MyBatis 执行器，是 MyBatis 调度的核心，负责 SQL 语句的生成和查询缓存的维护。

（5）MappedStatement。

MappedStatement 对应配置文件中的<select|update|delete|insert>节点，它描述的就是一条 SQL 语句。

9.2.2　MyBatis 工作流程

MyBatis 的工作流程如图 9-1 所示。

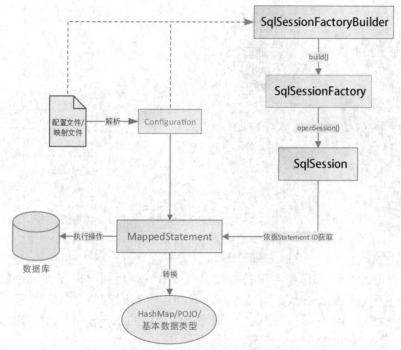

图 9-1　MyBatis 的工作流程

MyBatis 的工作流程大致如下。

（1）解析配置文件，初始化 Configuration 对象。

（2）获得 MyBatis 项目的核心实例 SqlSessionFactory。SqlSessionFactory 的实例可以通过 SqlSessionFactoryBuilder 的 build()方法获得。而 SqlSession FactoryBuilder 可以从 XML 配置文件或一个预先定制的 Configuration 的实例中创建 SqlSessionFactory 的实例。

（3）使用 SqlSessionFactory 的 openSession()方法获取 SqlSession 实例，执行具体的 SQL 请求。

（4）SqlSession 依据 Statement ID 获取对应的 MappedStatement 对象，并执行具体的数据库操作。

（5）将操作数据库的结果按照映射的配置进行转换，可以转换成 HashMap 对象、POJO 或者基本数据类型，并将最终结果返回。

9.3　MyBatis 入门程序

使用 MyBatis 执行数据库表的查询操作。

首先，在 MySQL 数据库中创建一个名为 mybatis 的数据库，在此数据库中创建一个名为 t_student 的数据库表，同时预先插入几条数据。SQL 脚本如代码清单 9-1 所示。

代码清单 9-1：SQL 脚本

```
-- ---------------------------
-- Table structure for t_student
```

```
-- ----------------------------
CREATE TABLE t_student(
    stuno int(32) PRIMARY KEY NOT NULL,
    stuname varchar(50) NOT NULL,
    grade int(32) NOT NULL,
    dept varchar(50)   NOT NULL,
    classname varchar(20) NOT NULL
)
-- ----------------------------
-- Records of t_student
-- ----------------------------
INSERT INTO t_student VALUES (2017010101, '张三', 2017, '软件工程', '软件 1701');
INSERT INTO t_student VALUES (2018020222, '李四', 2018, '计算机', '计算机 1802');
INSERT INTO t_student VALUES (2019030430, '王五', 2019, '英语', '英语 1904');
```

其次，在 Eclipse IDE 中创建名为 ch9-1 的 Web 项目，将 MyBatis 的核心 JAR 包（文件名为 mybatis-3.5.1.jar）和 MySQL 数据库的驱动 JAR 包（文件名为 mysql-connector-java-8.0.15.jar）一同添加到项目的 WEB-INF/lib 文件夹下，此时，项目 ch9-1 目录结构如图 9-2 所示。

图 9-2　项目 ch9-1 目录结构

在图 9-2 所示的目录结构中，在 src 目录下创建一个 cn.edu.example.mybatis.po 包。在该包下创建持久化类 Student，在类中声明与数据库表 t_student 中的字段一一对应的 stuno、stuname、grade、dept 和 classname 属性，并为这些属性定义对应的 get 方法和 set 方法，如代码清单 9-2 所示。从代码清单 9-2 中可以看出，持久化类 Student 就是 POJO，MyBatis 采用 POJO 作为持久化类来完成对数据库的操作。

代码清单 9-2：持久化类 Student（源代码为 ch9-1）

```
package cn.edu.example.mybatis.po;
/**
```

```
 *  持久化类 Student
 */
public class Student {
    private Integer stuno;              // 主键，学号
    private String stuname;            // 学生姓名
    private Integer grade;             // 年级
    private String dept;               // 专业
    private String classname;          // 班级名称
    public Integer getStuno() {
        return stuno;
    }
    public void setStuno(Integer stuno) {
        this.stuno = stuno;
    }
    public String getStuname() {
        return stuname;
    }
    public void setStuname(String stuname) {
        this.stuname = stuname;
    }
    public Integer getGrade() {
        return grade;
    }
    public void setGrade(Integer grade) {
        this.grade = grade;
    }
    public String getDept() {
        return dept;
    }
    public void setDept(String dept) {
        this.dept = dept;
    }
    public String getClassname() {
        return classname;
    }
    public void setClassname(String classname) {
        this.classname = classname;
    }
    @Override
    public String toString() {
        return "Student [stuno=" + stuno + ", stuname=" + stuname + ", grade=" + grade +",
                dept=" + dept + ", classname=" + classname + "]";
    }
```

```
     }
```

再次，在 src 目录下创建一个 cn.edu.example.mybatis.mapper 包，在该包下创建映射文件 StudentMapper.xml，如代码清单 9-3 所示。在映射文件的配置信息中，<mapper>是映射文件的根元素，它包含一个 namespace 属性，该属性为这个<mapper>指定了一个唯一的命名空间，通常会设置为"包名+映射文件名"的形式。<select>元素是用于执行查询操作的元素，其中，id 属性是<select>元素在映射文件中的唯一标识；parameterType 属性用于指定这条语句传入参数的类型；#{}用于表示一个占位符，#{stuno}表示这条语句传入参数的名称为 stuno。

代码清单 9-3：映射文件 StudentMapper.xml（源代码为 ch9-1）

```xml
<?xml version="1.0" encoding="UTF-8"?>
<!DOCTYPE mapper
    PUBLIC "-//mybatis.org//DTD Mapper 3.0//EN"
    "http://mybatis.org/dtd/mybatis-3-mapper.dtd">
<!-- namespace 表示命名空间 -->
<mapper namespace="cn.edu.example.mybatis.mapper.StudentMapper">
    <!--根据学号获取学生信息 -->
    <select id="findStudentByStuno" parameterType="Integer"
        resultType="cn.edu.example.mybatis.po.Student">
        select * from t_student where stuno = #{stuno}
    </select>
</mapper>
```

在 src 目录下创建 MyBatis 的核心配置文件 mybatis-config.xml，如代码清单 9-4 所示。在 XML 配置文件中，根据<configuration>子元素功能的不同，将配置分为两步，即配置环境，以及配置映射器的位置。关于上述代码中各个元素的详细配置，将在第 10 章中讲解。

代码清单 9-4：mybatis-config.xml（源代码为 ch9-1）

```xml
<?xml version="1.0" encoding="UTF-8" ?>
<!DOCTYPE configuration PUBLIC "-//mybatis.org//DTD Config 3.0//EN"
    "http://mybatis.org/dtd/mybatis-3-config.dtd">
<configuration>
    <!--配置环境，默认的环境 ID 为 mysql -->
    <environments default="mysql">
        <!--配置环境 ID 为 mysql 的数据库环境 -->
        <environment id="mysql">
            <transactionManager type="JDBC" />
            <dataSource type="POOLED">
                <property name="driver" value="com.mysql.cj.jdbc.Driver" />
                <property name="url"
                value="jdbc:mysql://localhost:3306/mybatis?serverTimezone=UTC" />
                <property name="username" value="root" />
```

```
                <property name="password" value="root" />
            </dataSource>
        </environment>
    </environments>
    <!--配置映射器的位置 -->
    <mappers>
        <mapper resource="cn/edu/example/mybatis/mapper/StudentMapper.xml" />
    </mappers>
</configuration>
```

最后，编写测试类。在 src 目录下创建一个 cn.edu.example.mybatis.test 包，在该包下创建一个名为 MyBatisTest 的类。在 findCustomerByIdTest()方法中，首先获得 SqlSession 对象，再通过 SqlSession 的 selectOne()方法执行查询操作。SqlSession 对象通过 SqlSessionFactory 对象的 openSession()方法得到，而 SqlSessionFactory 对象则通过 MyBatisTest 类的静态代码块创建。静态代码块先通过输入流读取 XML 配置文件，再根据 XML 配置文件构建 SqlSessionFactory 对象。测试类 MyBatisTest.java 如代码清单 9-5 所示。

代码清单 9-5：测试类 MyBatisTest.java（源代码为 ch9-1）

```java
package cn.edu.example.mybatis.test;
import java.io.Reader;
import org.apache.ibatis.io.Resources;
import org.apache.ibatis.session.SqlSession;
import org.apache.ibatis.session.SqlSessionFactory;
import org.apache.ibatis.session.SqlSessionFactoryBuilder;
import cn.edu.example.mybatis.po.Student;
/**
 * 入门程序测试类
 */
public class MyBatisTest {
    private static SqlSessionFactory sqlSessionFactory = null;
    // 初始化 SqlSessionFactory 对象
    static {
        try {
            // 使用 MyBatis 提供的 Resources 类加载 MyBatis 的 XML 配置文件
            Reader reader =
                    Resources.getResourceAsReader("mybatis-config.xml");
            // 构建 SqlSessionFactory 对象
            sqlSessionFactory =
                    new SqlSessionFactoryBuilder().build(reader);
        } catch (Exception e) {
            e.printStackTrace();
        }
    }
```

```
    // 获取 SqlSession 对象的静态方法
    public static SqlSession getSession() {
        return sqlSessionFactory.openSession();
    }

    /**
     * 根据学号查询学生信息
     */

    public void findStudentByStunoTest() {
        // 获取 SqlSession
        SqlSession sqlSession = getSession();
        // SqlSession 执行映射文件中定义的 SQL 语句，并返回映射结果
        Student stu = sqlSession.selectOne("cn.edu.example.mybatis.mapper."
                            + "StudentMapper.findStudentByStuno", 2018020222);
        // 输出结果
        System.out.println(stu.toString());
        // 关闭 SqlSession
        sqlSession.close();
    }

    public static void main(String[] args) {
        MyBatisTest test=new MyBatisTest();
        test.findStudentByStunoTest();
    }

}
```

MyBatisTest 类的运行结果如图 9-3 所示。

图 9-3　MyBatisTest 类的运行结果

9.4　本章小结

　　本章主要介绍了数据持久层框架 MyBatis，并和 Hibernate 框架进行了简单的比较。MyBatis 是一个优秀的数据持久层框架，它支持定制化 SQL、存储过程和高级映射。此外，MyBatis 避免了几乎所有的 JDBC 代码、手动设置参数和获取结果集。作为半自动框架，MyBatis 仍需要手动编写 SQL 语句。本章通过 MyBatis 的核心类的介绍，描述了 MyBatis 框架的工作原理，并通过入门程序，演示了使用 MyBatis 框架编写项目的工作流程。

9.5　练习与实践

【练习】

（1）简述 MyBatis 的核心类及其作用。

（2）简述 MyBatis 的工作流程。

【实践】

模拟实现 MyBatis 入门程序，完成学生信息读取功能。

第10章
MyBatis核心配置及动态 SQL

第9章中主要介绍了 MyBatis 框架的概念、工作原理和入门程序，但在实际开发中只知道这些是不够的，还需要掌握 MyBatis 的核心配置文件、映射文件、动态 SQL、应用插件等内容。

▶ 学习目标

① 掌握 MyBatis 核心配置文件和映射文件的编写。　③ 掌握 MyBatis Generator 及 PageHelper 的应用。

② 掌握动态 SQL 的应用。

10.1 MyBatis 核心配置文件

MyBatis 的核心配置文件默认命名为 mybatis-config.xml，程序运行前会加载这个文件，它包含了影响 MyBatis 操作的设置和属性信息。XML 配置文件的顶层结构如图 10-1 所示。

- ● configuration（配置）
  - ■ properties（属性）
  - ■ settings（设置）
  - ■ typeAliases（类型别名）
  - ■ typeHandlers（类型处理器）
  - ■ objectFactory（对象工厂）
  - ■ plugins（插件）
  - ■ environments（环境配置）
    - ◆ environment（环境变量）
      - ● transactionManager（事务管理器）
      - ● dataSource（数据源）
  - ■ databaseIdProvider（数据库厂商标识）
  - ■ mappers（映射器）

图 10-1　XML 配置文件的顶层结构

下面简要介绍一下常用的元素。

10.1.1 属性

属性（properties）都是可外部配置且可动态替换的，既可以在 Java 属性文件中配置，又可通过＜properties＞元素的子元素来传递。

例如：

```
<properties resource="db.properties">
    <property name="username" value="root"/>
    <property name="password" value="root"/>
</properties>
```

上述代码中的属性就可以在整个 XML 配置文件中替换为所需的动态属性值。

又如：

```
<dataSource type="POOLED">
    <property name="driver" value="${driver}"/>
    <property name="url" value="${url}"/>
    <property name="username" value="${username}"/>
    <property name="password" value="${password}"/>
</dataSource>
```

这段代码中的 username 和 password 将会被＜properties＞元素中设置的相应值替换，driver 和 url 属性将会被 db.properties 文件中对应的值替换。这样就为配置提供了诸多灵活选择。

属性也可以被传递到 SqlSessionFactoryBuilder.build()方法中，代码如下。

```
SqlSessionFactory factory = new SqlSessionFactoryBuilder().build(reader, props);
//或者
SqlSessionFactory factory = new SqlSessionFactoryBuilder().build(reader, environment, props);
```

如果属性在不止一处进行了配置，那么 MyBatis 将按照下面的顺序来加载。

（1）在＜properties＞元素内指定的属性先被读取。

（2）根据＜properties＞元素中的 resource 属性读取类路径下的属性文件，或根据 url 属性指定的路径读取属性文件，并覆盖已读取的同名属性。

（3）读取作为方法参数传递的属性，并覆盖已读取的同名属性。

因此，通过方法参数传递的属性具有最高优先级，resource/url 属性中指定的属性文件次之，优先级最低的是＜properties＞元素中指定的属性。

10.1.2 设置

设置（settings）是 MyBatis 中极为重要的设置，它们会影响 MyBatis 运行时的操作。表 10-1 描述了设置中的常用项名称、描述、有效值和默认值。

表 10-1 设置中的常用项名称、描述、有效值和默认值

常用项名称	描述	有效值	默认值
cacheEnabled	全局地开启/关闭 XML 配置文件中的所有映射器已经配置的任何缓存	true/false	true

常用项名称	描述	有效值	默认值
multipleResultSetsEnabled	是/否允许单一语句返回多结果集（需要驱动支持）	true/false	true
useColumnLabel	使用列标签代替列名。不同的驱动会有不同的表现，具体可参考相关驱动文档，或通过测试这两种不同的模式来观察所用驱动的结果	true/false	true
useGeneratedKeys	允许 JDBC 支持自动生成主键，需要驱动支持。如果设置为 true，则将强制使用自动生成主键。尽管一些驱动不支持此常用项，但仍可正常工作（如 Derby）	true/false	false
autoMappingBehavior	指定 MyBatis 应如何自动映射列到字段或属性上。NONE 表示取消自动映射；PARTIAL 只会自动映射没有定义嵌套结果集映射的结果集；FULL 会自动映射任意复杂的结果集（无论是否嵌套）	NONE /PARTIAL /FULL	PARTIAL
safeRowBoundsEnabled	允许在嵌套语句中使用分页（RowBounds）。如果允许使用，则应设置为 false	true/false	false
safeResultHandlerEnabled	允许在嵌套语句中使用分页（ResultHandler）。如果允许使用，则应设置为 false	true/false	true
returnInstanceForEmptyRow	当返回行的所有列都是空时，MyBatis 默认返回 null。当开启这个设置时，MyBatis 会返回一个空实例。请注意，它也适用于嵌套的结果集（如集合或关联）。其新增于 3.4.2 版本中	true/false	false

10.1.3　类型别名

类型别名（typeAliases）是为 Java 数据类型设置一个短的名称。它只和 XML 配置文件有关，用来减少类完全限定名的冗余。

例如：

```
<typeAliases>
  <typeAlias alias="Student" type="cn.edu.example.mybatis.po.Student" />
  <typeAlias alias="Customer" type="cn.edu.example.mybatis.po.Customer" />
</typeAliases>
```

这样配置时，Student 可以用在任何使用 cn.edu.example.mybatis.po.Student 的地方。

也可以指定一个包名，MyBatis 会在包名下搜索需要的 JavaBean。

例如：

```
<typeAliases>
  <package name="cn.edu.example.mybatis.po"/>
</typeAliases>
```

每一个在包 cn.edu.example.mybatis.po 中的 JavaBean，在没有注解的情况下，都会使用 Bean 的首字母小写的非限定类名来作为它的别名。例如，cn.edu.example.mybatis.po.Student 的别名为 student；若有注解，则别名为其注解值，代码如下。

```
@Alias("Student")
public class Student {
    ...
}
```

表 10-2 所示为常见的 Java 数据类型的别名。它们都是不区分字母大小写的，注意重复采取基本类型名称的特殊命名方式。

表 10-2   常见的 Java 数据类型的别名

别名	映射类型	别名	映射类型
_byte	byte	double	Double
_long	long	float	Float
_short	short	boolean	Boolean
_int	int	date	Date
_integer	int	decimal	BigDecimal
_double	double	bigdecimal	BigDecimal
_float	float	object	Object
_boolean	boolean	map	Map
string	String	hashmap	HashMap
byte	Byte	list	List
long	Long	arraylist	ArrayList
short	Short	collection	Collection
int	Integer	iterator	Iterator
integer	Integer		

10.1.4   环境配置

MyBatis 可以通过配置适应多种环境，环境配置（environments）有助于将 SQL 映射应用到多种数据库中。例如，开发、测试和生产环境需要有不同的配置；或者想在具有相同模式的多个生产数据库中使用相同的 SQL 映射。需要注意的是，尽管可以配置多个环境，但每个 SqlSessionFactory 实例只能对应一个环境。所以，如果想连接两个数据库，则需要创建两个 SqlSessionFactory 实例，每个数据库对应一个实例。

为了指定创建环境，需要将环境作为可选的参数传递给 SqlSessionFactoryBuilder，代码如下。

```
SqlSessionFactory factory =
    new SqlSessionFactoryBuilder().build(reader, environment);
//或者
SqlSessionFactory factory =
    new SqlSessionFactoryBuilder().build(reader, environment, properties);
```

如果忽略了环境参数，则默认环境将会被加载，代码如下。

```
SqlSessionFactory factory = new SqlSessionFactoryBuilder().build(reader);
//或者
SqlSessionFactory factory = new SqlSessionFactoryBuilder().build(reader, properties);
```

＜environments＞元素定义了如何配置环境，代码如下。

```
<environments default="mysql">
  <environment id="mysql">
    <transactionManager type="JDBC">
      <property name="..." value="..."/>
    </transactionManager>
    <dataSource type="POOLED">
      <property name="driver" value="${driver}"/>
      <property name="url" value="${url}"/>
      <property name="username" value="${username}"/>
      <property name="password" value="${password}"/>
    </dataSource>
  </environment>
</environments>
```

以上代码的关键点如下。

① 默认使用的环境 ID（如 default="mysql"）。

② 每个＜environment＞元素定义的环境 ID（如 id="mysql"）。

③ 事务管理器的配置（如 type="JDBC"）。

④ 数据源的配置（如 type="POOLED"）。

事务管理器和数据源介绍如下。

（1）事务管理器。

MyBatis 中有两种类型的事务管理器，即 type="[JDBC/MANAGED]"。

① JDBC：这个配置直接使用了 JDBC 的提交和回滚设置，它依赖于从数据源得到的连接来管理事务作用域。

② MANAGED：这个配置不提交或回滚一个连接，而是让容器来管理事务的整个生命周期。其默认情况下会关闭连接，然而一些容器并不希望这样，因此需要将 closeConnection 属性设置为 false，以阻止默认的关闭操作，代码如下。

```
<transactionManager type="MANAGED">
  <property name="closeConnection" value="false"/>
</transactionManager>
```

如果用户正在使用 Spring+MyBatis，则没有必要配置事务管理器，因为 Spring 会使用自带的管理器来覆盖前面的配置。

（2）数据源。

数据源使用标准的 JDBC 数据源接口来配置 JDBC 连接对象的资源。许多 MyBatis 的应用程序会配置数据源。虽然数据源的配置是可选的，但是为了使用延迟加载，数据源是必须配置的。有 3 种可设置的数据源，即 type="[UNPOOLED/POOLED/JNDI]"。

① UNPOOLED：这种数据源只用于每次被请求时打开和关闭连接。虽然运行速度有点慢，但是对于在数据库连接可用性方面没有太高要求的简单应用程序来说，它是一个很好的选择。不同的数据库在性能方面的表现也是不一样的，对于某些数据库来说，连接池并不重要，这种数据源就适用于这种情形。

② POOLED：这种数据源利用"池"的概念将 JDBC 连接对象组织起来，避免了创建新的连接实例时所必需的初始化，节省了认证时间。这是一种流行的、能够使并发 Web 应用快速响应请求的处理方式。

③ JNDI：这种数据源的实现是为了在如 EJB 或应用服务器这类容器中使用，容器可以集中或在外部配置数据源，并放置一个 JNDI 上下文的引用。

10.1.5　映射器

映射器（mappers）"告诉"MyBatis 到哪里去找包含 SQL 语句的映射文件，常用的方式是使用相对于类路径的资源引用、统一资源定位符、类名和包名等指示映射文件的位置，代码如下。

```xml
<!-- 使用相对于类路径的资源引用 -->
<mappers>
    <mapper resource="cn/edu/example/mybatis/mapper/CustomerMapper.xml" />
    <mapper resource="cn/edu/example/mybatis/mapper/StudentMapper.xml" />
</mappers>
<!-- 使用统一资源定位符 -->
<mappers>
    <mapper url="file:///var/mappers/CustomerMapper.xml" />
    <mapper url="file:///var/mappers/StudentMapper.xml" />
</mappers>
<!-- 使用映射器接口实现类的完全限定类名 -->
<mappers>
    <mapper class="cn.edu.example.mybatis.mapper.CustomerMapper" />
    <mapper class="cn.edu.example.mybatis.mapper.StudentMapper" />
</mappers>
<!-- 将包内的映射器接口实现全部注册为映射器 -->
<mappers>
    <package name="cn.edu.example.mybatis.mapper"/>
</mappers>
```

10.1.6 核心 XML 配置文件实例

下面介绍一个完整的核心 XML 配置文件的例子，具体代码如代码清单 10-1 和代码清单 10-2 所示。

代码清单 10-1：mybatis-config.xml（源代码为 ch10-1）

```xml
<?xml version="1.0" encoding="UTF-8" ?>
<!DOCTYPE configuration PUBLIC "-//mybatis.org//DTD Config 3.0//EN"
 "http://mybatis.org/dtd/mybatis-3-config.dtd">
<configuration>
    <!-- 配置数据库的属性文件 -->
    <properties resource="db.properties" />
    <!-- 配置设置信息 -->
    <settings>
        <setting name="cacheEnabled" value="true"/>
        <setting name="multipleResultSetsEnabled" value="true"/>
        <setting name="useColumnLabel" value="true"/>
    </settings>
    <!-- 配置 Java 数据类型的别名 -->
    <typeAliases>
        <typeAlias alias="Student" type="cn.edu.example.mybatis.po.Student" />
    </typeAliases>
    <!-- 配置默认环境 ID 为 mysql -->
    <environments default="mysql">
        <!-- 配置环境 ID 为 mysql 的数据库环境 -->
        <environment id="mysql">
            <!-- 配置事务管理器的类型为 JDBC -->
            <transactionManager type="JDBC" />
            <!-- 配置数据库连接池 -->
            <dataSource type="POOLED">
                <property name="driver" value="${jdbc.driver}"/>
                <property name="url" value="${jdbc.url}"/>
                <property name="username" value="${jdbc.username}"/>
                <property name="password" value="${jdbc.password}"/>
            </dataSource>
        </environment>
    </environments>
    <!-- 配置映射器的位置 -->
    <mappers>
        <mapper
            resource="cn/edu/example/mybatis/mapper/StudentMapper.xml" />
    </mappers>
</configuration>
```

代码清单 10-2：db.properties（源代码为 ch10-1）

```
jdbc.driver=com.mysql.cj.jdbc.Driver
jdbc.url=jdbc:mysql://localhost:3306/mybatis?serverTimezone=UTC
jdbc.username=root
jdbc.password=root
```

10.2　MyBatis 映射文件

　　MyBatis 真正强大之处在于它的 SQL 映射文件，映射文件采用 XML 格式。MyBatis 为聚焦于 SQL 代码而构建了映射文件，如果将它与具有相同功能的 JDBC 代码进行对比，则会发现 MyBatis 减少了将近 95% 的代码，从而尽可能地提高了编写效率。

　　SQL 映射文件只有以下几个顶级元素（按照应被定义的顺序列出）。

　　① cache：对给定命名空间的缓存配置。

　　② cache-ref：对其他命名空间缓存配置的引用。

　　③ resultMap：最复杂也最强大的元素，用来描述如何从数据库结果集中加载对象。

　　④ sql：可被其他语句引用的可重用语句块。

　　⑤ insert：映射增加语句。

　　⑥ update：映射修改语句。

　　⑦ delete：映射删除语句。

　　⑧ select：映射查询语句。

下面详细介绍几个常用元素。

10.2.1　insert/update/delete

数据变更语句 insert/update/delete 的实现非常相似，它们的用法如下。

```xml
<insert id="insertAuthor" parameterType="domain.blog.Author"
    flushCache="true" statementType="PREPARED"
    keyProperty="" keyColumn="" useGeneratedKeys="" timeout="20">
<update id="updateAuthor" parameterType="domain.blog.Author"
    flushCache="true" statementType="PREPARED" timeout="20">
<delete id="deleteAuthor" parameterType="domain.blog.Author"
    flushCache="true" statementType="PREPARED" timeout="20">
```

＜insert＞＜update＞＜delete＞元素的属性及其描述如表 10-3 所示。

表 10-3　＜insert＞＜update＞delete＞元素的属性及其描述

属性	描述
id	用于设置命名空间中的唯一标识符，可被用来代表这条语句
parameterType	用于设置传入参数的完全限定类名或别名。这个属性是可选的，因为 MyBatis 可以通过类型处理器推断出具体传入语句的参数。其默认值为 unset

续表

属性	描述
flushCache	将其设置为 true 后，只要语句被调用，就会导致本地缓存和二级缓存被清空，其默认值为 true
timeout	用于设置在抛出异常之前，驱动程序等待数据库返回请求结果的秒数。其默认值为 unset，依赖驱动
statementType	其值为 STATEMENT、PREPARED 或 CALLABLE，这会让 MyBatis 分别使用 Statement、PreparedStatement 或 CallableStatement。其默认值为 PREPARED
useGeneratedKeys	（仅用于 insert 和 update 语句）值为 true 时会令 MyBatis 使用 JDBC 的 getGeneratedKeys()方法来取出由数据库内部生成的主键（例如，类似 MySQL 和 SQL Server 这样的关系数据库管理系统的自动递增字段）。其默认值为 false
keyProperty	（仅用于 insert 和 update 语句）用于唯一标记一个属性，MyBatis 会通过 getGeneratedKeys()的返回值或者通过 insert 语句的＜selectKey＞子元素设置它的键值。其默认值为 unset。如果希望得到多个生成的列，则其值也可以是以逗号分隔的属性名称列表
keyColumn	（仅用于 insert 和 update 语句）通过生成的键值设置表中的列名。相关的设置仅在某些数据库（如 PostgreSQL）中是必需的，当主键列不是表中的第一列的时候需要设置该属性。如果希望使用多个生成的列，则其值也可以设置为以逗号分隔的属性名称列表

以下是 insert/update/delete 语句的示例。

```
<insert id="insertStudent">
  insert into t_student values
  (#{stuno},#{stuname},#{grade},#{dept},#{classname})
</insert>

<update id="updateStudent">
  update t_student set dept = #{dept}, classname = #{classname}
  where stuno = #{stuno}
</update>

<delete id="deleteStudent">
  delete from t_student where stuno = #{stuno}
</delete>
```

insert 语句的配置规则更加丰富，insert 语句中有一些额外的属性和子元素用来处理主键的生成，且有多种生成方式。

如果数据库支持自动生成主键的字段，如 MySQL 和 SQL Server，那么可以先设置 useGeneratedKeys="true"，再把 keyProperty 设置为该字段的名称。例如，如果上面的 t_student 数据库表已经对 stuno 使用了自动生成的列类型，那么上面的语句可以修改如下。

```
<insert id="insertStudent" useGeneratedKeys="true" keyProperty="stuno">
    insert into t_student (stuname,grade,dept,classname)
    values (#{stuname},#{grade},#{dept},#{classname})
</insert>
```

10.2.2　select

select 语句是 MyBatis 最常用的语句之一。操作数据时，仅把数据存到数据库中的价值并不大，还需要能够将其读取出来。在大多数项目中，查询远比修改频繁，这也是 MyBatis 聚焦于查询和结果映射的原因。对每个增加、修改或删除操作，通常会穿插着多个查询操作。

＜select＞元素的使用是非常简单的，代码如下。

```
<select id="findStudentByStuno" parameterType="Integer" resultType="Student">
    select * from t_student where stuno = #{stuno}
</select>
```

这个语句被称作 findStudentByStuno，接收一个 Integer 类型的参数，并返回一个 Student 类型的对象。符号#{stuno}告诉 MyBatis 创建一个预处理语句（PreparedStatement）参数。在 JDBC 中，这样的参数在 SQL 中会由一个"?"来标识，并被传递到一个新的预处理语句中，代码如下。

```
//近似的 JDBC 代码，非 MyBatis 代码
String findStudentByStuno = "select * from t_student where stuno =?";
PreparedStatement ps = conn.prepareStatement(findStudentByStuno);
ps.setInt(1,stuno);
```

但是，如果使用 JDBC，则意味着需要更多的代码来提取结果，并将它们映射到对象实例中，而使用 MyBatis 会节省很多代码。关于参数和结果映射将在 10.2.3 节和 10.2.4 节中详细介绍。

表 10-4 所示为＜select＞元素的常用属性及其描述。

表 10-4　＜select＞元素的常用属性及其描述

属性	描述
id	用于设置命名空间中唯一的标识符，可以被用来引用这条语句
parameterType	用于设置传入参数的完全限定名或别名。这个属性是可选的，因为 MyBatis 可以通过类型处理器（TypeHandler）推断具体传入语句的参数。其默认值为 unset
resultType	用于设置从这条语句中返回期望类型的类的完全限定名或别名。注意，如果返回的是集合，则应该设置为集合包含的类型，而不是集合本身。可以使用 resultType 或 resultMap，但它们不能同时使用
resultMap	用于设置外部 resultMap 的命名引用。结果集的映射是 MyBatis 最强大的特性，可以使用 resultMap 或 resultType，但它们不能同时使用

续表

属性	描述
timeout	用于设置在抛出异常之前，驱动程序等待数据库返回请求结果的秒数。其默认值为 unset，依赖驱动
statementType	其值为 STATEMENT、PREPARED 或 CALLABLE 中，这会让 MyBatis 分别使用 Statement、PreparedStatement 或 CallableStatement，其默认值为 PREPARED
resultSetType	其值为 FORWARD_ONLY、SCROLL_SENSITIVE、SCROLL_INSENSITIVE 或 DEFAULT（等价于 unset），其默认值为 unset，依赖驱动

10.2.3　参数

10.2.2 节的 SQL 语句中使用了简单的参数。参数是 MyBatis 非常强大的元素，对于比较简单的项目，大多数情况下不需要使用复杂的参数。

以下示例使用了一个非常简单的命名参数映射，执行时会将参数值带入。

```
<delete id="deleteStudent">
    delete from t_student where stuno = #{stuno}
</delete>
```

参数还可以是对象类型，例如：

```
<insert id="insertStudent" parameterType="Student">
    insert into t_student values
    (#{stuno},#{stuname},#{grade},#{dept},#{classname})
</insert>
```

如果传入了 Student 类型的参数对象，则 stuno、stuname、grade、dept 和 classname 属性将会被查找，它们的值将被传入到预处理语句的参数中，这种方式既简单又有效。

10.2.4　resultMap

resultMap 元素是 MyBatis 中最重要、最强大的元素之一。它可以帮助开发人员从 JDBC 结果集数据提取代码中解放出来，并在一些情形下允许开发人员进行一些 JDBC 不支持的操作。resultMap 的设计思想如下：对于简单的语句，不需要配置显式的结果映射；而对于复杂一些的语句，只需要描述它们的关系即可。

以下是一个简单映射语句示例，在这个示例中并没有显式指定 resultMap。

```
<select id="findStudentByStuno" parameterType="Integer" resultType="map">
    select * from t_student where stuno = #{stuno}
</select>
```

上述语句只是简单地将所有的列映射到 HashMap 的键上，这由 resultType 属性指定。虽然在大部分情况下够用，但是 HashMap 不是一个很好的领域模型。开发人员可能会使用 JavaBean 或 POJO 作为领域模型。MyBatis 对二者都提供了支持，来看如下示例。

```
<select id="findStudentByStuno" parameterType="Integer" resultType="Student">
    select * from t_student where stuno = #{stuno}
</select>
```

在上面的这两个示例中，MyBatis 会先自动创建一个 resultMap，再基于属性名映射列到 JavaBean 或 POJO 的属性上。如果列名和属性名都没有精确匹配，则可以在 select 语句中对列使用别名来匹配属性名。

resultMap 最优秀的地方在于，不需要显式地使用它。上面这些简单的示例不需要烦琐的配置，但对于复杂的情况，将会使用外部 resultMap 元素。如果使用外部的 resultMap，则在引用它的语句中需要使用 resultMap 属性而不是 resultType 属性。由于篇幅限制，这里不再详述。

10.2.5 映射文件实例

下面来看一个使用映射文件完成学生信息 CRUD 的完整例子，其中，t-Student 数据库表和持久化类同 9.3 节，核心配置文件 mybatis-config.xml 和 db.properties 同 10.1.6 节，这里不再详述。

映射文件 StudentMapper.xml 如代码清单 10-3 所示。

代码清单 10-3：映射文件 StudentMapper.xml（源代码为 ch10-1）

```xml
<?xml version="1.0" encoding="UTF-8"?>
<!DOCTYPE mapper
    PUBLIC "-//mybatis.org//DTD Mapper 3.0//EN"
    "http://mybatis.org/dtd/mybatis-3-mapper.dtd">
<!-- namespace 表示命名空间 -->
<mapper namespace="cn.edu.example.mybatis.mapper.StudentMapper">
    <!--1.根据学号获取学生信息 -->
    <select id="findStudentByStuno" parameterType="Integer"
        resultType="Student">
        select * from t_student where stuno = #{stuno}
    </select>
    <!--2.获取学生信息表 -->
    <select id="findStudentList" resultType="Student">
        select * from t_student
    </select>
    <!--3.增加学生信息 -->
    <insert id="insertStudent" parameterType="Student">
        insert into t_student values
        (#{stuno},#{stuname},#{grade},#{dept},#{classname})
    </insert>
    <!--4.修改学生信息 -->
    <update id="updateStudent" parameterType="Student">
```

```
        update t_student set dept = #{dept}, classname = #{classname}
        where stuno = #{stuno}
    </update>
    <!--5.删除学生信息 -->
    <delete id="deleteStudent" parameterType="Integer">
        delete from t_student where stuno = #{stuno}
    </delete>
```

```
</mapper>
```

　　SqlSession 对象执行映射文件中的 SQL 语句有两种方式：一种是 9.3 节中通过"映射文件名＋SQL 语句的 id 属性值"的方式直接执行，这种方式在使用旧版本的 MyBatis 时更常见；另一种方式更加简洁，它为每个映射文件编写一个接口，接口中的每个方法对应映射文件中的一个 SQL 语句（要求方法名、参数和返回值都一致）。这样不仅可以执行更加清晰、安全的代码，还无须担心拼写错误。如下代码采用的就是第二种方式，映射器接口 StudentMapper.java 和测试类 MyBatisTest.java 如代码清单 10-4 和代码清单 10-5 所示。

代码清单 10-4：映射器接口 StudentMapper.java（源代码为 ch10-1）

```java
package cn.edu.example.mybatis.mapper;


import java.util.List;
import cn.edu.example.mybatis.po.Student;


public interface StudentMapper {

    public Student findStudentByStuno(int stuno);
    public List<Student> findStudentList();
    public int insertStudent(Student stu);
    public int updateStudent(Student stu);
    public int deleteStudent(int stuno);
}
```

代码清单 10-5：测试类 MyBatisTest.java（源代码为 ch10-1）

```java
package cn.edu.example.mybatis.test;
import java.io.Reader;
import java.util.List;
import org.apache.ibatis.io.Resources;
import org.apache.ibatis.session.SqlSession;
import org.apache.ibatis.session.SqlSessionFactory;
import org.apache.ibatis.session.SqlSessionFactoryBuilder;
import cn.edu.example.mybatis.mapper.StudentMapper;
import cn.edu.example.mybatis.po.Student;
/**
 * 测试类
```

```java
*/
public class MyBatisTest {
    private static SqlSessionFactory sqlSessionFactory = null;
    // 初始化 SqlSessionFactory 对象
    static {
        try {
            // 使用 MyBatis 提供的 Resources 类加载 MyBatis 的 XML 配置文件
            Reader reader =
                    Resources.getResourceAsReader("mybatis-config.xml");
            // 构建 SqlSessionFactory 对象
            sqlSessionFactory =
                    new SqlSessionFactoryBuilder().build(reader);
        } catch (Exception e) {
            e.printStackTrace();
        }
    }
    // 获取 SqlSession 对象的静态方法
    public static SqlSession getSession() {
        return sqlSessionFactory.openSession();
    }

    /**
     * 1.根据学号查询学生信息
     */
    public void findStudentByStunoTest() {
        // 获取 SqlSession
        SqlSession sqlSession = getSession();
        // SqlSession 执行映射文件中定义的 SQL 语句, 并返回映射结果
        StudentMapper mapper = sqlSession.getMapper(StudentMapper.class);
        Student stu = mapper.findStudentByStuno(2018020222);
        // 输出结果
        System.out.println(stu.toString());
        // 关闭 SqlSession
        sqlSession.close();
    }

    /**
     * 2.查询全部学生信息
     */
    public void findStudentListTest() {
        // 获取 SqlSession
        SqlSession sqlSession = getSession();
```

```
        // SqlSession 执行映射文件中定义的 SQL 语句，并返回映射结果
        StudentMapper mapper = sqlSession.getMapper(StudentMapper.class);
        List<Student> stus = mapper.findStudentList();
        // 输出结果
        System.out.println(stus.toString());
        // 关闭 SqlSession
        sqlSession.close();
    }

    /**
     * 3.增加学生信息
     */
    public void addStudentTest(){
        // 获取 SqlSession
        SqlSession sqlSession = getSession();
        Student stu = new Student();
        stu.setStuno(2019040101);
        stu.setStuname("赵六");
        stu.setGrade(2019);
        stu.setDept("日语");
        stu.setClassname("日语 1901");
        StudentMapper mapper = sqlSession.getMapper(StudentMapper.class);
        // 执行 sqlSession 的增加方法，返回的是 SQL 语句影响的行数
        int rows = mapper.insertStudent(stu);
        if(rows > 0){
            System.out.println("您成功增加了"+rows+"条数据！");
        }else{
            System.out.println("执行增加操作失败！！！");
        }
        sqlSession.commit();
        sqlSession.close();
    }

    /**
     * 4.修改学生信息
     */
    public void updateStudentTest() throws Exception{
        // 获取 SqlSession
        SqlSession sqlSession = getSession();
        // SqlSession 执行修改操作
        // 创建 Student 对象，并向对象中添加数据
        Student stu = new Student();
```

```java
        stu.setStuno(2019040101);
        stu.setDept("英语");
        stu.setClassname("英语 1901");
        // 执行 SqlSession 的修改方法，返回的是 SQL 语句影响的行数
        StudentMapper mapper = sqlSession.getMapper(StudentMapper.class);
        int rows = mapper.updateStudent(stu);
        // 通过返回结果判断修改操作是否执行成功
        if(rows > 0){
            System.out.println("您成功修改了"+rows+"条数据！ ");
        }else{
            System.out.println("执行修改操作失败！！！ ");
        }
        // 提交事务
        sqlSession.commit();
        // 关闭 SqlSession
        sqlSession.close();
    }
    /**
     * 5.删除学生信息
     */
    public void deleteStudentTest() {
        // 获取 SqlSession
        SqlSession sqlSession = getSession();
        // SqlSession 执行删除操作
        // 执行 SqlSession 的删除方法，返回的是 SQL 语句影响的行数
        StudentMapper mapper = sqlSession.getMapper(StudentMapper.class);
        int rows = mapper.deleteStudent(2019040101);
        // 通过返回结果判断删除操作是否执行成功
        if(rows > 0){
            System.out.println("您成功删除了"+rows+"条数据！ ");
        }else{
            System.out.println("执行删除操作失败！！！ ");
        }
        // 提交事务
        sqlSession.commit();
        // 关闭 SqlSession
        sqlSession.close();
    }

    public static void main(String[] args) {
        MyBatisTest test=new MyBatisTest();
        test.findStudentByStunoTest();
```

```
        test.findStudentListTest();
        try {
            test.addStudentTest();
            test.updateStudentTest();
            test.deleteStudentTest();
        } catch (Exception e) {
            // TODO Auto-generated catch block
            e.printStackTrace();
        }
    }

}
```

程序的运行结果请读者自行查看。

10.3 动态 SQL

　　MyBatis 的强大特性之一便是动态 SQL，它完全消除了 JDBC 中根据不同条件拼接 SQL 语句的"痛苦"。MyBatis 的动态 SQL 元素和 JSP 标准标签库（JSP Standard Tag Library，JSTL）与基于类似 XML 的文本处理器相似，采用了功能强大的基于对象导航图语言（Object Graph Navigation Language，OGNL）的表达式。下面介绍常用的动态 SQL 元素。

10.3.1 ＜if＞

　　动态 SQL 经常要做的事情是根据条件包含 where 子句的一部分。
　　例如：

```
<select id="findStudentByName" resultType="Student">
  select * from t_student where 1=1
  <if test="stuname != null">
    and stuname like #{stuname}
  </if>
</select>
```

　　以上代码提供了一种可选的查询学生信息功能。如果没有传入"stuname"，则将返回所有学生信息；如果传入了"stuname"，则会在所有学生中对"stuname"列进行模糊查询并返回结果。

10.3.2 ＜choose＞＜when＞＜otherwise＞

　　如果 SQL 语句中的查询条件不确定，则可以使用 MyBatis 提供的＜choose＞元素，它类似于 Java 中的 switch 语句。基于 10.3.1 节的例子，条件变为如果传入了"stuname"，则按"stuname"进行查询；如果传入了"dept"，则按"dept"进行查询；如果两者都没有传入，则查询 2017 级的所有学生信息。

```
<select id="findStudentLike" resultType="Student">
  select * from t_student where 1=1
  <choose>
    <when test="stu != null and stu.stuname != null">
      and stuname like #{stu.stuname}
    </when>
    <when test=" stu != null and stu.dept != null">
      and dept like #{stu.dept}
    </when>
    <otherwise>
      and grade='2017'
    </otherwise>
  </choose>
</select>
```

10.3.3 ＜foreach＞

动态 SQL 元素中另外一个常用的操作是对一个集合进行遍历，通常在构建 in 条件语句的时候使用。例如，查询专业信息为集合元素 deptlist 中所有值的学生信息。

```
<select id="selectStudentIn" resultType="Student">
  SELECT * FROM Student WHERE dept in
  <foreach item="item" index="index" collection="deptlist"
      open="(" separator="," close=")">
        #{item}
  </foreach>
</select>
```

＜foreach＞元素的功能非常强大，它的 collection 属性值可以是任何可迭代对象（如 List、Set 等）、Map 对象或者数组对象。当使用可迭代对象或者数组对象时，index 的值是当前迭代的次数，item 的值是本次迭代获取的元素。当使用 Map 对象（或 Map.Entry 对象的集合）时，index 是键，item 是值。＜foreach＞元素可以指定数据开头与结尾的字符串，也可以在迭代结果之间放置分隔符。这个元素非常"智能"，它不会附加多余的分隔符。

10.4 MyBatis Generator

MyBatis 需要开发人员编写 mapper.xml 文件（利用 SQL 语句）、Mapper.java 和 POJO。MyBatis 官方提供的 MyBatis Generator 可以针对数据库表自动生成 MyBatis 执行所需要的代码（Mapper.java、mapper.xml、POJO……），可以使开发人员将更多的精力放在复杂的业务逻辑上。截至本书编写之日，MyBatis Generator 的最新版本为 1.4.0。

10.4.1　在 Eclipse IDE 中安装 MyBatis Generator

　　通过 Eclipse IDE 安装支持 MyBatis Generator 的插件，在 Eclipse IDE 的菜单栏中选择"Help"→"Eclipse Marketplace"选项，打开"Eclipse Marketplace"窗口，在"Find"文本框中输入"mybatis generator"，单击"Go"按钮，即可搜索"mybatis generator"，如图 10-2 所示。

图 10-2　搜索"mybatis generator"

　　搜索完成后，在图 10-2 所示窗口中单击"Install"按钮进行下载。下载完成后进入 Review Licenses 如图 10-3 所示，选中"I accept the terms of the license agreement"单选按钮，单击"Finish"按钮后开始安装。

　　开始安装后，会弹出图 10-4 所示的安全警告，单击"Install anyway"按钮，完成安装。之后重启 Eclipse IDE，即可完成 MyBatis Generator 插件的安装。

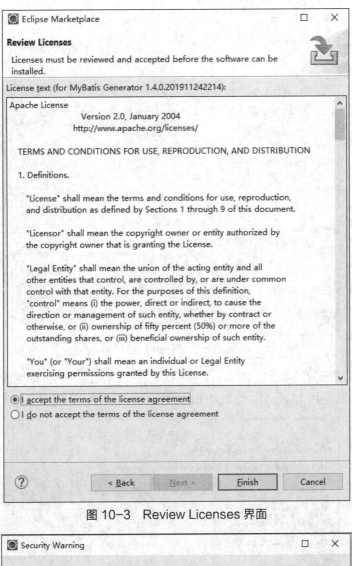

图 10-3 Review Licenses 界面

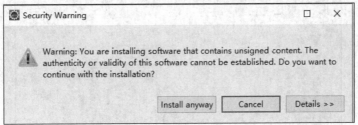

图 10-4 安全警告

10.4.2 在 Eclipse IDE 中使用 MyBatis Generator

在 Eclipse IDE 中新建 Web 项目 ch10-2,将 MyBatis 的核心 JAR 包及 MySQL 数据库的驱动 JAR 包一同添加到项目的 WEB-INF/lib 文件夹下。在项目 ch10-2 上单击鼠标右键,在弹出的快捷菜单中选择"New"→"Other"选项,打开"New"窗口,选择"MyBatis"→"MyBatis Generator Configuration File"选项,如图 10-5 所示。

Java EE企业级应用开发
（SSM）

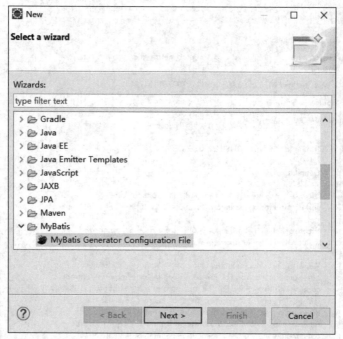

图 10-5　"New" 窗口

在图 10-5 所示窗口中单击"Next"按钮，打开"MyBatis Generator Configuration File"窗口，配置使用 MyBatis Generator 的项目，如图 10-6 所示。

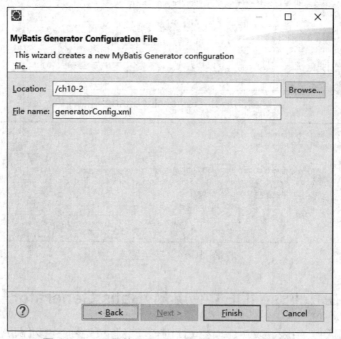

图 10-6　配置使用 MyBatis Generator 的项目

在图 10-6 所示窗口中，单击"Finish"按钮，在 ch10-2 中生成一个 generatorConfig. xml 文件，如代码清单 10-6 所示。

代码清单 10-6：generatorConfig.xml 文件（源代码为 ch10-2）

```
<?xml version="1.0" encoding="UTF-8"?>
<!DOCTYPE generatorConfiguration PUBLIC "-//mybatis.org//DTD MyBatis Generator
Configuration 1.0//EN" "http://mybatis.org/dtd/mybatis-generator-config_1_0.dtd">
<generatorConfiguration>
    <context id="context1" targetRuntime="MyBatis3Simple">
        <!--数据库连接 URL、用户名、密码 -->
        <jdbcConnection
connectionURL="jdbc:mysql://localhost:3306/mybatis?serverTimezone=UTC&amp;useSSL=
false" driverClass="com.mysql.cj.jdbc.Driver" password="root" userId="root" />
        <!-- 生成持久化类的包名和位置-->
        <javaModelGenerator targetPackage="cn.edu.generator.mybatis.po" targetProject=
"ch10-2\src" />
        <!-- 生成映射文件的包名和位置-->
        <sqlMapGenerator targetPackage="cn.edu.generator.mybatis.mapper" targetProject=
"ch10-2\src" />
        <!-- 生成映射器接口的包名和位置-->
        <javaClientGenerator targetPackage="cn.edu.generator.mybatis.dao " targetProject=
"ch10-2\src" type="XMLMAPPER" />
        <!-- 针对某个表或视图生成内容，以及确定是否生成 SQL 语句-->
        <table schema="" tableName="t_student" enableCountByExample="false"
enableUpdateByExample="false" enableDeleteByExample="false" enableSelectByExample=
"false" selectByExampleQueryId="false"></table>
    </context>
</generatorConfiguration>
```

在 generatorConfig.xml 文件上单击鼠标右键，在弹出的快捷菜单中选择"Run As"→"Run MyBatis Generator"选项，控制台输出结果如图 10-7 所示。

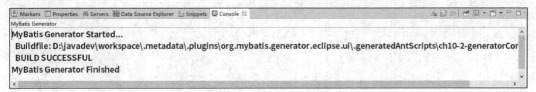

图 10-7　控制台输出结果

在项目的 src 目录下可以看到生成的文件，具体代码如代码清单 10-7～代码清单 10-9 所示。

代码清单 10-7：TStudent 文件（源代码为 ch10-2）

```
package cn.edu.generator.mybatis.po;
public class TStudent {
    private Integer stuno;
    private String stuname;
    private Integer grade;
    private String dept;
```

```java
        private String classname;
        public Integer getStuno() {
            return stuno;
        }
        public void setStuno(Integer stuno) {
            this.stuno = stuno;
        }
        public String getStuname() {
            return stuname;
        }
        public void setStuname(String stuname) {
            this.stuname = stuname;
        }
        public Integer getGrade() {
            return grade;
        }
        public void setGrade(Integer grade) {
            this.grade = grade;
        }
        public String getDept() {
            return dept;
        }
        public void setDept(String dept) {
            this.dept = dept;
        }
        public String getClassname() {
            return classname;
        }
        public void setClassname(String classname) {
            this.classname = classname;
        }
}
```

代码清单 10-8：TStudentMapper.java 文件（源代码为 ch10-2）

```java
package cn.edu.generator.mybatis.dao ;
import cn.edu.generator.mybatis.po.TStudent;
import java.util.List;
public interface TStudentMapper {
    int deleteByPrimaryKey(Integer stuno);
    int insert(TStudent record);
    TStudent selectByPrimaryKey(Integer stuno);
    List<TStudent> selectAll();
    int updateByPrimaryKey(TStudent record);
}
```

代码清单 10-9：TStudentMapper.xml 文件（源代码为 ch10-2）

```xml
<?xml version="1.0" encoding="UTF-8"?>
<!DOCTYPE mapper PUBLIC "-//mybatis.org//DTD Mapper 3.0//EN"
"http://mybatis.org/dtd/mybatis-3-mapper.dtd">
<mapper namespace="cn.edu.generator.mybatis.dao .TStudentMapper">
  <resultMap id="BaseResultMap" type="cn.edu.generator.mybatis.po.TStudent">
    <id column="stuno" jdbcType="INTEGER" property="stuno" />
    <result column="stuname" jdbcType="VARCHAR" property="stuname" />
    <result column="grade" jdbcType="INTEGER" property="grade" />
    <result column="dept" jdbcType="VARCHAR" property="dept" />
    <result column="classname" jdbcType="VARCHAR" property="classname" />
  </resultMap>
  <delete id="deleteByPrimaryKey" parameterType="java.lang.Integer">
    delete from t_student
    where stuno = #{stuno,jdbcType=INTEGER}
  </delete>
  <insert id="insert" parameterType="cn.edu.generator.mybatis.po.TStudent">
    insert into t_student (stuno, stuname, grade,
      dept, classname)
    values      (#{stuno,jdbcType=INTEGER}, #{stuname,jdbcType=VARCHAR}, #{grade,jdbcType=INTEGER},
        #{dept,jdbcType=VARCHAR}, #{classname,jdbcType=VARCHAR})
  </insert>
  <update id="updateByPrimaryKey" parameterType="cn.edu.generator.mybatis.po.TStudent">
    update t_student
    set stuname = #{stuname,jdbcType=VARCHAR},
      grade = #{grade,jdbcType=INTEGER},
      dept = #{dept,jdbcType=VARCHAR},
      classname = #{classname,jdbcType=VARCHAR}
    where stuno = #{stuno,jdbcType=INTEGER}
  </update>
  <select id="selectByPrimaryKey" parameterType="java.lang.Integer" resultMap="BaseResultMap">
    select stuno, stuname, grade, dept, classname
    from t_student
    where stuno = #{stuno,jdbcType=INTEGER}
  </select>
  <select id="selectAll" resultMap="BaseResultMap">
    select stuno, stuname, grade, dept, classname
    from t_student
  </select>
</mapper>
```

为了节省篇幅，代码清单 10-7～代码清单 10-9 中删除了大量注释，读者可以自行编写测试类测试代码的正确性。

10.5 MyBatis PageHelper

MyBatis PageHelper 是 MyBatis 的分页插件，它支持常见的 12 种数据库，如 Oracle、MySQL、MariaDB、SQLite、DB2、PostgreSQL 和 SQL Server 等。它还支持多种分页方式，支持常见的 RowBounds（PageRowBounds）、PageHelper. startPage 方法调用、映射器接口参数调用等。

10.5.1 如何引入 PageHelper

引入分页插件有以下两种方式。

（1）引入 JAR 包。

可以从 PageHelper 官网下载最新的 JAR 包。由于 PageHelper 使用了 SQL 解析工具，因此还需要下载 jsqlparser.jar，可以在 JSqlParser 官网下载。

（2）使用 Maven。

在 pom.xml 中添加如下依赖。

```
<dependency>
    <groupId>com.github.pagehelper</groupId>
    <artifactId>pagehelper</artifactId>
    <version>最新版本</version>
</dependency>
```

最新版本可以在 PageHelper 官网查看。

10.5.2 配置拦截器插件

拦截器的全限定名是 com.github.pagehelper.PageInterceptor。

com.github.pagehelper.PageHelper 是一个特殊的 dialect 实现类，是分页插件的默认实现类，在 MyBatis 的 mybatis-config.xml 中配置拦截器插件的代码如下。

```
<plugins>
    <!-- com.github.pagehelper 为 PageHelper 类所在包名 -->
    <plugin interceptor="com.github.pagehelper.PageInterceptor">
        <!-- 使用下面的方式配置参数，后面会对所有的参数进行介绍 -->
        <property name="param1" value="value1"/>
    </plugin>
</plugins>
```

＜plugins＞元素在 mybatis-config.xml 中的位置必须符合要求，具体位置详见 10.1 节。

分页插件提供了多个可选参数，具体参数如下。

（1）dialect：默认情况下会使用 PageHelper 方式进行分页。如果想要实现自定义的分页逻辑，则先实现 Dialect(com.github.pagehelper.Dialect)接口，再配置该属性为实现类的全限定名即可。

 注意　以下参数都是默认 dialect 情况下的参数。使用自定义 dialect 实现时，以下参数没有任何作用。

（2）helperDialect：分页插件会自动检测当前的数据库连接，自动选择合适的分页方式，也可以配置 helperDialect 属性来指定分页插件使用哪种方式。配置时，可以使用缩写值 oracle、mysql、mariadb、sqlite、hsqldb、postgresql、db2、sqlserver 等。

（3）offsetAsPageNum：默认值为 false，该参数在使用 RowBounds 作为分页参数时有效。当该参数设置为 true 时，会将 RowBounds 中的 offset 参数作为 pageNum 使用，可以用页码和页面大小两个参数进行分页。

（4）rowBoundsWithCount：默认值为 false，该参数在使用 RowBounds 作为分页参数时有效。当该参数为 true 时，使用 RowBounds 分页会进行 count 查询。

（5）pageSizeZero：默认值为 false。当该参数为 true 时，如果 pageSize=0 或者 RowBounds.limit = 0，则会查询全部的结果（相当于没有执行分页查询，但是返回结果仍然是 Page 类型）。

（6）reasonable：分页合理化参数，默认值为 false。当该参数为 true 时，pageNum<=0，会查询第一页；当 pageNum>pages（超过总数）时，会查询最后一页。当其默认为 false 时，将直接根据参数进行查询。

（7）params：为了支持 startPage(Object params)方法，增加了该参数来配置参数映射，用于从对象中根据属性名取值，可以配置为 pageNum、pageSize、count、pageSizeZero、reasonable。不配置映射时会使用默认值，对应的默认值为 pageNum=pageNum、pageSize=pageSize、count=countSql、reasonable=reasonable、pageSizeZero=pageSizeZero。

（8）supportMethodsArguments：支持通过 Mapper 接口参数来传递分页参数，默认值为 false。分页插件会从查询方法的参数值中自动根据 params 配置的字段取值，查找到合适的值时会自动分页。

（9）autoRuntimeDialect：默认值为 false。当该参数为 true 时，允许在运行时根据多数据源自动识别对应的分页方式。

（10）closeConn：默认值为 true。当使用运行时动态数据源，或没有设置 helperDialect 属性自动获取数据库类型时，会自动获取一个数据库连接。通过该属性可设置是否关闭获取的这个连接，默认值 true 表示关闭，将其设置为 false 后，不会关闭获取的连接，需要根据自己选择的数据源来设置该参数。

10.5.3　如何使用 PageHelper

在代码中使用 PageHelper 之前，需要了解以下几点。

（1）只有紧跟在 PageHelper.startPage()方法后的第 1 个 MyBatis 的查询方法会被分页。

（2）不要在系统中配置多个分页插件。

（3）分页插件不支持带有 for update 语句的分页。

（4）分页插件不支持嵌套结果映射。

PageHelper 支持多种调用方式，由于篇幅受限，这里只介绍如下两种常见的方式，读者可查看官方文档学习其他方式。

（1）RowBounds 方式的调用，代码如下。

```
List<Student> list =
sqlSession.selectList("cn.edu.example.mybatis.mapper.StudentMapper.findStudentIfPage",
null, new RowBounds(0, 3));
```

使用这种调用方式时，可以使用 RowBounds 参数进行分页，这种方式侵入性最小。分页插件检测到使用了 RowBounds 参数时，就会对该查询进行物理分页。以上语句用于从偏移 0 的位置取 3 条记录。

（2）Mapper 接口方式的调用，代码如下。

```
PageHelper.startPage(1, 3);
List<Student> list = studentMapper.findStudentListIfPage(1);
```

在需要进行分页的 MyBatis 查询方法前调用 PageHelper.startPage()静态方法，紧跟在这个方法后的第 1 个 MyBatis 查询方法会被分页。以上语句用于取出第 1 页中的 3 条记录。

使用 PageInfo 对分页结果进行包装时，可以取出全部分页属性，代码如下。

```
//用 PageInfo 对分页结果进行包装
PageInfo page = new PageInfo(list);
//输出分页属性
System.out.println("当前页码： " + page.getPageNum());
System.out.println("每页数据数： " + page.getPageSize());
System.out.println("数据总数： " +   page.getTotal());
System.out.println("总页数： " +   page.getPages());
```

10.5.4 PageHelper 使用实例

新建 Web 项目 ch10-3，在项目的 WEB-INF/lib 文件夹中，除了添加 MyBatis 的核心 JAR 包和 MySQL 数据库的驱动 JAR 包外，还需要添加 MyBatis PageHelper 的 JAR 包 pagehelper-5.1.10.jar 和 SQL 解析 JAR 包 jsqlparser-3.0.jar。

在 MyBatis 核心配置文件 mybatis-config.xml 中添加如下代码。

```
<plugins>
    <plugin interceptor="com.github.pagehelper.PageInterceptor">
    </plugin>
</plugins>
```

在 cn.edu.example.mybatis.dao.StudentMapper.java 接口中添加如下方法。

```
public List<Student> findStudentListIfPage();
```

在 cn.edn.example.mybatis.mapper.StudentMapper.xml 中添加如下 SQL 语句。

```
<!--获取学生信息表 -->
```

```
<select id="findStudentListIfPage" resultType="Student">
    select * from t_student
</select>
```

在 cn.edu.example.mybatis.test.MyBatisTest.java 中添加如下方法。

```
/**
 * 分页查询学生信息
 */
public void findStudentListIfPageTest() {
    // 获取 SqlSession
    SqlSession sqlSession = getSession();
    // SqlSession 执行映射文件中定义的 SQL 语句，并返回映射结果
    StudentMapper studentMapper =
     sqlSession.getMapper(StudentMapper.class);
    PageHelper.startPage(1, 3);
    List<Student> list = studentMapper.findStudentListIfPage();
    // 使用 PageInfo 对分页结果进行包装
    PageInfo page = new PageInfo(list);
    // 输出分页属性
    System.out.println("当前页码：" + page.getPageNum());
    System.out.println("每页数据数：" + page.getPageSize());
    System.out.println("数据总数：" + page.getTotal());
    System.out.println("总页数：" + page.getPages());
    for (Student stu : (List<Student>)(page.getList())) {
        System.out.println(stu);
    }
    // 关闭 SqlSession
    sqlSession.close();
}
```

在 cn.edu.example.mybatis.test.MyBatisTest.java 的 main()方法中添加如下测试语句。

```
MyBatisTest test = new MyBatisTest();
test.findStudentListIfPageTest();
```

运行 cn.edu.example.mybatis.test.MyBatisTest.java，PageHelper 使用实例的运行结果如图 10-8 所示。

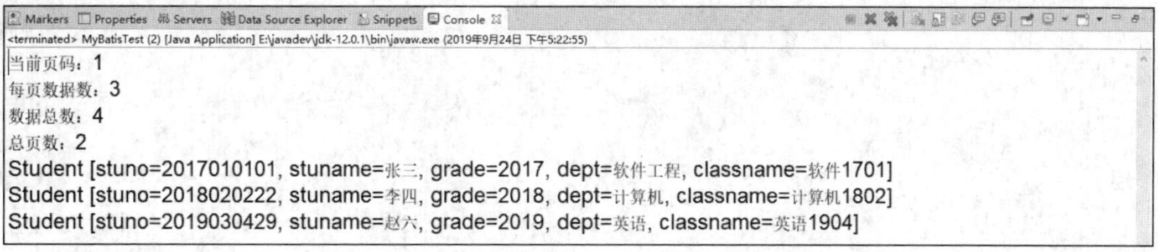

图 10-8　PageHelper 使用实例的运行结果

10.6　本章小结

　　本章主要介绍了 MyBatis 的核心配置文件、映射文件和动态 SQL。MyBatis 的核心配置文件默认名称为 mybatis-config.xml，程序运行前会加载这个文件，它包含了影响 MyBatis 行为的设置和属性信息。MyBatis 的 SQL 映射文件采用了 XML 格式，使用它可以减少代码、提高编写效率。MyBatis 的动态 SQL 元素采用了功能强大的基于 OGNL 的表达式，完全消除了 JDBC 中根据不同条件"拼接"SQL 语句的"痛苦"。

　　MyBatis 官方提供的 MyBatis Generator 可以针对数据库表自动生成 MyBatis 执行所需要的代码。MyBatis 分页插件 PageHelper 支持多种数据库，提供了多种分页方式，简单、易用。

10.7　练习与实践

【练习】

（1）简述 MyBatis 核心配置文件的结构，并对各配置项进行简要描述。

（2）简述 MyBatis 映射文件中的主要元素及其作用。

【实践】

　　基于第 9 章的 t_student 数据库表，实现学生信息的多条件查询，并对查询结果进行分页。

第11章
SSM框架

11

前面各章已经针对 Spring、Spring MVC、MyBatis 三大框架进行了详细的介绍。实际应用中，往往需要将多个框架整合，目前最为流行的是采用 Spring +Spring MVC +MyBatis 的整合方式，形成 SSM 框架。本章将重点对框架的整合进行介绍。

▶ 学习目标

① 掌握如何对 MyBatis 和 Spring 进行整合。

② 掌握如何对 Spring+Spring MVC+MyBatis 进行整合。

▧ 11.1 MyBatis 和 Spring 整合

目前，越来越多的 Java Web 项目采用 SSM 框架进行项目的构建。通过 Spring 的 IoC 容器可以有效管理各类 Java 资源，实现"即插即用"的效果。通过 AOP 框架的集成，数据库事务可以委托给 Spring 处理，配合 MyBatis 的高灵活、可配置、可优化 SQL 等特性，完全可以构建高性能的企业级应用系统。

MyBatis 和 Spring 两大框架已经成为 Java 互联网技术主流框架组合之一，对于大数据量和大批量请求的处理有着优秀的表现，在 Web 项目中得到了广泛的应用。通过 MyBatis 和 Spring 的整合，使得业务逻辑层和模型层能够更好地分离。MyBatis 在 Spring 中的应用比较简单，节省了不少代码。

MyBatis 和 Spring 的整合对 SqlSessionFactory、SqlSession 等对象进行了封装。但使用 MyBatis+Spring 框架的项目并不是 Spring 框架的子项目，它是由 MyBatis 社区开发的。

配置 MyBatis+Spring 框架的项目的主要步骤如下。

（1）配置数据源。

（2）配置 SqlSessionFactory。还可以选择的配置包括 SqlSessionTemplate 和 SqlSessionFactory。在同时配置 SqlSessionTemplate 和 SqlSessionFactory 的情况下，优先采用 SqlSessionTemplate。

（3）配置映射器。可以配置单个映射器，但比较灵活的方式是通过扫描的方法生成映射器。

（4）事务管理。具体管理方式将在 12.2 节中介绍。

对于 MyBatis 框架，SqlSessionFactory 是产生 SqlSession 的基础，因此配置 SqlSessionFactory 十分重要。MyBatis+Spring 框架项目中提供了 SqlSessionFactoryBean 来支持 SqlSessionFactory 的配置。如果要在 Spring 框架下使用 MyBatis 框架，则需要先构建 SqlSessionFactory 对象，使之产生 SqlSession。

Spring 环境下对 SqlSessionFactory 的注入方式有如下 4 种。

（1）sqlSessionFactory。

（2）sqlSessionFactoryBeanName。

（3）sqlSessionTemplate。

（4）sqlSessionTemplateBeanName。

其中，sqlSessionFactory 方式已经过时，sqlSessionFactoryBeanName 和 sqlSessionTemplateBeanName 通过属性来设置正确的 Bean 名称，目前使用较多的是 sqlSessionFactoryBeanName。当同时配置 sqlSessionFactory 和 sqlSessionTemplate 时，sqlSessionTemplate 的优先级大于 sqlSessionFactory。

一个复杂的系统存在许多的 DAO，如 UserDAO、RoleDAO、ProductDAO 等。如果逐个配置，则工作量会很大。因此，MyBatis+Spring 框架项目采用了自动扫描机制来配置映射器，从而在代码很少的情况下完成对映射器的配置，以提高效率。

MyBatis+Spring 框架项目采用 MapperScannerConfigurer 来实现自动扫描机制配置映射器，MapperScannerConfigurer 提供了以下属性。

（1）basePackage：指定 Spring 自动扫描包，会逐层深入扫描。

（2）annotationClass：表示在类被这个注解标识时才进行扫描。

（3）sqlSessionFactoryBeanName：指定在 Spring 中定义 sqlSessionFactory 的 Bean 名称。

（4）sqlSessionTemplateBeanName：指定在 Spring 中定义 sqlSessionTemplate 的 Bean 名称。如果它被定义了，则 sqlSessionFactoryBeanName 将不起作用。

在 Spring 配置前需要给映射器一个注解，Spring 中使用注解@Repository 表示数据持久层。MapperScannerConfigurer 配置如代码清单 11-1 所示。

代码清单 11-1：MapperScannerConfigurer 配置（源代码为 ch11-1）

```xml
<!-- Spring 和 MyBatis 整合项目:配置扫描 DAO 接口的包,动态实现 DAO 接口,注入到 Spring 容器中 -->
<bean class="org.mybatis.spring.mapper.MapperScannerConfigurer">
    <!-- 给出需要扫描的 DAO 接口包，Setter 注入-->
    <property name="basePackage" value="spring.mybatis.dao" />
    <property name="sqlSessionFactoryBeanName" value="sqlSessionFactory"></property>
</bean>
```

下面通过一个具体的 MyBatis+Spring 框架项目案例，对框架整合过程进行演示。新建 Web 项目 ch11-1，下载 MyBatis+Spring 框架项目类库 mybatis-spring-1.2.2.jar，可以到 http://mvnrepository.com/artifact/org.mybatis/mybatis-spring 进行下载。JAR 包下载后放到 WEB-INF/lib 文件夹下，在 ch11-1 上单击鼠标右键，在弹出的快捷菜单中选择"build-path"→"configure build path"选项，将 JAR 包导

入项目。除 mybatis-spring-1.2.2.jar 包外，还需要 Spring、MyBatis 及连接 MySQL 数据库的一些核心 JAR 包。MyBatis+Spring 框架项目 JAR 包如图 11-1 所示。

图 11-1　MyBatis+Spring 框架项目 JAR 包

在 src 目录下创建 spring.mybatis.entity 包，在包下创建持久化类 Customer.java，如代码清单 11-2 所示。

代码清单 11-2：持久化类 Customer.java（源代码为 ch11-1）

```java
package spring.mybatis.entity;

public class Customer {
    String custId;
    String name;
    int age;
    public String getCustId() {
        return custId;
    }
    public void setCustId(String custId) {
        this.custId = custId;
    }
    public String getName() {
        return name;
    }
    public void setName(String name) {
        this.name = name;
    }
    public int getAge() {
        return age;
    }
}
```

```java
public void setAge(int age) {
    this.age = age;
}
}
```

在 src 目录下创建 spring.mybatis.dao 包，在包下创建 Mapper 接口 CustomerMapper.java 和映射文件 CustomerMapper.xml，并对数据持久层数据持久化处理操作进行模拟。CustomerMapper.java 如代码清单 11-3 所示。

代码清单 11-3：Mapper 接口 CustomerMapper.java（源代码为 ch11-1）

```java
package spring.mybatis.dao;
import java.util.List;
import java.util.Map;
import spring.mybatis.entity.Customer;
public interface CustomerMapper {
    //获取所有客户信息
    public List<Customer> findAllCust();
}
```

映射文件 CustomerMapper.xml 如代码清单 11-4 所示。

代码清单 11-4：映射文件 CustomerMapper.xml（源代码为 ch11-1）

```xml
<?xml version="1.0" encoding="UTF-8" ?>
<!DOCTYPE mapper
PUBLIC "-//ibatis.apache.org//DTD Mapper 3.0//EN"
"http://ibatis.apache.org/dtd/ibatis-3-mapper.dtd">
<mapper namespace="spring.mybatis.dao.CustomerMapper">
    <select id="findAllCust" resultType="Customer">
        select custid,name,age from customer
    </select>
</mapper>
```

在 src 目录下创建 MyBatis 的 XML 配置文件 mybatis_config.xml，如代码清单 11-5 所示。

代码清单 11-5：MyBatis 的 XML 配置文件 mybatis_config.xml（源代码为 ch11-1）

```xml
<?xml version="1.0" encoding="UTF-8"?>
<!DOCTYPE configuration
    PUBLIC "-//mybatis.org//DTD Config 3.0//EN"
    "http://mybatis.org/dtd/mybatis-3-config.dtd">
<configuration>
    <!-- MyBatis 日志输出方式配置，控制输出 SQL 语句及运行结果 -->
    <settings>
        <setting name="logImpl" value="STDOUT_LOGGING" />
    </settings>
    <!-- 配置类别名 -->
    <typeAliases>
        <!-- <typeAlias type="spring.mybatis.entity.Customer" alias="customer" /> -->
```

```
        <package name="spring.mybatis.entity"/>
    </typeAliases>
    <!-- 配置需要加载的 SQL 映射器文件的路径-->
    <mappers>
        <!-- <mapper resource="spring/mybatis/dao/CustomerMapper.xml" /> -->
        <package name="spring.mybatis.dao"/>
    </mappers>
</configuration>
```

<typeAliases>标签用于实现 MyBatis 框架内类的别名配置，代码中使用<typeAlias type="spring.mybatis.entity.Customer" alias="customer" />将类 Customer 的别名配置为 customer，但此方式的缺点是每增加一个实体类都需要加上对应的类配置。除了这种配置方式外，还可以使用<package name="spring.mybatis.entity"/>对 entity 包下的所有实体类进行别名的批量配置，即包下所有类的别名就是首字母小写的类名，如 Customer 类的别名为 customer。

<mappers>标签是用来配置需要加载的 SQL 映射文件的。代码<mapper resource="dao/CustomerMapper.xml" />使用相对路径的方式进行了配置。除了这种方式外，还可以使用绝对路径、接口信息或接口所在包的方式进行配置。例如，<package name="spring.mybatis.dao"/>用于将该包下的所有 XML 文件都作为 SQL 映射文件进行加载。

在 src 目录下创建 Spring 的 XML 配置文件 spring-servlet.xml，对于 MyBatis+Spring 的整合将在该文件中进行配置，如代码清单 11-6 所示。

代码清单 11-6：Spring 的 XML 配置文件 spring-servlet.xml（源代码为 ch11-1）

```
<beans xmlns="http://www.springframework.org/schema/beans"
    xmlns:mvc="http://www.springframework.org/schema/mvc" xmlns:xsi=
"http://www.w3.org/2001/XMLSchema-instance"
    xmlns:context="http://www.springframework.org/schema/context"
    xsi:schemaLocation="http://www.springframework.org/schema/beans
    http://www.springframework.org/schema/beans/spring-beans.xsd
    http://www.springframework.org/schema/context
    http://www.springframework.org/schema/context/spring-context.xsd
    http://www.springframework.org/schema/mvc
    http://www.springframework.org/schema/mvc/spring-mvc.xsd">
    <!-- 1.配置数据源 -->
    <bean id="dataSource"
        class="org.springframework.jdbc.datasource.DriverManagerDataSource">
        <property name="driverClassName" value="com.mysql.cj.jdbc.Driver" />
        <property name="url" value="jdbc:mysql://localhost:3306/spring?serverTimezone=
GMT" />
        <property name="username" value="root" />
        <property name="password" value="root" />
    </bean>
```

```
<!-- 2.配置 MyBatis：配置 SqlSessionFactory -->
<bean id="sqlSessionFactory" class="org.mybatis.spring.SqlSessionFactoryBean">
    <property name="dataSource" ref="dataSource" />
    <property name="configLocation" value="classpath:mybatis_config.xml">
</property>
</bean>
<!-- 3.Spring 和 MyBatis 整合：配置扫描 DAO 接口的包，动态实现 DAO 接口，注入 Spring
容器 -->
<bean class="org.mybatis.spring.mapper.MapperScannerConfigurer">
    <!-- 给出需要扫描的 DAO 接口包，setter 注入-->
    <property name="basePackage" value="spring.mybatis.dao" />
    <property name="sqlSessionFactoryBeanName" value="sqlSessionFactory">
</property>
</bean>
<!-- 4.注解注入-->
<context:component-scan base-package="spring.mybatis.dao" />
</beans>
```

配置文件的步骤如下：配置数据源；配置 MyBatis，即配置 SqlSessionFactory，通过依赖注入的方式将 dataSource、MyBatis 的 XML 配置文件注入 SqlSessionFactory；注入 SqlSessionFactory 和映射器对象，告诉 Spring 容器应以 spring.mybatis.dao 包为根进行扫描，查找 MyBatis 的映射器对象和 SQL 映射文件，使用 sqlSessionFactoryBeanName 方式对实例化的 SqlSessionFactory 进行注入，最终实现 Spring 和 MyBatis 的整合；注解注入，配置 spring.mybatis.dao 作为数据持久层组件的根包以进行扫描，获取数据持久层组件对象。

在 src 目录下创建 spring.mybatis.test 包，在包下创建测试类 Test.java。定义测试类中的 main()方法，对 MyBatis+Spring 整合应用案例进行测试。测试类 springmybatisTest.java 如代码清单 11-7 所示。

代码清单 11-7：测试类 springmybatisTest.java（源代码为 ch11-1）

```
package spring.mybatis.test;
import org.springframework.context.ApplicationContext;
import org.springframework.context.support.ClassPathXmlApplicationContext;
import spring.mybatis.dao.CustomerMapper;
public class Test {
    public static void main(String[] args) {
        ApplicationContext context =
                        new ClassPathXmlApplicationContext("spring-servlet.xml");
        //通过 Spring 容器获取 Bean 实例 helloBean
        CustomerMapper mapper = (CustomerMapper)
context.getBean(CustomerMapper.class);
        //调用实例中的 print()方法
        mapper.findAllCust();
    }
}
```

运行 main()方法，MyBatis+Spring 的整合运行效果如图 11-2 所示。

```
<terminated> springmybatisTest [Java Application] C:\Program Files\Java\jre1.8.0_91\bin\javaw.exe (2019年10月4日 下午3:19:20)
Logging initialized using 'class org.apache.ibatis.logging.stdout.StdOutImpl' adapter.
Creating a new SqlSession
SqlSession [org.apache.ibatis.session.defaults.DefaultSqlSession@7334aada] was not reg
JDBC Connection [com.mysql.cj.jdbc.ConnectionImpl@6b09fb41] will not be managed by Spr
==>  Preparing: select custid,name,age from customer
==> Parameters:
<==    Columns: custid, name, age
<==        Row: 1, 张三, 22
<==        Row: 3, 李四, 33
<==        Row: 2, 王五, 2
<==      Total: 3
Closing non transactional SqlSession [org.apache.ibatis.session.defaults.DefaultSqlSes
```

图 11-2　MyBatis+Spring 的整合运行效果

11.2　Spring、Spring MVC 和 MyBatis 整合

11.1 节介绍了 Spring 与 MyBatis 的整合，但实际应用中常需要通过浏览器页面来执行一些业务操作或显示业务操作结果，这时就需要在 Spring+MyBatis 的基础上再与 Spring MVC 整合。Spring MVC 作为 Spring 框架的一个模块，是不需要特殊配置的，引入相应的 JAR 包来直接使用即可。因此，Spring、Spring MVC 和 MyBatis 整合的配置仍在于 Spring 与 MyBatis 的整合，以及 Spring MVC 与 MyBatis 的整合。

下面通过一个具体项目案例对 Spring、Spring MVC 和 MyBatis 的整合及开发过程进行介绍。项目案例采用分层的方式进行架构设计：视图层+控制层+业务逻辑层+数据持久层+数据库层。Spring、Spring MVC 和 MyBatis 三大框架与各分层间存在以下关系。

（1）Spring：主要负责管理除了视图和数据库之外的 Java 类和这些类之间的关系，从而达到细化业务逻辑层、更深层次地降低耦合度的目的。

（2）Spring MVC：主要负责对控制层的管理，会对视图页面之间的跳转进行控制。

（3）MyBatis：实现数据库的访问，属于数据持久层。

首先，新建 Web 项目 ch11-2，下载整合需要的 JAR 包并将其放到 WEB-INF/lib 文件夹下，在 ch11-2 上单击鼠标右键，在弹出的快捷菜单中选择"build-path"→"configure build path"选项，将 JAR 包导入项目，SSM 框架项目 JAR 包如图 11-3 所示。

图 11-3　SSM 框架项目 JAR 包

在 src 目录下创建 config 包，在包下创建 SSM 框架项目相关配置文件，包括数据库常量配置文件 db.properties、Spring 的 XML 配置文件 applicationContext.xml、Spring MVC 的 XML 配置文件 springmvc-servlet.xml，以及 MyBatis 的 XML 配置文件 mybatis_config.xml。db.properties 用于对数据库连接的常量，如连接地址、用户名、密码等进行配置，如代码清单 11-8 所示。

代码清单 11-8：db.properties（源代码为 ch11-2）

```
jdbc.driver=com.mysql.cj.jdbc.Driver
jdbc.url=jdbc:mysql://localhost:3306/spring?serverTimezone=GMT
jdbc.username=root
jdbc.password=root
```

applicationContext.xml 主要针对 Spring 容器管理的组件进行配置，包括常量文件加载、数据源配置、MyBatis 的 SqlSessionFactory 对象配置、Spring 与 MyBatis 整合配置、注解扫描注入配置等，如代码清单 11-9 所示。

代码清单 11-9：applicationContext.xml（源代码为 ch11-2）

```
<beans xmlns="http://www.springframework.org/schema/beans"
    xmlns:mvc="http://www.springframework.org/schema/mvc"
xmlns:xsi="http://www.w3.org/2001/XMLSchema-instance"
    xmlns:context="http://www.springframework.org/schema/context"
    xsi:schemaLocation="http://www.springframework.org/schema/beans
        http://www.springframework.org/schema/beans/spring-beans.xsd
        http://www.springframework.org/schema/context
        http://www.springframework.org/schema/context/spring-context.xsd
        http://www.springframework.org/schema/mvc
        http://www.springframework.org/schema/mvc/spring-mvc.xsd
        ">
<!--读取 db.properties -->
<context:property-placeholder location="classpath:config/db.properties"/>
<!-- 配置 MyBatis：配置 SqlSessionFactory -->
<bean id="dataSource"
    class="org.springframework.jdbc.datasource.DriverManagerDataSource">
        <!--数据库驱动 -->
        <property name="driverClassName" value="${jdbc.driver}" />
        <!--连接数据库的 URL -->
        <property name="url" value="${jdbc.url}" />
        <!--连接数据库的用户名 -->
        <property name="username" value="${jdbc.username}" />
        <!--连接数据库的密码 -->
        <property name="password" value="${jdbc.password}" />
</bean>
<bean id="sqlSessionFactory" class="org.mybatis.spring.SqlSessionFactoryBean">
        <property name="dataSource" ref="dataSource" />
        <property name="configLocation" value="classpath:config/mybatis_config.xml">
```

```
</property>
        </bean>
            <!-- Spring 和 MyBatis 整合:配置扫描 DAO 接口的包,动态实现 DAO 接口,注入 Spring
容器 -->
        <bean class="org.mybatis.spring.mapper.MapperScannerConfigurer">
            <!-- 给出需要扫描的 DAO 接口包, setter 注入-->
            <property name="basePackage" value="ssm.dao" />
            <property name="sqlSessionFactoryBeanName"
value="sqlSessionFactory"></property>
        </bean>
        <!-- 注解注入-->
        <context:component-scan base-package="ssm.service" />
        <context:component-scan base-package="ssm.dao" />
        <mvc:annotation-driven/>
    </beans>
```

springmvc-servlet.xml 主要用于对 Spring MVC 的注解注入和视图解析器进行配置，如代码清单 11-10 所示。

代码清单 11-10：springmvc-servlet.xml（源代码为 ch11-2）

```
<beans xmlns="http://www.springframework.org/schema/beans"
    xmlns:mvc="http://www.springframework.org/schema/mvc"
xmlns:xsi="http://www.w3.org/2001/XMLSchema-instance"
    xmlns:context="http://www.springframework.org/schema/context"
    xsi:schemaLocation="http://www.springframework.org/schema/beans
        http://www.springframework.org/schema/beans/spring-beans.xsd
        http://www.springframework.org/schema/context
        http://www.springframework.org/schema/context/spring-context.xsd
        http://www.springframework.org/schema/mvc
        http://www.springframework.org/schema/mvc/spring-mvc.xsd
        ">
    <!-- 注解注入-->
    <context:component-scan base-package="ssm.action" />
    <mvc:annotation-driven/>
    <!-- 配置视图解析器 -->
    <bean
        class="org.springframework.web.servlet.view.InternalResourceViewResolver">
        <property name="prefix" value="/WEB-INF/views/" />
        <property name="suffix" value=".jsp" />
    </bean>
</beans>
```

mybatis_config.xml 主要根据 POJO 类路径进行别名配置和映射器配置，如代码清单 11-11 所示。

代码清单 11-11：mybatis_config.xml（源代码为 ch11-2）

代码清单 11-11：mybatis_config.xml（源代码为 ch11-2）

```xml
<?xml version="1.0" encoding="UTF-8"?>
<!DOCTYPE configuration
    PUBLIC "-//mybatis.org//DTD Config 3.0//EN"
    "http://mybatis.org/dtd/mybatis-3-config.dtd">
<configuration>
    <settings>
        <setting name="logImpl" value="STDOUT_LOGGING" />
    </settings>
    <typeAliases>
        <typeAlias type="ssm.entity.Customer" alias="Customer" />
    </typeAliases>
    <mappers>
        <mapper resource="ssm/dao/CustomerMapper.xml" />
    </mappers>
</configuration>
```

在 web.xml 中对 Spring 的文件监听器、Spring MVC 的前端控制器等进行配置，如代码清单 11-12 所示。

代码清单 11-12：web.xml（源代码为 ch11-2）

```xml
<?xml version="1.0" encoding="UTF-8"?>
<web-app xmlns:xsi="http://www.w3.org/2001/XMLSchema-instance" xmlns="http://java.
sun.com/xml/ns/j2ee" xmlns:web="http://xmlns.jcp.org/xml/ns/javaee" xsi:schemaLocation=
"http://java.sun.com/xml/ns/j2ee http://java.sun.com/xml/ns/j2ee/web-app_2_4.xsd
http://xmlns.jcp.org/xml/ns/javaee http://java.sun.com/xml/ns/javaee/web-app_2_5.xsd"
id="WebApp_ID" version="2.4">
    <!-- 配置加载 Spring 文件的监听器-->
    <context-param>
        <param-name>contextConfigLocation</param-name>
        <param-value>classpath:config/applicationContext.xml</param-value>
    </context-param>
    <listener>
        <listener-class>
            org.springframework.web.context.ContextLoaderListener
        </listener-class>
    </listener>
  <servlet>
  <servlet-name>spring</servlet-name>
  <servlet-class>org.springframework.web.servlet.DispatcherServlet</servlet-class>
        <init-param>
            <param-name>contextConfigLocation</param-name>
            <param-value>classpath:config/springmvc-servlet.xml</param-value>
        </init-param>
        <!-- 配置服务器启动后立即加载 Spring MVC 的 XML 配置文件 -->
```

```
            <load-on-startup>1</load-on-startup>
        </servlet>
        <servlet-mapping>
            <servlet-name>spring</servlet-name>
            <url-pattern>*.do</url-pattern>
        </servlet-mapping>
        <welcome-file-list>
            <welcome-file>index.jsp</welcome-file>
        </welcome-file-list>
    </web-app>
```

各配置文件配置完成后，在 src 目录下创建 ssm.entity 包，在包下创建持久化类
Customer.java，如代码清单 11-13 所示。

代码清单 11-13：持久化类 Customer.java（源代码为 ch11-2）

```java
package ssm.entity;
public class Customer {        int id;
    String custId;
    String name;
    int age;
    public String getCustId() {
        return custId;
    }
    public void setCustId(String custId) {
        this.custId = custId;
    }
    public String getName() {
        return name;
    }
    public void setName(String name) {
        this.name = name;
    }
    public int getAge() {
        return age;
    }
    public void setAge(int age) {
        this.age = age;
    }
}
```

在 src 目录下创建 ssm.dao 包，在包下创建 Mapper 接口 CustMybatisDao.java
和映射文件 CustomerMapper.xml，并对数据持久层的数据持久化处理操作进行模拟。
Mapper 接口 CustMybatisDao.java 如代码清单 11-14 所示。

代码清单 11-14：Mapper 接口 CustMybatisDao.java（源代码为 ch11-2）

```java
package ssm.dao;
```

```
import java.util.List;
import java.util.Map;
public interface CustMybatisDao {
    //获取所有客户信息
    public List<Map<String, Object>> findAllCust();
}
```

映射文件 CustomerMapper.xml 如代码清单 11-15 所示。

代码清单 11-15：映射文件 CustomerMapper.xml（源代码为 ch11-2）

```xml
<?xml version="1.0" encoding="UTF-8" ?>
<!DOCTYPE mapper
PUBLIC "-//ibatis.apache.org//DTD Mapper 3.0//EN"
"http://ibatis.apache.org/dtd/ibatis-3-mapper.dtd">
 <mapper namespace="ssm.dao.CustMybatisDao">
    <select id="findAllCust" resultType="Customer">
        select custid,name,age from customer
    </select>
</mapper>
```

要实现 Mapper 接口 CustMybatisDao.java 和映射文件 CustomerMapper.xml 的对接，必须在 MyBatis 的 XML 配置文件中使用<mappers>标签配置<mapper resource="ssm/dao/CustomerMapper.xml" />，具体可参看 mybatis_config.xml 代码（代码清单 11-11）。或者在 applicationContext.xml 文件中使用包扫描形式扫描所有接口及映射文件。例如，可配置 MapperScannerConfigurer 如下。

```xml
<bean class="org.mybatis.spring.mapper.MapperScannerConfigurer">
    <property name="basePackage" value="ssm.dao" />
</bean>
```

根据上述配置，ssm.dao 包下的接口及映射器均可被扫描。

在 src 目录下创建 ssm.service 包，在包下定义 CustomerService.java 业务类，使用@Service 注解来标记该类为业务逻辑层的实现类，使用@Resource 注解将 CustMybatisDao 接口对象注入当前类，在类中定义获取所有客户信息的方法，如代码清单 11-16 所示。

代码清单 11-16：CustomerService.java（源代码为 ch11-2）

```java
package ssm.service;
import java.util.List;
import java.util.Map;
import javax.annotation.Resource;
import org.springframework.stereotype.Service;
import ssm.dao.CustMybatisDao;
@Service
public class CustomerService {
    @Resource
    private CustMybatisDao mybatisdao;
```

```
        //查看所有客户信息
        public List<Map<String, Object>> findAllCust() {
            List list=mybatisdao.findAllCust();
            return list;
        }
    }
```

在 src 目录下创建 ssm.action 包，在包下定义用于处理页面请求的 CustomerAction.
java 控制器类，使用@Controller 注解标记该类为控制器类，使用@Autowired 注解将
CustomerService 注入当前类，在类中定义请求处理方法 getCustomerList()，该方法
将会返回视图名为 customerList 的 JSP 页面，并通过 Model 对象将数据绑定到视图中。
控制器类 CustomerAction.java 如代码清单 11-17 所示。

代码清单 11-17：控制器类 CustomerAction.java（源代码为 ch11-2）

```
package ssm.action;
import java.util.List;
import java.util.Map;
import org.springframework.beans.factory.annotation.Autowired;
import org.springframework.stereotype.Controller;
import org.springframework.ui.Model;
import org.springframework.web.bind.annotation.RequestMapping;
import ssm.service.CustomerService;
@Controller
public class CustomerAction {
    @Autowired
    public CustomerService customerService;
    //查看所有客户信息
    @RequestMapping("/custList.do")
    private String getCustomerList(Model model){
        List<Map<String, Object>> custList1 = customerService.findAllCust();
        model.addAttribute("custList2",custList1);
        return "customerList";
    }
}
```

在 WEB-INF 目录下创建 views 文件夹，在文件夹下创建 customerList.jsp 页面，在
页面中通过 EL 表达式来获取后台控制层通过 Model 对象返回的客户信息。customerList.
jsp 如代码清单 11-18 所示。

代码清单 11-18：customerList.jsp（源代码为 ch11-2）

```
<%@ page language="java" contentType="text/html; charset=utf-8"
    pageEncoding="utf-8"%>
<%@ taglib prefix="c" uri="http://java.sun.com/jsp/jstl/core"%>
<html>
<head>
<meta http-equiv="Content-Type" content="text/html; charset=utf-8">
```

```
    <title>客户信息列表</title>
</head>
<body>
    <h2>客户信息列表</h2>
    <table border="1">
        <tr>
            <th>id</th>
            <th>姓名</th>
            <th>年龄</th>
        </tr>
        <c:forEach items="${custList2}" var="cust">
            <tr>
                <td>${cust.custId}</td>
                <td>${cust.name}</td>
                <td>${cust.age}</td>
            </tr>
        </c:forEach>
    </table>
</body>
</html>
```

由于在 web.xml 文件中配置了系统欢迎页面为 index.jsp，因此，还需要在
WebContent 目录下创建 index.jsp，如代码清单 11-19 所示。

代码清单 11-19：index.jsp（源代码为 ch11-2）

```
<%@ page language="java" contentType="text/html;charset=UTF-8"
    pageEncoding="UTF-8"%>
<!DOCTYPE html>
<html>
<head>
<meta charset="UTF-8">
<title>Insert title here</title>
</head>
<body>
    <a href="custList.do">查看所有客户信息</a><br>
</body>
</html>
```

将项目发布到 Tomcat 服务器上并运行，index.jsp 页面运行效果如图 11-4 所示。

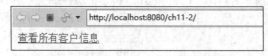

图 11-4　index.jsp 页面运行效果

单击"查看所有客户信息"超链接，进入客户信息列表页面，其运行效果如图 11-5
所示。

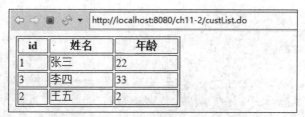

图 11-5　客户信息列表页面运行效果

11.3　本章小结

本章主要介绍了 Spring、Spring MVC 和 MyBatis 的整合，先对 Spring 和 MyBatis 的整合进行了介绍，又对 Spring、Spring MVC 和 MyBatis 的整合进行了介绍。SSM 框架是目前较为流行的框架，掌握其整合技术已成为专业开发人员的必备技能。

11.4　练习与实践

【练习】
简述 SSM 框架整合过程中需要配置哪些 XML 配置文件，并对配置内容进行简要描述。

【实践】
结合 11.2 节中 SSM 框架整合的步骤，上机练习搭建 SSM 框架，并基于 SSM 框架模拟实现学生信息查看功能。

提示步骤如下。

① 创建 Web 项目 springMvcMyBatis，导入类库。

② 创建项目首页文件 index.jsp，编写"查看学生信息"超链接。

③ 创建并编写 XML 配置文件 web.xml。

④ 测试 web.xml 配置，运行项目，进入 index.jsp 页面。如果页面正常显示，则继续按下面的步骤操作。

⑤ 创建业务实体类，如 Student.java。

⑥ 在控制层创建控制器类（如 StudentAction.java），在业务逻辑层创建业务处理类（如 StudentService.java），在 DAO 层创建数据处理类（如 StudentDao.java），并在各层类中定义请求处理方法。

⑦ 创建并编写 spring-servlet.xml 文件。在文件中进行注解并注入配置，完成项目分层设计，如控制层、业务逻辑层、DAO 层等。

⑧ 在 spring-servlet.xml 文件中配置视图解析器。

⑨ 创建 mybatis-config.xml 文件。

⑩ 创建映射器文件，如 studentMapper.xml。

⑪ 完成 mybatis-config.xml 文件配置后，在 spring-servlet.xml 文件中引入 MyBatis 配置。

⑫ 创建学生信息显示页面，如 student_list.jsp。

⑬ 运行项目，单击首页中的"查看学生信息"超链接，将显示所有学生的信息。

第 12 章
Spring AOP和事务管理

12

AOP 即面向切面编程，其通过预编译方式和运行期动态代理实现程序功能的统一维护。它是对传统面向对象编程的补充，目前已发展为一种比较成熟的编程技术。实际开发中，对于数据库的操作往往会涉及事务管理问题，Spring 框架中提供了 AOP 技术来实现事务管理。

▶ 学习目标

① 理解 AOP 的概念。
② 掌握 Spring 框架下如何基于 XML 文件或注解实现 AOP 的应用。

③ 理解事务管理的概念。
④ 掌握 Spring 框架下如何实现声明式事务管理。

12.1 Spring AOP

目前大部分的业务系统实现均采用 OOP 方式，按照业务对象对系统进行抽象和定义。对于事务控制、权限控制、日志控制等一些非业务逻辑的控制，如果它们被分散到各个业务模块中进行定义，那么当某个业务模块关闭或需要修改时，势必会对非业务逻辑控制（如事务控制、日志控制等）的代码产生影响。这样不仅增加了程序开发人员的工作量，还可能提高代码的出错率。

AOP 刚好为此问题提供了解决方案，在不影响原来功能的代码的基础上，其采用横向抽取的方式，将分散在各个业务模块中实现非业务操作（如权限的验证、事务的控制、日志的记录等）的重复代码提取出来，定义为一些独立个体；在程序编译或运行时，通过动态代理的方式将这些非业务操作的独立个体加入到主业务流程中；即使以后根据需求要移除这些非业务操作，也不会影响主业务流程。

12.1.1 什么是 Spring AOP

AOP 的主要编程对象是切面。要想理解切面的概念，就要先理解什么是"面"？从日常生活中来看，常常听说"以点代面"这句话，点表示个体，面表示群体。也就是说，一个群体都要做的相同的事情就是面。例如，大家每天都要进一道门，门上设置了指纹锁，大家都要经过指纹开锁后才能进门，"刷指纹进门"这个动作就是一个涉及"面"的动作。那么将"面"的概念引入到软件开发过程中，又该如何理解呢？

现代的软件开发过程中多采用 OOP，并采用了"分层"的理念进行项目的开发构建。如常采用的 MVC，项目的每一层是一个对象或多个对象。现在假如有一个成绩管理系统，其分层架构如图 12-1 所示。

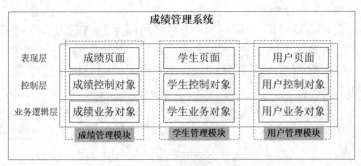

图 12-1　成绩管理系统分层架构

该系统包括成绩管理、学生管理、用户管理等模块，并按表现层、控制层、业务逻辑层的三层结构进行了分层架构。假如项目中，针对成绩管理模块、学生管理模块、用户管理模块和其他的业务模块的修改操作，都需要进行日志记录，则该如何实现呢？

如果按照 OOP 的思路，首先需要新建一个日志类，类中提供记录日志的方法。之后可以在控制层或业务逻辑层对日志记录方法进行调用。当然，按照这种方式可以实现日志记录功能，但是会存在一些问题，如日志记录与主业务流程有没有关系，如果没有进行日志记录是否影响主业务流程（如修改流程）的执行。日志记录一旦被遗漏，就很难被发现，而且不易检测并处理。此外，按照这种方式将产生大量重复的代码，难以修改和维护，也将对软件产品的质量产生影响。应如何解决这个问题呢？解决方案就是统一处理，"横切一刀"，横切方式如图 12-2 所示。

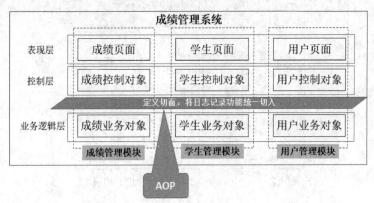

图 12-2　横切方式

在成绩管理系统中，可以在成绩管理、学生管理、用户管理等模块的业务逻辑层和控制层间横切一刀，切出一个面。通过切面分别在各个模块的方法中加入日志记录功能，从而实现日志记录功能的统一处理。这就是 AOP 的应用，AOP 是 OOP 的补充，可以实现对目标程序功能的增强。同时，使用 AOP 可使开发人员在编写业务逻辑时能够专心于核心业务，而不用过多地关注其他非业务逻辑功能的实现。这不但提高了开发效率，而且增强了代码的可维护性。

在 AOP 的应用中，除切面外还会用到其他术语，包括通知（Advice）、切入点（Pointcut）、目标对象（Target）、织入、代理对象（Proxy）等。下面介绍 AOP 常用术语的含义。

（1）切面：切面=通知+切入点，通常指封装后的用户横向切入主业务流程中的非业务逻辑实现类，如事务管理、日志记录等。

（2）通知：即增强处理，具体指在定义好的切入点处要执行的增强处理程序代码，如执行日志记录操作的代码。

（3）切入点：指切面与目标业务程序的交叉点，一般切入点指的是类或方法。如果某个通知要应用于所有以 delete 开头的方法，则所有满足这一规则的方法都是切入点。

（4）目标对象：通知被应用的对象，使其成为目标。

（5）织入：指有了切面和待切入的目标对象的切入点以后，通过生成代理对象的方式将切面代码插入目标对象的过程。

（6）代理对象：指将通知应用到目标对象后，被动态创建的对象。代理指为别人的业务提供增值服务。例如，房屋代理公司为购房人的购房业务提供增值服务。成绩管理系统中通过代理对象对系统各模块的功能进行了增强，即增加了日志记录功能。

下面将通过一个具体项目的代码实现，介绍如何采用 AOP 的理念通过代理对象的方式，实现成绩管理系统中日志记录功能的模拟，从而对 AOP 的概念进行进一步的学习。项目构建步骤如下。

（1）准备 Spring 和 AOP 使用到的类库（JAR 包）。在 Spring 核心 JAR 包的基础上，还需要新增 AOP 的 JAR 包：spring-aop-5.1.6.RELEASE.jar 和 aopalliance-1.0.jar。Spring 和 AOP 用到的 JAR 包如图 12-3 所示。

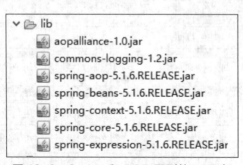

图 12-3　Spring 和 AOP 用到的 JAR 包

（2）新建 Web 项目 ch12-1，在项目中导入已准备好的 JAR 包。创建包 springmvc. aop.bean，在包下分别针对成绩管理系统中的用户管理、成绩管理和学生管理等主业务模块创建接口和实现类。针对用户管理模块创建 UserDao.java 接口及 UserDaoImpl.java 实现类，在实现类中通过控制台输出字符串的方式模拟实现添加用户和删除用户信息的主业务方法。UserDao.java 接口如代码清单 12-1 所示。

代码清单 12-1：UserDao.java 接口（源代码为 ch12-1）

```
package springmvc.aop.bean;
```

```
public interface UserDao {
    public void addUser();
    public void deleteUser();
}
```

UserDaoImpl.java 实现类如代码清单 12-2 所示。

代码清单 12-2：UserDaoImpl.java 实现类（源代码为 ch12-1）

```
// 目标对象：用户管理模块
@Repository("userDao")
public class UserDaoImpl implements UserDao {
    public void addUser() {
//        int i = 10/0;
        System.out.println("添加用户");
    }
    public void deleteUser() {
        System.out.println("====用户管理模块：删除用户====");
    }
}
```

针对成绩管理模块创建 ScoreDao.java 接口及 ScoreDaoImpl.java 实现类，在实现类中通过控制台输出字符串的方式模拟实现添加成绩和删除成绩信息的主业务方法。ScoreDao.java 接口如代码清单 12-3 所示。

代码清单 12-3：ScoreDao.java 接口（源代码为 ch12-1）

```
package springmvc.aop.bean;
public interface ScoreDao {
    public void addScore();
    public void deleteScore();
}
```

ScoreDaoImpl.java 实现类如代码清单 12-4 所示。

代码清单 12-4：ScoreDaoImpl.java 实现类（源代码为 ch12-1）

```
// 目标对象：成绩管理模块
@Repository("scoreDao")
public class ScoreDaoImpl implements ScoreDao {
    public void addScore() {
//        int i = 10/0;
        System.out.println("添加成绩");
    }
    public void deleteScore() {
        System.out.println("====成绩管理模块：删除成绩====");
    }
}
```

针对学生管理模块创建 StudentDao.java 接口及 StudentDaoImpl.java 实现类，在实现类中通过控制台输出字符串的方式模拟实现添加学生和删除学生信息的主业务方法。StudentDao.java 接口如代码清单 12-5 所示。

代码清单 12-5：StudentDao.java 接口（源代码为 ch12-1）

```
package springmvc.aop.bean;
public interface StudentDao {
    public void addStudent();
    public void deleteStudent();
}
```

StudentDaoImpl.java 实现类如代码清单 12-6 所示。

代码清单 12-6：StudentDaoImpl.java 实现类（源代码为 ch12-1）

```
// 目标对象：学生管理模块
@Repository("studentDao")
public class StudentDaoImpl implements StudentDao {
    public void addStudent() {
//        int i = 10/0;
        System.out.println("添加学生信息");
    }
    public void deleteStudent() {
        System.out.println("====学生管理模块：删除学生信息====");
    }
}
```

（3）在 src 目录下创建 springmvc.aop.aspect 包，在包下定义切面类 MyAspect.java，该切面类就是要织入主业务流程（如用户管理、成绩管理等）的增强功能（如日志记录、事务处理等）。MyAspect.java 通过控制台输出字符串的方式对日志记录功能进行了模拟。切面类 MyAspect.java 如代码清单 12-7 所示。

代码清单 12-7：切面类 MyAspect.java（源代码为 ch12-1）

```
// 切面类
public class MyAspect implements MethodInterceptor {
    @Override
    public Object invoke(MethodInvocation mi) throws Throwable {
        // 执行目标方法
        Object obj = mi.proceed();
        log();
        return obj;
    }
    public void log(){
        System.out.println("记录日志......");
    }
}
```

MyAspect.java 类作为切面类，需要实现由 AOP 联盟提供的规范包 aopalliance-1.0.jar 中的 org.aopalliance.intercept.MethodInterceptor 接口，同时需要在接口中实现 invoke()方法来执行目标方法 log()，从而将增强功能（即记录日志）切入主业务流程中执行。

（4）在 springmvc.aop.aspect 包下创建 Spring 的 XML 配置文件 applicationContext.
xml。在该文件中，模拟成绩管理系统，对主业务模块（成绩管理、学生管理、用户管理
等模块）进行实例化配置，对增强处理程序进行实例化配置，对 AOP 的代理对象进行
配置，在代理对象配置过程中实现切入点配置和切面织入。applicationContext.xml 文
件配置如代码清单 12-8 所示。

代码清单 12-8：applicationContext.xml 文件配置（源代码为 ch12-1）

```xml
<?xml version="1.0" encoding="UTF-8"?>
<beans xmlns="http://www.springframework.org/schema/beans"
    xmlns:xsi="http://www.w3.org/2001/XMLSchema-instance"
    xsi:schemaLocation="http://www.springframework.org/schema/beans
    http://www.springframework.org/schema/beans/spring-beans.xsd">
    <!--待切入的目标对象（业务模块类） -->
    <bean id="userDao" class="springmvc.aop.bean.UserDaoImpl" />
    <bean id="studentDao" class="springmvc.aop.bean.StudentDaoImpl" />
    <bean id="scoreDao" class="springmvc.aop.bean.ScoreDaoImpl" />
    <!--需统一进行切入的切面类 -->
    <bean id="myAspect" class="springmvc.aop.aspect.MyAspect" />
    <!--使用 Spring 代理工厂为各个功能模块定义一个代理对象 -->
    <!-- 定义一个名称为 userDaoProxy 的代理对象 -->
    <bean id="userDaoProxy"
            class="org.springframework.aop.framework.ProxyFactoryBean">
        <!-- 指定代理对象实现的接口-->
        <property name="proxyInterfaces"
                        value="springmvc.aop.bean.UserDao" />
        <!-- 指定目标对象、切入点 -->
        <property name="target" ref="userDao" />
        <!-- 指定切面，织入环绕通知 -->
        <property name="interceptorNames" value="myAspect" />
    </bean>
    <!-- 定义一个名称为 studentDaoProxy 的代理对象 -->
    <bean id="studentDaoProxy"
            class="org.springframework.aop.framework.ProxyFactoryBean">
        <property name="proxyInterfaces"
                        value="springmvc.aop.bean.StudentDao" />
        <property name="target" ref="studentDao" />
        <property name="interceptorNames" value="myAspect" />
        <!-- 指定代理方式，true 表示使用 CGLIB；false(默认)表示使用 JDK 动态代理
        <property name="proxyTargetClass" value="true" />-->
    </bean>
    <!-- 定义一个名称为 scoreDaoProxy 的代理对象 -->
    <bean id="scoreDaoProxy"
```

```
                class="org.springframework.aop.framework.ProxyFactoryBean">
            <property name="proxyInterfaces"
                            value="springmvc.aop.bean.ScoreDao" />
            <property name="target" ref="scoreDao" />
            <property name="interceptorNames" value="myAspect" />
            <!-- 指定代理方式，true 表示使用 CGLIB；false(默认)表示使用 JDK 动态代理
            <property name="proxyTargetClass" value="true" />-->
        </bean>
    </beans>
```

在 XML 配置文件中，通过<bean>标签分别对目标对象（业务模块类）和切面类进行了定义。先使用<bean>标签分别对目标对象的代理对象进行定义，即使用 Spring 代理工厂为各个功能模块（即成绩管理、学生管理、用户管理 3 个模块）分别定义一个代理对象；再使用<bean>标签的子标签<property>对代理对象实现的接口、代理对象的目标对象、需要织入的目标对象和代理方式进行配置。

代理对象的配置是一个非常重要的环节，这里以用户管理模块的代理对象（id="userDaoProxy"）的配置为例进行介绍。首先，需要针对用户管理模块的代理对象进行实例化配置，实例化一个代理对象 userDaoProxy。其次，在代理对象实例化的过程中需要对将被代理的用户管理模块接口进行注入、对需要切入主业务流程中的日志记录功能的切面类的切入点进行配置，即将目标对象 userDao 作为日志记录功能的切入点注入代理对象。最后，要实现织入操作，即将实现日志记录功能的切面类 myAspect 织入用户管理模块的主业务流程。至此，针对用户管理模块使用 AOP 实现日志记录功能切入的相关配置就完成了。对于学生管理和成绩管理模块的配置与用户管理模块是相同的，因此不再详述。

（5）在 src 目录下创建 springmvc.aop.test 包，在包下创建测试类 aopTest.java。在 main()方法中启动 Spring 容器，获取代理对象的实例，执行业务处理方法。测试类 aopTest.java 如代码清单 12-9 所示。

代码清单 12-9：测试类 aopTest.java（源代码为 ch12-1）

```java
// 测试类
public class aopTest {
    public static void main(String args[]) {
        String xmlPath = "springmvc/aop/aspect/applicationContext.xml";
        ApplicationContext applicationContext =
                                new ClassPathXmlApplicationContext(xmlPath);
        // 从 Spring 容器中获得代理对象
        UserDao userDao =
                    (UserDao) applicationContext.getBean("userDaoProxy");
        StudentDao studentDao =
                (StudentDao) applicationContext.getBean("studentDaoProxy");
        ScoreDao scoreDao =
                (ScoreDao) applicationContext.getBean("scoreDaoProxy");
```

```
    // 执行方法，进行业务处理
    userDao.deleteUser();
    studentDao.deleteStudent();
    scoreDao.deleteScore();
  }
}
```

（6）运行 main()方法，运行效果如图 12-4 所示。

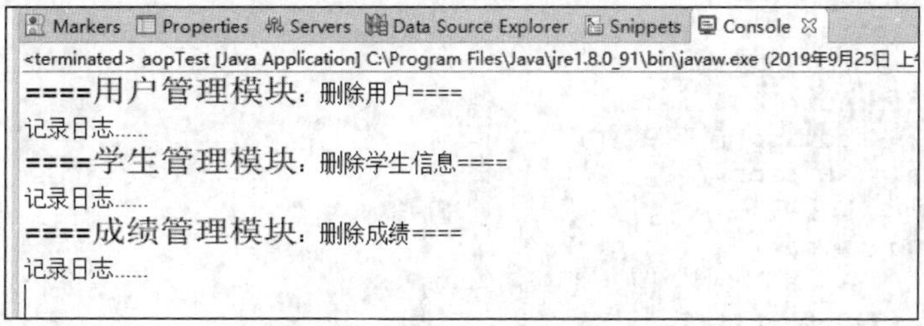

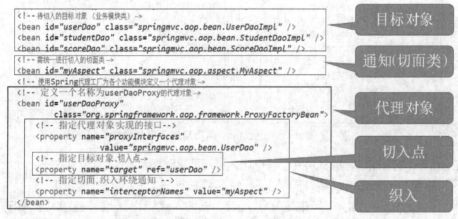

图 12-4　运行效果

在 AOP 项目中，AOP 技术的应用主要体现在 Spring 的 XML 配置文件中，结合 ch12-1 项目的 applicationContext.xml 文件，对 AOP 的相关术语进行总结。配置代码与 AOP 术语的对应关系如图 12-5 所示。

图 12-5　配置代码与 AOP 术语的对应关系

12.1.2　基于 XML 文件的 Spring AOP 实现

在 Spring 框架中，AOP 的实现有两种方式，即动态代理的方式和使用 AspectJ 框架的方式。

动态代理的方式是指程序运行期间通过代理方式向目标对象织入增强功能。Spring 的 AOP 代理也包括两种方式：一种是 JDK 动态代理，另一种是 CGLIB 代理。12.1.1 节中项目 ch12-1 采用的代理方式就是动态代理的方式。

AspectJ 框架是一个基于 Java 的 AOP 框架，它提供了强大的 AOP 功能。Spring 2.0 以后，Spring AOP 引入了对 AspectJ 的支持，并允许直接使用 AspectJ 进行编程。

对于较新版本的 Spring，建议使用 AspectJ 框架来实现 AOP。

使用 AspectJ 实现 AOP 有两种方式：一种是基于 XML 文件的方式，另一种是基于注解的方式。

基于 XML 文件的方式实现 AOP 时，主要是在 Spring 的 XML 配置文件中使用<aop:config>标签及其子标签对所有切入点、通知和切面等进行配置。<aop:config>标签及其子标签结构如图 12-6 所示。

```xml
<!-- AOP 编程 -->
<aop:config>
    <!-- 切入点定义（0个或多个） -->
    <aop:pointcut />
    <!-- advisor定义（0个或多个） -->
    <aop:advisor />
    <!-- 配置切面 -->
    <aop:aspect>
      <!-- 配置切入点，通知最后增强哪些方法 -->
      <aop:pointcut />
      <!-- 关联通知和切入点 -->
      <!-- 前置通知 -->
      <aop:before />
      <!-- 后置通知，在方法返回之后执行，可以获得返回值
       returning属性：用于设置后置通知的第二个参数的名称，类型是Object -->
      <aop:after-returning />
      <!-- 环绕通知 -->
      <aop:around />
      <!-- 异常通知：用于处理程序异常-->
      <!-- 注意：如果程序没有异常，则不会执行增强的方法 -->
      <!-- throwing属性：用于设置通知的第二个参数的名称，类型是Throwable-->
      <aop:after-throwing />
      <!-- 最终通知：无论程序发生任何事情，都将执行 -->
      <aop:after />
    </aop:aspect>
</aop:config>
```

图 12-6　<aop:config>标签及其子标签结构

在 Spring 的 XML 配置文件中，所有切入点、通知和切面都必须定义在<aop:config>标签下，并且<aop:config>标签下的子标签需要按照一定的顺序来定义。

（1）<aop:pointcut>：用来定义切入点，该切入点可以重用。其通常会指定 id 和 expression 两个属性。id 用于定义切入点的唯一标识名称，expression 用于定义切入点表达式。当<aop:pointcut>元素作为<aop:config>元素的子元素时，表示该切入点是全局切入点，它可被多个切面所共享；当<aop:pointcut>元素作为<aop:aspect>元素的子元素时，表示该切入点只对当前切面有效。

（2）<aop:advisor>：用来定义只有一个通知和一个切入点的切面；一般应用于事务控制，其他情况下不推荐使用。

（3）<aop:aspect>：用来定义切面，该切面可以包含多个切入点和通知，且标签内的通知和切入点定义是无序的。使用时，通常会指定 id 和 ref 两个属性。id 用于定义该切面的唯一标识名称，ref 用于引用普通的 Spring Bean。<aop:aspect>和<aop:advisor>的区别是，后者只包含一个通知和一个切入点，而前者可以包含多个切入点和通知。aspect 大多用于日志、缓存，而 advisor 用于事务控制。使用<aop:aspect>

中的子标签，可配置 5 种常用通知，分别是前置通知、后置通知、环绕通知、异常通知、最终通知，介绍如下。

（1）前置通知：在主业务方法（目标方法）执行之前执行，常用于权限管理等功能。

（2）后置通知：在主业务方法（目标方法）执行之后执行，常用于上传文件、关闭流、删除临时文件等功能。

（3）环绕通知：围绕着主业务方法（目标方法）执行，常用于日志管理、事务管理等功能。

（4）异常通知：在主业务方法（目标方法）抛出异常之后执行，常用于处理异常日志等功能。

（5）最终通知：在主业务方法（目标方法）返回结果之后执行。其和后置通知的不同之处是，后置通知是在方法正常返回后执行的通知，如果方法没有正常返回，如抛出异常，则后置通知不会执行；而最终通知无论如何都会在目标方法调用过后执行，即使目标方法没有正常地执行完成。

下面通过具体案例来介绍在 Spring 框架中如何基于 XML 文件的方式实现 AOP，并分别使用 5 种常用通知，模拟实现在用户管理业务流程中对一些增强功能（如日志记录、权限管理、事务管理等）进行切入。项目构建步骤如下。

（1）准备 Spring 及 AspectJ 框架需要的类库（JAR 包），在 Spring 核心 JAR 包和 AOP 类库基础上，还需要新增 AspectJ 框架所需要的 JAR 包：spring-aspects-5.1.6.RELEASE.jar 和 aspectjweaver-1.8.10.jar。基于 XML 文件方式实现 AOP 用到的 JAR 包如图 12-7 所示。

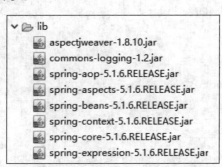

图 12-7　基于 XML 文件方式实现 AOP 用到的 JAR 包

（2）新建 Web 项目 ch12-2，在项目中导入已准备好的 JAR 包。创建包 springmvc.aop.xml.bean，在包下针对成绩管理系统中的用户管理模块的主业务流程创建 UserDao.java 接口及 UserDaoImpl.java 实现类。在实现类中通过控制台输出字符串的方式模拟实现添加用户和删除用户信息的主业务处理方法。UserDao.java 接口如代码清单 12-10 所示。

代码清单 12-10：UserDao.java 接口（源代码为 ch12-2）

```
package springmvc.aop.xml.bean;
public interface UserDao {
    public void addUser();
    public void deleteUser();
```

```
}
```

UserDaoImpl.java 实现类如代码清单 12-11 所示。

代码清单 12-11：UserDaoImpl.java 实现类（源代码为 ch12-2）

```
// 目标对象
@Repository("userDao")
public class UserDaoImpl implements UserDao {
    public void addUser() {
//        int i = 10/0;
        System.out.println("添加用户");
    }
    public void deleteUser() {
        System.out.println("删除用户");
    }
}
```

（3）在 src 目录下创建 springmvc.aop.xml.aspect 包，在包下定义切面类 MyAspect.java，该切面类要织入主业务功能，即要织入用户管理模块中的增强功能（日志记录、事务处理等）。在增强功能中可进行前置通知、后置通知、环绕通知、异常通知、最终通知的定义，从而实现对主业务功能的增强。MyAspect.java 中通过控制台输出字符串的方式对日志记录功能进行了模拟。切面类 MyAspect.java 如代码清单 12-12 所示。

代码清单 12-12：切面类 MyAspect.java（源代码为 ch12-2）

```
/**
 *切面类，在此类中编写通知
 */
public class MyAspect {
    // 前置通知
    public void myBefore(JoinPoint joinPoint) {
        System.out.println("AOP 目标对象是："+joinPoint.getTarget() );

        System.out.print("前置通知 ：如执行权限检查……,");
        System.out.println("被织入增强处理的目标方法为："
                        +joinPoint.getSignature().getName());
    }
    // 后置通知
    public void myAfterReturning(JoinPoint joinPoint) {
        System.out.print("后置通知：如进行日志记录……," );
        System.out.println("被织入增强处理的目标方法为："
                        + joinPoint.getSignature().getName());
    }
    // 环绕通知
    public Object myAround(ProceedingJoinPoint proceedingJoinPoint)
            throws Throwable {
        // 开始
```

```
        System.out.println("环绕开始：执行目标方法之前，如开启事务……");
        // 执行当前目标方法
        Object obj = proceedingJoinPoint.proceed();
        // 结束
        System.out.println("环绕结束：执行目标方法之后，如关闭事务……");
        return obj;
    }
    // 异常通知
    public void myAfterThrowing(JoinPoint joinPoint, Throwable e) {
        System.out.println("异常通知：" + "出错了" + e.getMessage());
    }
    // 最终通知
    public void myAfter() {
        System.out.println("最终通知：如方法结束后的释放资源……");
    }
}
```

切面类 MyAspect.java 中分别定义了 5 种通知，通知中使用了 JoinPoint 接口及其子接口 ProceedingJoinPoint 作为参数来获取目标对象的类名、方法名和参数等。但对于环绕通知，则必须接收一个 ProceedingJoinPoint 类型的参数，返回值类型为 Object，并且必须抛出异常。在异常通知中，可使用 Throwable 类型来输出异常信息。

（4）在 springmvc.aop.xml.aspect 包下创建 Spring 的 XML 配置文件 applicationContext.xml。在该文件中，对目标类（即对用户管理模块）进行实例化配置；对切面（即对增强处理程序）进行实例化配置；对 AOP 的切入点、通知进行配置。applicationContext.xml 文件配置如代码清单 12-13 所示。

代码清单 12-13：applicationContext.xml 文件配置（源代码为 ch12-2）

```xml
<?xml version="1.0" encoding="UTF-8"?>
<beans xmlns="http://www.springframework.org/schema/beans"
        xmlns:xsi="http://www.w3.org/2001/XMLSchema-instance"
        xmlns:aop="http://www.springframework.org/schema/aop"
        xsi:schemaLocation="http://www.springframework.org/schema/beans
        http://www.springframework.org/schema/beans/spring-beans.xsd
        http://www.springframework.org/schema/aop
        http://www.springframework.org/schema/aop/spring-aop.xsd">
    <!--目标对象 -->
    <bean id="userDao" class="springmvc.aop.xml.bean.UserDaoImpl" />
    <!--切面 -->
    <bean id="myAspect" class="springmvc.aop.xml.aspect.MyAspect" />
    <!--AOP 编程 -->
    <aop:config>
        <!-- 配置切面 -->
        <aop:aspect ref="myAspect">
        <!-- 配置切入点，通知最后增强哪些方法 -->
```

```
            <aop:pointcut expression="execution(* springmvc.aop.xml.bean.*.*(..))"
                                                        id="myPointCut" />
        <!-- 关联通知和切入点-->
        <!--  前置通知 -->
        <aop:before method="myBefore" pointcut-ref="myPointCut" />
        <!-- 后置通知，在方法返回之后执行，可以获得返回值
        returning 属性：用于设置后置通知的第二个参数的名称，类型是 Object -->
        <aop:after-returning method="myAfterReturning"
            pointcut-ref="myPointCut" returning="returnVal" />
        <!-- 环绕通知 -->
        <aop:around method="myAround" pointcut-ref="myPointCut" />
        <!-- 抛出通知：用于处理程序异常-->
        <!-- 注意：如果程序没有异常，则不会执行增强的方法 -->
        <!--  throwing 属性：用于设置通知的第二个参数的名称，类型是 Throwable -->
        <aop:after-throwing method="myAfterThrowing"
            pointcut-ref="myPointCut" throwing="e" />
        <!--  最终通知：无论程序发生任何事情，都将执行 -->
        <aop:after method="myAfter" pointcut-ref="myPointCut" />
    </aop:aspect>
  </aop:config>
</beans>
```

　　当<aop:pointcut>元素作为<aop:config>元素的子元素时，表示该切入点是全局切入点，它可被多个切面所共享；当<aop:pointcut>元素作为<aop:aspect>元素的子元素时，表示该切入点只对当前切面有效。

　　使用<aop:pointcut>元素配置切入点时，通常会指定 id 和 expression 两个属性。其中，id 用于定义切入点的唯一标识名称，expression 用于定义切入点表达式，如在<aop:pointcut expression="execution(* springmvc.aop.xml.bean.*.*(..))" id="myPointCut" />定义的切入点表达式中，第一个 "*" 表示返回类型（*代表所有类型）；springmvc.aop.xml.bean 表示需要拦截的包名，第二个 "*" 表示拦截的包下的所有类；最后的 "*(..)" 表示类中的所有方法，括号中的 ".." 表示方法可以是任意参数。整个表达式的含义是，cn.edu.example.aop 包下所有类的所有方法的执行将作为 AOP 通知的切入点，进行增强功能切入。

　　代码清单 12-13 中切入点表达式的定义仅是开发中常用的配置方式，而 Spring AOP 中切入点范式的基本格式如下。

```
execution(modifiers-pattern? Ret-type-pattern declaring-type-pattern? Name-pattern
(param-pattern) throws-pattern?)
```

可对应为如下格式。

```
execution(<访问修饰符><返回类型><类路径><方法名>(<参数>)<异常>)
```

上述基本格式的各部分说明如下。

　　① 带 "?" 部分表示可选配置项，其他部分则是必需配置项。

　　② modifiers-pattern：表示方法的权限，如 public、private 等。如果定义为 public，则表示只有 public 的方法才会作为切入点，为可选配置。

③ ret-type-pattern：表示方法的返回值类型，如 void、String 等。如果是 String，则只有返回 String 类型值的方法才会作为切入点。

④ declaring-type-pattern：表示定义的目标方法的类路径，如 springmvc.aop.xml.bean.UserDaoImpl。

⑤ name-pattern：表示具体需要被代理的目标方法，如 deleteUser()。

⑥ param-pattern：表示需要被代理的目标方法的形参列表，可以使用 ".." 进行通配，即不限制参数类型和数量。

⑦ throws-pattern：表示需要被代理的目标方法抛出的异常类型。

下面通过几个具体示例进一步说明。

① execution(public * *(..))：表示匹配所有 public 方法。

② execution(* com.fq.dao.*(..))：表示匹配指定包下（不包含子包）所有类方法。

③ execution(* com.fq.dao..*(..))：表示匹配指定包下（包含子包）所有类方法。

④ execution(* com.fq.service.impl.OrderServiceImple.*(..))：表示匹配指定类的所有方法。

⑤ execution(* save*(..))：表示匹配所有以 save 开头的方法。

（5）在 src 目录下创建 springmvc.aop.xml.test 包，在包下创建测试类 TestXml.java。在 main()方法中启动 Spring 容器，获取代理对象的实例，执行业务处理方法。测试类 TestXml.java 如代码清单 12-14 所示。

代码清单 12-14：测试类 TestXml.java（源代码为 ch12-2）

```java
// 测试类
public class TestXml {
    public static void main(String args[]) {
        String xmlPath =
                        "springmvc/aop/xml/aspect/applicationContext.xml";
        ApplicationContext applicationContext =
                        new ClassPathXmlApplicationContext(xmlPath);
        // 从 Spring 容器中获得内容
        UserDao userDao = (UserDao) applicationContext.getBean("userDao");
        // 执行方法，进行业务处理
        userDao.deleteUser();
    }
}
```

（6）运行 main()方法，运行效果如图 12-8 所示。

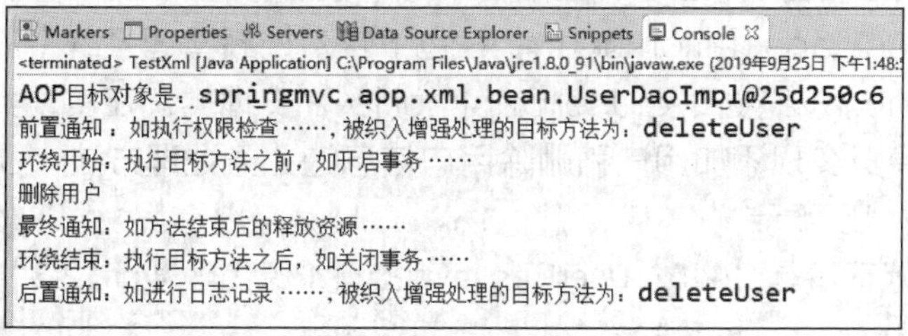

图 12-8　运行效果

12.1.3　基于注解的 Spring AOP 实现

　　Spring 中使用 AspectJ 框架实现 AOP 的方式除了基于 XML 文件的方式外，还可以使用基于注解的方式。通过注解可以省略使用 XML 文件配置的过程中产生的大量代码，使 AOP 的实现更加简化。AspectJ 框架针对 AOP 的实现主要提供了以下注解。

　　① @Component：可用于标记自定义通知类（切面类）。

　　② @Service：可用于标记业务逻辑层 Bean 组件。

　　③ @Repository：可用于标记数据持久层的 Bean 组件。

　　④ @Aspect：可用于定义一个切面，即修饰切面类，获得通知。其通常配合 @Component 注解一起使用。

　　Spring 中 AOP 通知的相关注解如下。

　　① @PointCut：用于定义切入点。通常使用该注解标记一个空方法（如 private void myPointCut(){} ），之后通过这个被标记了的空方法名，如 "myPointCut()" 来获得切入点。

　　② @Before：用于定义前置通知，标记在自定义方法前。使用时，通过 value 属性值设置该通知的切入点。

　　③ @AfterReturning：用于定义后置通知。使用时，通过 pointcut/value 属性值设置该通知的切入点；通过 returning 属性指定一个形参名，用于表示通知方法中可定义与此同名的形参，该形参可以用于访问目标方法的返回值。

　　④ @Around：用于定义环绕通知。使用时，通过 value 属性值设置该通知的切入点。

　　⑤ @AfterThrowing：用于定义异常通知。使用时，通过 pointcut/value 属性值设置该通知的切入点；通过 throwing 属性指定一个形参名来表示通知方法中可定义与此同名的形参，该形参可用于访问目标方法抛出的异常。

　　⑥ @After：用于定义最终通知。不管是否异常，该通知都会被执行。使用时，通过 value 属性值设置该通知的切入点。

　　下面通过具体案例来介绍在 Spring 框架中如何基于 AspectJ 框架，通过注解的方式实现 AOP，案例中将模拟实现在用户管理业务流程中对一些增强功能（如日志记录、权限管理、事务管理等）的切入。项目构建步骤如下。

　　（1）准备 Spring 及 AspectJ 框架需要的类库（JAR 包），对于 AspectJ 框架，采用基于 XML 文件的方式和基于注解的方式实现 AOP 所需要的 JAR 包相同。Spring 中基于 AspectJ 实现 AOP 用到的 JAR 包如图 12-7 所示。

　　（2）新建 Web 项目 ch12-3，在项目中导入已准备好的 JAR 包。在 src 目录下创建包 spring.aspectj.annotation.bean，在包下针对成绩管理系统中的用户管理模块的实现创建 UserDao.java 接口及 UserDaoImpl.java 实现类。在实现类中通过控制台输出字符串的方式模拟实现添加用户和删除用户信息的业务处理方法。UserDao.java 接口如代码清单 12-15 所示。

代码清单 12-15：UserDao.java 接口（源代码为 ch12-3）

```
package springmvc.aop.xml.bean;
```

```
public interface UserDao {
    public void addUser();
    public void deleteUser();
}
```

UserDaoImpl.java 实现类如代码清单 12-16 所示。

代码清单 12-16：UserDaoImpl.java 实现类（源代码为 ch12-3）

```
// 目标对象
@Repository("userDao")
public class UserDaoImpl implements UserDao {
    public void addUser() {
        System.out.println("添加用户");
    }
    public void deleteUser() {
        System.out.println("删除用户");
    }
}
```

（3）在 src 目录下创建 spring.aspectj.annotation.aspect 包，在包下定义切面类 MyAspect.java，该切面类要织入主业务功能，即织入用户管理模块中的增强功能（日志记录、事务处理等），在增强功能中可进行前置通知、后置通知、环绕通知、异常通知、最终通知的定义。MyAspect.java 中通过控制台输出字符串的方式对各增强功能进行了模拟。切面类 MyAspect.java 如代码清单 12-17 所示。

代码清单 12-17：切面类 MyAspect.java（源代码为 ch12-3）

```
/**
 * 切面类，在此类中编写通知
 */
@Aspect
@Component
public class MyAspect {
    // 定义切入点表达式
    @Pointcut("execution(* spring.aspectj.annotation.bean.*.*(..))")
    // 使用一个返回值为 void、方法体为空的方法来命名切入点
    private void myPointCut(){}
    // 前置通知
    @Before("myPointCut()")
    public void myBefore(JoinPoint joinPoint) {
        System.out.print("前置通知 : 模拟执行权限检查……, ");
        System.out.println("目标对象是: "+joinPoint.getTarget() );
        System.out.println("被织入增强处理的目标方法为: "
                            +joinPoint.getSignature().getName());
    }
    // 后置通知
    @AfterReturning(value="myPointCut()")
```

```java
    public void myAfterReturning(JoinPoint joinPoint) {
        System.out.print("后置通知：模拟记录日志……，");
        System.out.println("被织入增强处理的目标方法为："
                        + joinPoint.getSignature().getName());
    }
    // 环绕通知
    @Around("myPointCut()")
    public Object myAround(ProceedingJoinPoint proceedingJoinPoint)
            throws Throwable {
        // 开始
        System.out.println("环绕开始：执行目标方法之前，模拟开启事务……");
        // 执行当前目标方法
        Object obj = proceedingJoinPoint.proceed();
        // 结束
        System.out.println("环绕结束：执行目标方法之后，模拟关闭事务……");
        return obj;
    }
    // 异常通知
    @AfterThrowing(value="myPointCut()",throwing="e")
    public void myAfterThrowing(JoinPoint joinPoint, Throwable e) {
        System.out.println("异常通知："+"出错了" + e.getMessage());
    }
    // 最终通知
    @After("myPointCut()")
    public void myAfter() {
        System.out.println("最终通知：模拟方法结束后的释放资源……");
    }
}
```

这里使用@Aspect 注解标记在 MyAspect 类上面，将该类定义为切面类。由于该类需要通过 Spring 容器进行管理，因此需要使用@Component 注解标记后，才能被 Spring 容器作为 Bean 组件识别并管理。通过@PointCut 注解定义切入点表达式，使用一个返回值为 void、方法体为空的方法来命名切入点，如 private void myPointCut(){}。切入点定义后，在使用各通知注解（如@Before、@Around、@After 等）时，通过设置注解的 value 属性值，即 value="myPointCut()"，来将切入点作为参数传递给需要执行的增强方法（通知）。

（4）在 spring.aspectj.annotation.aspect 包下创建 Spring 的 XML 配置文件 applicationContext.xml。在该文件中，对 Spring 组件的扫描路径进行配置，通过 <aop:aspectj-autoproxy/>启动基于注解的 AspectJ 支持。applicationContext.xml 文件配置如代码清单 12-18 所示。

代码清单 12-18：applicationContext.xml 文件配置（源代码为 ch12-3）

```xml
<?xml version="1.0" encoding="UTF-8"?>
```

```xml
<beans xmlns="http://www.springframework.org/schema/beans"
    xmlns:xsi="http://www.w3.org/2001/XMLSchema-instance"
    xmlns:aop="http://www.springframework.org/schema/aop"
    xmlns:context="http://www.springframework.org/schema/context"
    xsi:schemaLocation="http://www.springframework.org/schema/beans
    http://www.springframework.org/schema/beans/spring-beans.xsd
    http://www.springframework.org/schema/aop
    http://www.springframework.org/schema/aop/spring-aop.xsd
    http://www.springframework.org/schema/context
    http://www.springframework.org/schema/context/spring-context.xsd">
        <!-- 指定需要扫描的包，使注解生效 -->
        <context:component-scan base-package="spring.aspectj.annotation" />
        <!-- 启动基于注解的 AspectJ 支持 -->
        <aop:aspectj-autoproxy />
</beans>
```

（5）在 src 目录下创建 spring.aspectj.annotation.test 包，在包下创建测试类
TestAnnotation.java。在 main()方法中启动 Spring 容器，获取代理对象的实例，执行
业务处理方法。测试类 TestAnnotation.java 如代码清单 12-19 所示。

代码清单 12-19：测试类 TestAnnotation.java（源代码为 ch12-3）

```java
// 测试类
public class TestAnnotation {
    public static void main(String args[]) {
        String xmlPath =
                "spring/aspectj/annotation/aspect/applicationContext.xml";
        ApplicationContext applicationContext =
                new ClassPathXmlApplicationContext(xmlPath);
        // 从 Spring 容器中获得内容
        UserDao userDao = (UserDao) applicationContext.getBean("userDao");
        // 执行业务处理方法
        userDao.addUser();
    }
}
```

（6）运行 main()方法，运行效果如图 12-9 所示。

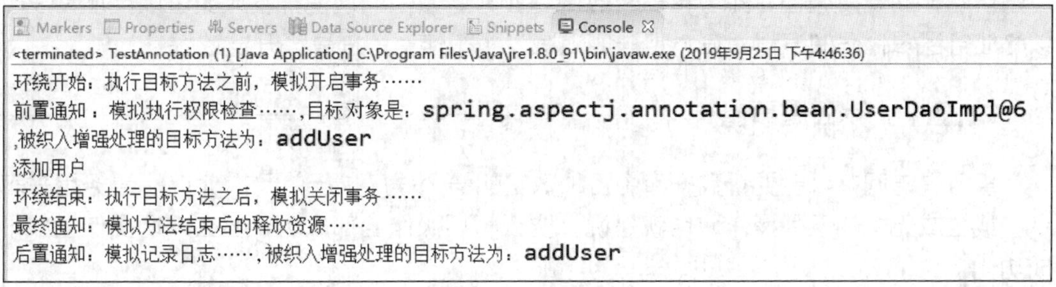

```
📊 Markers  ☐ Properties  🔗 Servers  🗎 Data Source Explorer  📄 Snippets  📄 Console ☒
<terminated> TestAnnotation (1) [Java Application] C:\Program Files\Java\jre1.8.0_91\bin\javaw.exe (2019年9月25日 下午4:46:36)
环绕开始：执行目标方法之前，模拟开启事务……
前置通知：模拟执行权限检查……,目标对象是：spring.aspectj.annotation.bean.UserDaoImpl@6
,被织入增强处理的目标方法为：addUser
添加用户
环绕结束：执行目标方法之后，模拟关闭事务……
最终通知：模拟方法结束后的释放资源……
后置通知：模拟记录日志……,被织入增强处理的目标方法为：addUser
```

图 12-9　运行效果

通过图 12-9 可以看出，在切面类中定义的异常通知并没有被运行。下面在目标对象中加入"int i = 10/0;"进行异常模拟，具体如代码清单 12-20 所示。

代码清单 12-20：目标对象（主业务）异常模拟（源代码为 ch12-3）

```java
// 目标对象
@Repository("userDao")
public class UserDaoImpl implements UserDao {
    public void addUser() {
        int i = 10/0;
        System.out.println("添加用户");
    }
    public void deleteUser() {
        System.out.println("删除用户");
    }
}
```

再次运行 main()方法，会发现目标方法前后通知的执行顺序已产生变化，运行效果（异常模拟）如图 12-10 所示。

图 12-10　运行效果（异常模拟）

12.2　Spring 事务管理

实际项目开发中，操作数据库时总会涉及事务管理问题，Spring 框架提供了专门针对事务管理的 API。

Spring 中事务管理的方式包括两种：传统的编程式事务管理和声明式事务管理。声明式事务管理是通过 AOP 技术实现的，主要是将事务作为一个"切面"切入系统业务逻辑。声明式事务管理的优点在于开发人员只需在 Spring 的 XML 配置文件中进行事务规则声明，而无须编程，即可将事务应用到业务逻辑中。这使开发人员可以更加专注于核心业务逻辑代码的编写，在一定程度上减少了工作量，提高了开发效率。

12.2.1　什么是事务

事务是访问并可能更新数据库中各种数据的一个程序执行单元（unit）。事务用来表示"或全或无"的系列操作；也就是说，要么一切操作全部成功，要么一切操作全部不成功。

对于一个银行的转账业务，假如有 A 和 B 两个账户，需要从 A 账户转 100 万元到

B 账户。数据库中就需要执行两个修改操作，一个是修改 A 账户，使其减去 100 万元；另一个是修改 B 账户，使其增加 100 万元。如果这两个操作各自独立执行，则很可能出现一个操作成功而另一个操作不成功的现象。这种现象导致的结果是不合理的。例如，A 账户减去了 100 万元，而 B 账户却没有增加 100 万元，这种情况是不合理的。因此，为了让这两个操作能够同时成功或同时失败，就出现了 "事务" 的概念。

通常情况下，数据的查询不会影响原数据，所以不需要进行事务管理。而对于数据的增加、修改和删除操作，必须进行事务管理。在关系数据库中，一个事务可以是一条 SQL 语句、一组 SQL 语句或整个程序。

事务应该具有 4 个属性：原子性（Atomicity）、一致性（Consistency）、隔离性（Isolation）、持续性（Durability）。这 4 个属性通常被称为 ACID 特性。

（1）原子性：事务是不可分割的最小单元。换句话说，组成事务处理的语句形成了一个逻辑单元，不能只执行其中的一部分。所以，在银行转账过程中，必须同时从一个账户减去转账金额，并将其加到另一个账户中，只改变一个账户是不合理的。

（2）一致性：在事务处理执行前后，数据库是一致的。也就是说，事务应该正确地转换系统状态。因此，在银行转账过程中，要么转账金额从一个账户转入另一个账户（在不考虑转账费用的情况下，转账方减少的金额与收账方增加的金额应该是相等的），要么两个账户都不变，没有其他的情况。

（3）隔离性：一个事务处理对另一个事务处理没有影响。例如，在银行转账过程中，在转账事务没有提交之前，另一个转账事务只能处于等待状态。

（4）持久性：事务处理的效果能够被永久保存下来。例如，转账结果能够在任何情况下保存。

Spring 中提供了 3 个与事务相关的接口。

① PlatformTransactionManager 接口：事务管理器，用于管理事务。配置事务时，必须对事务管理器进行配置。

② TransactionDefinition 接口：事务定义信息（隔离、传播、超时、只读），用于确定事务详情，如隔离级别、是否只读、超时时间等。进行事务配置时，必须配置事务定义信息。

③ TransactionStatus 接口：事务状态，用于记录某一时间点事务运行的状态信息，如是否有保存点、事务是否完成等。

以上接口的具体介绍如下。

（1）事务管理器（PlatformTransactionManager）接口。

Spring 并不直接管理事务，而是通过不同的事务管理器，将事务管理的职责委托给 Hibernate 或 JTA 等持久层框架的事务管理机制来实现。Spring 为不同的数据持久层框架提供了 PlatformTransactionManager 接口的不同实现类。常见的几个实现类如下。

① org.springframework.jdbc.datasource.DataSourceTransactionManager：用于配置 JDBC 或 MyBatis 等基于数据源的事务管理器。

② org.springframework.orm.hibernateX.HibernateTransactionManager：用于配置 Hibernate 的事务管理器。这里 "hibernate" 后的 "x" 表示版本，如 x 为 3、

4 或 5。

③ org.springframework.orm.jpa.JpaTransactionManager：用于 JPA 事务管理器。

④ org.springframework.transaction.jta.JtaTransactionManager：用于多个数据源的全局事务管理器。

（2）事务定义信息（TransactionDefinition）接口。

事务定义信息接口主要涉及事务隔离级别和事务传播行为两种内容的设置，具体如下。

① 事务隔离级别：事务隔离级别的设置是为了解决脏读、不可重复读、幻读等问题。脏读指一个事务读到了另一个事务未提交的数据。不可重复读指一个事务读到了另一个事务已经提交的修改数据，导致多次查询结果不一致。幻读指一个事务读到了另一个事务已经提交的新增数据，导致多次查询结果不一致。TransactionDefinition 接口中定义了以下 5 个表示隔离级别的常量。

a．DEFAULT：使用后端数据库默认的隔离级别。例如，MySQL 的默认隔离级别是 REPEATABLE_READ，Oracle 的默认隔离级别是 READ_COMMITTED。

b．READ_UNCOMMITTED：最低的隔离级别，允许读取尚未提交的数据，可能会导致脏读、幻读或不可重复读。

c．READ_COMMITTED：允许读取并发事务已经提交的数据，可以解决脏读问题，但是幻读或不可重复读问题仍有可能发生。

d．REPEATABLE_READ：对同一字段的多次读取结果都是一致的，除非数据被本身事务所修改，可以解决脏读和不可重复读等问题，但幻读问题仍有可能发生。

e．SERIALIZABLE：最高的隔离级别，完全服从 ACID 的隔离级别。所有的事务依次执行，这样事务之间就完全不可能产生干扰。也就是说，该级别可以解决脏读、不可重复读和幻读等问题，但是它将严重影响程序的性能。通常情况下不会使用该级别。

② 事务传播行为：对于分层架构软件的业务逻辑层和持久化层，一般事务机制添加在业务逻辑层上，业务逻辑层中的多个方法之间的调用就涉及事务传播机制。当事务方法被另一个事务方法调用时，必须指定事务应该如何传播。Spring 对事务的多种传播行为进行了如下定义。

a．PROPAGATION_REQUIRED：表示当前方法必须运行在事务中。如果当前事务存在，方法将会在该事务中运行；否则，会启动一个新的事务。

b．PROPAGATION_SUPPORTS：表示当前方法不需要事务上下文，但是如果当前事务存在，则该方法会在这个事务中运行。

c．PROPAGATION_MANDATORY：表示该方法必须在事务中运行，如果当前事务不存在，则会抛出一个异常。

d．PROPAGATION_REQUIRED_NEW：表示当前方法必须运行在它自己的事务中，一个新的事务将被启动。如果当前事务存在，则在该方法执行期间，当前事务会被挂起。

e．PROPAGATION_NOT_SUPPORTED：表示该方法不应该运行在事务中。如果当前事务存在，则在该方法运行期间，当前事务将被挂起。

f．PROPAGATION_NEVER：表示当前方法不应该运行在事务上下文中。如果当前有一个事务在运行，则会抛出异常。

　　g. PROPAGATION_NESTED：表示如果当前已经存在一个事务，则该方法将会在嵌套事务中运行。嵌套的事务可以独立于当前事务进行单独的提交或回滚。如果当前事务不存在，则其行为与 PROPAGATION_REQUIRED 一样。

　　（3）事务状态（TransactionStatus）接口。

　　TransactionStatus 接口用于设置事务的状态，该接口提供的方法如下。

　　① boolean isNewTransaction()：是否为新的事务。

　　② boolean hasSavepoint()：是否有恢复点。

　　③ void setRollbackOnly()：设置为只回滚。

　　④ boolean isRollbackOnly()：是否为只回滚。

　　⑤ boolean isCompleted()：是否已完成。

　　⑥ void flush()：刷新事务。

12.2.2　Spring 事务管理的方式

　　实际开发中，通常推荐使用声明式事务管理方式。声明式事务管理可以通过两种方式来实现：一种是基于 XML 的方式，另一种是基于注解的方式。

　　Spring 2.0 以后的版本提供了在 XML 配置文件中使用的命名空间 tx 来配置事务的功能，从而实现了基于 XML 文件的声明式事务管理。命名空间 tx 提供了<tx:advice/>标签来配置事务的通知（增强处理）。定义了事务的增强处理以后，可以使用 AOP 配置来使 Spring 自动对目标对象生成代理对象。

　　<tx:advice/>标签需设置 id 和 transaction-manager 属性。id 是通知 Bean 的唯一标识。而 transaction-manager 用于指定事务管理器，即必须引用一个 PlatformTransactionManager 接口的实现类，如 DataSourceTransactionManager 等。

　　除了上述两个属性外，还可以通过<tx:attributes/>标签定义通知的行为。<tx:attributes/>标签只接受<tx:method/>标签作为其子标签，可以通过配置多个<tx:method />来配置事务执行的细节。<tx:method />标签中包括下列属性。

　　（1）name：必选属性，用于指定对哪些方法起作用。其属性值指定了与事务属性关联的方法名。其可以使用通配符（*）来指定一批关联到相同的事务属性的方法，如'get*'、'handle*'、'add*Event'等。

　　（2）propagation：可选属性，用于指定事务定义所用的传播级别。其默认值是 REQUIRED。

　　（3）isolation：可选属性，用于指定事务的隔离级别。其默认值是 DEFAULT。

　　（4）timeout：可选属性，用于指定事务的超时时间（单位为 s）。其默认值为-1，表示永不超时。

　　（5）read-only：可选属性，用于指定事务是否只读。该属性为 true 时表示事务是只读的。通常情况下，对于只执行查询语句的事务会将该属性设为 true，如果出现了修改、增加或删除语句，则只读事务会失败。其默认值是 false。

　　（6）no-rollback-for：可选属性，用于指定异常不会回滚。当有多个异常时，以英文逗号分隔，目标方法可以抛出异常，而不会导致通知执行回滚。

（7）rollback-for：可选属性，用于指定异常回滚。当有多个异常时，以英文逗号分隔，目标方法抛出这些异常时，会导致通知执行回滚。

12.2.3　声明式事务管理项目案例

本节将通过一个模拟银行转账的案例来演示基于 XML 的声明式事务管理的使用。在模拟银行转账案例中，针对 A 账户向 B 账户转账业务，分别通过不使用事务管理和使用事务管理两种程序实现方式，进一步对事务管理以及如何在 Spring 框架下通过 AOP 技术实现事务管理进行介绍。项目的构建步骤如下。

（1）创建 A 账户向 B 账户转账操作将用到数据库表 account，基于 MySQL 数据库，account 表结构及数据如图 12-11 所示。

id	accountname	balance
10001	A	10000
10002	B	0

图 12-11　account 表结构及数据

（2）准备 Spring 以及和 AOP 的事务管理有关的类库（JAR 包），Spring 中提供了 spring-tx-5.1.6.RELEASE.jar 包作为事务管理的依赖包。项目所需 JAR 包如图 12-12 所示。

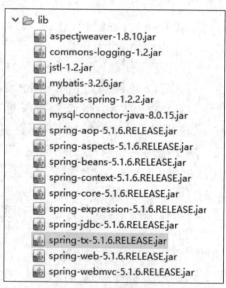

图 12-12　项目所需 JAR 包

（3）新建 Web 项目 ch12-4，在项目中通过"build path"导入已准备好的 JAR 包。创建并配置 WEB-INF 目录下的 web.xml 文件，配置所有以.do 结尾的请求都要通过 Spring MVC 进行控制，系统欢迎页面为 index.jsp。web.xml 文件如代码清单 12-21 所示。

代码清单 12-21：web.xml 文件（源代码为 ch12-4）

```xml
<?xml version="1.0" encoding="UTF-8"?>
<web-app xmlns="http://xmlns.jcp.org/xml/ns/javaee"
         xmlns:xsi="http://www.w3.org/2001/XMLSchema-instance"
         xsi:schemaLocation="http://xmlns.jcp.org/xml/ns/javaee
         http://xmlns.jcp.org/xml/ns/javaee/web-app_3_1.xsd"
         version="3.1">
  <display-name>Spring Transaction Manage </display-name>
  <servlet>
    <servlet-name>spring</servlet-name>
    <servlet-class>org.springframework.web.servlet.DispatcherServlet</servlet-class>
    <load-on-startup>1</load-on-startup>
  </servlet>
  <servlet-mapping>
    <servlet-name>spring</servlet-name>
    <url-pattern>*.do</url-pattern>
  </servlet-mapping>
  <welcome-file-list>
    <welcome-file>index.jsp</welcome-file>
  </welcome-file-list>
</web-app>
```

（4）创建并编写 index.jsp 页面，定义用户请求超链接，如代码清单 12-22 所示。

代码清单 12-22：index.jsp 页面（源代码为 ch12-4）

```jsp
<%@ page language="java" contentType="text/html; charset=UTF-8"
    pageEncoding="UTF-8"%>
<html>
<head>
<meta http-equiv="Content-Type" content="text/html; charset=UTF-8">
<title>Insert title here</title>
</head>
<body>
    <h2>
        <a href="test.do">未使用 AOP 和事务实现转账业务</a>
    <br>
    <br>
        <a href="aoptest.do">使用 AOP 和事务实现转账业务</a>
    </h2>
</body>
</html>
```

（5）在 src 目录下创建包 spring.tx.action，在包下定义实现转账操作请求的跳转控制器类 AccountAction.java 和方法。AccountAction.java 如代码清单 12-23 所示。

代码清单 12-23：AccountAction.java（源代码为 ch12-4）

```java
@Controller
public class AccountAction {
    @Autowired
    AccountService accountService;
        //使用 AOP 的事务管理项目
    @RequestMapping("/aoptest.do")
    private String aoptest(){
            try{
                //执行 A 账户向 B 账户的转账操作
                accountService.updateAop();
                return   "forward:/accountLista.do";
            }catch(Exception e){
                return   "forward:/accountList.do";
            }
    }
        //未使用 AOP 的事务管理项目
    @RequestMapping("/test.do")
    private String test(){
            try{
                //执行 A 账户向 B 账户的转账操作
                accountService.notaop();
                return   "forward:/accountList.do";
            }catch(Exception e){
                return   "forward:/accountList.do";
            }
    }
        //查看所有账户信息
    @RequestMapping("/accountList.do")
    private String getCustList(Model model){
        List<Map<String, Object>> accountList = accountService.findAllAccount();
        model.addAttribute("accountList",accountList);
        return "accountList";
    }
}
```

（6）在 WEB-INF 目录下创建 views 文件夹，在 WEB-INF/views/路径下创建并编写用户请求的响应页面 accountList.jsp，该页面对 A 账户向 B 账户转账后的结果进行显示。accountList.jsp 页面如代码清单 12-24 所示。

代码清单 12-24：accountList.jsp 页面（源代码为 ch12-4）

```jsp
<%@ page language="java" contentType="text/html; charset=utf-8"
    pageEncoding="utf-8"%>
<%@ taglib prefix="c" uri="http://java.sun.com/jsp/jstl/core"%>
```

```
<html>
<head>
<meta http-equiv="Content-Type" content="text/html; charset=utf-8">
<title>账户信息列表</title>
</head>
<body>
    <h2>账户信息列表</h2>
    <table border="1"   width="20%">
        <tr>
            <th>账号</th>
            <th>账户名</th>
            <th>余额</th>
        </tr>
        <c:forEach items="${accountList}" var="l">
            <tr>
                <td>${l.id}</td>
                <td>${l.accountName}</td>
                <td>${l.balance}</td>
            </tr>
        </c:forEach>
    </table>
</body>
</html>
```

（7）创建包 spring.tx.service，在包下定义实现转账操作业务处理的类 AccountService.
java 和方法。AccountService.java 如代码清单 12-25 所示。

代码清单 12-25：AccountService.java（源代码为 ch12-4）

```
@Service
public class AccountService {
    @Resource
    iAccountMapper mybatisdao;
    /*使用 AOP 和事务管理测试*/
    public void updateAop(){
        /*操作第一步*/
        Account a=new Account();
        a.setAccountName("A");
        a.setBalance(1000);
        mybatisdao.updateA(a);
        // 模拟系统运行时的突发性问题，导致操作失败
        int i = 1/0;

        /*操作第二步*/
        Account b=new Account();
```

```
            b.setAccountName("B");
            b.setBalance(1000);
            mybatisdao.updateB(b);
        }

        /*未使用 AOP 和事务管理测试*/
        public void notaop(){
            /*操作第一步*/
            Account a=new Account();
            a.setAccountName("A");
            a.setBalance(1000);
            mybatisdao.updateA(a);

            // 模拟系统运行时的突发性问题，导致操作失败
            int i = 1/0;

            /*操作第二步*/
            Account b=new Account();
            b.setAccountName("B");
            b.setBalance(1000);
            mybatisdao.updateB(b);
        }
        /*查看所有账户信息*/
        public List<Map<String, Object>> findAllAccount() {
            List list=mybatisdao.findAllAccount();
            return list;
        }
    }
}
```

（8）在 src 目录下创建包 spring.tx.dao，在包下定义使用 MyBatis 框架实现转账操作的 Mapper 接口 iAccountMapper.java 和 AccountMapper.xml 映射文件。iAccountMapper.java 如代码清单 12-26 所示。

代码清单 12-26：iAccountMapper.java（源代码为 ch12-4）

```
public interface iAccountMapper {
    //修改 A 账户（减少 1000 元）
    public void updateA(Account account);
    //修改 B 账户（增加 1000 元）
    public void updateB(Account account);
    //查看所有账户信息
    public List findAllAccount();
}
```

AccountMapper.xml 如代码清单 12-27 所示。

代码清单 12-27：AccountMapper.xml（源代码为 ch12-4）

```xml
<?xml version="1.0" encoding="UTF-8" ?>
<!DOCTYPE mapper
PUBLIC "-//ibatis.apache.org//DTD Mapper 3.0//EN"
"http://ibatis.apache.org/dtd/ibatis-3-mapper.dtd">
<mapper namespace="spring.tx.dao.iAccountMapper">
    <update id="updateA" >
        update account set balance=balance-#{balance} where accountname=#{accountName}
    </update>
    <update id="updateB" >
        update account set balance=balance+#{balance} where accountname=#{accountName}
    </update>
    <select id="findAllAccount" resultType="account">
        select * from account
    </select>
</mapper>
```

（9）在 src 目录下创建 mybatis_config.xml 文件，实现 MyBatis 框架项目配置，如代码清单 12-28 所示。

代码清单 12-28：mybatis_config.xml 文件（源代码为 ch12-4）

```xml
<?xml version="1.0" encoding="UTF-8"?>
<!DOCTYPE configuration
    PUBLIC "-//mybatis.org//DTD Config 3.0//EN"
    "http://mybatis.org/dtd/mybatis-3-config.dtd">
<configuration>
    <typeAliases>
        <typeAlias type="spring.tx.entity.Account" alias="account" />
    </typeAliases>
    <mappers>
        <mapper resource="spring/tx/dao/AccountMapper.xml" />
    </mappers>
</configuration>
```

（10）在 WEB-INF 目录下创建 spring_servlet.xml 文件，如代码清单 12-29 所示。

代码清单 12-29：spring_servlet.xml 文件（源代码为 ch12-4）

```xml
<beans xmlns="http://www.springframework.org/schema/beans"
    xmlns:mvc=http://www.springframework.org/schema/mvc
    xmlns:xsi="http://www.w3.org/2001/XMLSchema-instance"
    xmlns:context="http://www.springframework.org/schema/context"
    xmlns:aop="http://www.springframework.org/schema/aop"
    xmlns:tx="http://www.springframework.org/schema/tx"
    xsi:schemaLocation="http://www.springframework.org/schema/beans
    http://www.springframework.org/schema/beans/spring-beans.xsd
    http://www.springframework.org/schema/context
```

```xml
        http://www.springframework.org/schema/context/spring-context.xsd
        http://www.springframework.org/schema/mvc
        http://www.springframework.org/schema/mvc/spring-mvc.xsd
        http://www.springframework.org/schema/aop
        http://www.springframework.org/schema/aop/spring-aop.xsd
        http://www.springframework.org/schema/tx
        http://www.springframework.org/schema/tx/spring-tx.xsd
        ">
        <!--配置 1：配置数据源 -->
        <bean id="dataSource"
            class="org.springframework.jdbc.datasource.DriverManagerDataSource">
            <property name="driverClassName" value="com.mysql.cj.jdbc.Driver" />
            <propertyname="url"
    value="jdbc:mysql://localhost:3306/spring?serverTimezone=GMT" />
            <property name="username" value="root" />
            <property name="password" value="root" />
        </bean>
        <!--配置 2：配置 MyBatis -->
        <bean id="sqlSessionFactory" class="org.mybatis.spring.SqlSessionFactoryBean">
            <property name="dataSource" ref="dataSource" />
            <property name="configLocation"
    value="classpath:mybatis_config.xml"></property>
            <!-- 自动扫描 mapping.xml 文件 -->
            <!--
            <property name="mapperLocations"
    value="classpath:spring.tx.dao/*.xml"></property>
            -->
        </bean>
        <bean class="org.mybatis.spring.mapper.MapperScannerConfigurer">
            <property name="basePackage" value="spring.tx.dao" />
            <property name="sqlSessionFactoryBeanName"
    value="sqlSessionFactory"></property>
        </bean>
        <!--配置 3：注解注入-->
        <context:component-scan base-package="spring.tx.action" />
        <context:component-scan base-package="spring.tx.service" />
        <!--配置 4：MVC 注解驱动 -->
        <mvc:annotation-driven />
        <!--配置 5：事务管理器配置-->
        <bean id="txManager"
    class="org.springframework.jdbc.datasource.DataSourceTransactionManager">
            <property name="dataSource" ref="dataSource" />
        </bean>
```

```xml
<!--配置 6: 定义通知, 配置切入点-->
<tx:advice id="txAdvice" transaction-manager="txManager">
    <tx:attributes>
        <tx:method name="get*" read-only="true" />
        <tx:method name="update*" />
    </tx:attributes>
</tx:advice>
<!--配置 7: AOP 切面配置-->
<aop:config>
    <aop:pointcutid="serviceOperation" expression="execution(* spring.tx.service..*
Service.*(..))" />
    <!-- 定义切面, advisor 通常用于事务管理 -->
    <aop:advisor advice-ref="txAdvice" pointcut-ref="serviceOperation" />
</aop:config>
<!--配置 8: 配置视图解析器 -->
<bean
    class="org.springframework.web.servlet.view.InternalResourceViewResolver">
    <property name="prefix" value="/WEB-INF/views/" />
    <property name="suffix" value=".jsp" />
</bean>
</beans>
```

在代码清单 12-29 中,首先在<beans>标签配置中对 aop、tx 和 context 等 3 个命名空间进行了启用配置;之后对实现 Spring 框架的事务管理、AOP、MyBatis 框架整合等进行了配置管理。具体配置如下。

① 配置 1 部分用于实现数据源配置,为访问 MySQL 数据库中的 account 表做准备。

② 配置 2 部分用于实现 MyBatis 框架集成配置。

③ 配置 3 和配置 4 部分用于实现注解注入及 MVC 注解驱动。

④ 配置 5 部分用于实现事务管理器配置,使用<bean>标签定义事务管理器 id="txManager",使用<property>标签对数据源进行注入。

⑤ 配置 6 部分用于实现通知配置,使用<tx:advice>标签定义事务通知为 "id="txAdvice"",通过 transaction-manager="txManager"配置当前通知由事务管理器 "txAdvice" 进行管理;使用<tx:attributes>标签的<tx:method>子标签进行事务执行细节的配置;通过<tx:method name="get*" read-only="true" />配置事务对以 get 开头的方法(只执行查询操作)进行只读操作;通过<tx:method name="update*" />配置对以 update 开头的方法(执行增、删、改操作)进行事务管理。

⑥ 配置 7 部分用于实现 AOP 切面配置,将事务管理作为切面切入主业务流程。一个业务功能实现的调用过程顺序为控制层→业务逻辑层→数据持久层。如何判定该业务是否操作成功? 通常,如果调用 Service 层是执行成功的,则意味着 Service 层中调用数据持久层是执行成功的。因此,事务通常应用在业务逻辑层以进行统一控制。<aop:pointcut>标签的 expression="execution(* spring.tx.service..*Service.*(..))"配置事务切入点为 service 包及其子包下所有类名以 Service 结束的类中的所有方法。

通过<aop:advisor advice-ref="txAdvice" pointcut-ref="serviceOperation" />配置通知，将事务 txAdvice（advice-ref="txAdvice"）从 serviceOperation 切入点（pointcut-ref="serviceOperation"）切入主业务流程（service 包及其子包下所有类名以 Service 结束的类中的所有方法）。

⑦ 配置 8 部分用于实现 Spring MVC 视图解析器的配置，6.2 节中已经讲过这部分内容，这里不再详述。

（11）在 Tomcat 服务器上运行项目，进入系统欢迎页面（index.jsp），如图 12-13 所示。

单击"使用 AOP 和事务管理实现转账业务"超链接，其页面运行效果如图 12-14 所示。

图 12-13　系统欢迎页面　　　　　　　图 12-14　使用 AOP 和事务管理实现
　　　　　　　　　　　　　　　　　　　　　　　　　转账业务页面运行效果

单击"未使用 AOP 和事务管理实现转账业务"超链接，其页面运行效果如图 12-15 所示。

图 12-15　未使用 AOP 和事务管理实现转账业务页面运行效果

在"使用 AOP 和事务管理实现转账业务""未使用 AOP 和事务管理实现转账业务"实现 A 账户向 B 账户转账的业务操作过程中，均通过"int i = 1/0;"对系统运行时的突发性问题进行了模拟，导致事务管理操作失败（即完成 A 账户转账后，B 账户无法正常执行转账操作）。

如果未使用 AOP 和事务管理的方式，则 A 账户和 B 账户的转账操作分别为独立事务，A 账户转出 1000 元操作成功，但 B 账户由于系统运行异常，不能够正常转入 1000元，导致最终结果是 A 账户操作后金额为 9000 元，而 B 账户却仍为 0 元，产生了数据不一致的现象，这在实际业务操作中是不能被允许的。

如果使用 AOP 和事务管理的方式，尽管 A 账户转账操作已经成功，但是由于 B 账户转账没有成功，则最终结果是整个事务操作是失败的，A 账户的转账操作会被"回滚"，恢复为未转账前的金额（10000 元），B 账户同样未改变金额，这个运行结果符合实际业务操作所需的数据一致性要求。

12.3 本章小结

　　本章主要介绍了 AOP 的概念、常用术语，以及 Spring AOP 实现的两种方式——
基于 XML 文件的方式和基于注解的方式，并通过具体的代码对如何在 Spring XML 配
置文件中使用<aop:config>元素及其子元素实现切面、切入点、通知的配置进行了介绍。
此外，本章介绍了事务的概念及特性，以及如何在 Spring 框架下使用 AOP 技术以 XML
声明式事务管理方式实现事务管理项目。

12.4 练习与实践

【练习】
（1）简述 AOP 的常用术语。
（2）简述 Spring 通知类型。
（3）简述 Spring 中声明式事务管理的两种方式。
【实践】
模拟银行转账业务的实现，练习使用基于 XML 文件的方式进行声明式事务管理。

第 13 章

SSM框架实战（媒体素材管理系统）

13

本章将使用 SSM 框架实现媒体素材管理系统的开发，由于篇幅限制，将仅针对系统开发环境的搭建和系统几大典型功能的实现进行介绍。

▶ 学习目标

① 掌握如何基于 SSM 框架实现系统开发准备及配置。

② 掌握系统首页、用户登录模块、媒体素材管理模块功能的实现。

13.1 系统开发准备及配置

媒体素材管理系统的需求和设计，以及数据库表格设计在本书的第 1 章中已经介绍过，这里不再详述。本节将介绍如何使用 SSM 框架来实现系统的开发准备和配置。

13.1.1 SSM 框架项目 JAR 包

准备 SSM 框架项目开发所需要的 JAR 包，如图 13-1 所示。

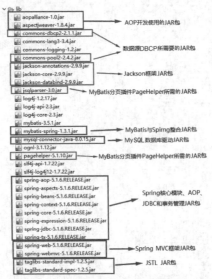

图 13-1　SSM 框架项目开发所需要的 JAR 包

13.1.2　数据库准备

项目开发所需要的类库（JAR 包）准备好后，还需要准备媒体素材管理系统的数据资源。使用 MySQL 数据库图形化管理工具 Navicat Premium 登录数据库服务器，创建数据库 medias。数据库创建完成后，可使用 medias.sql 文件将系统开发所需要的数据表及数据导入 medias 数据库。导入成功后，通过 Navicat Premium 查看 medias 数据库，其中已经存在 medias、types、users 等 3 个数据表，如图 13-2 所示。

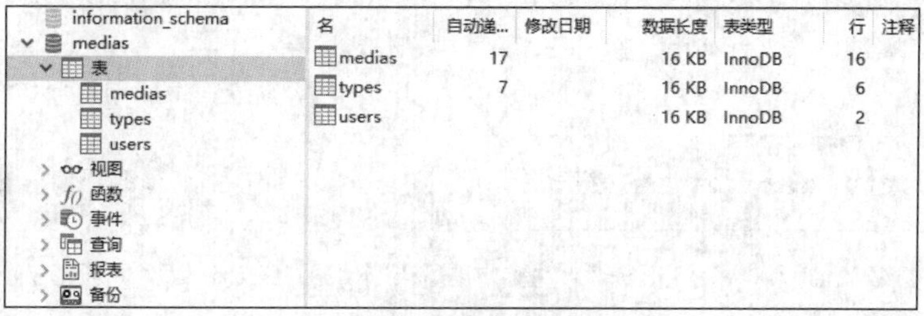

图 13-2　数据表

medias.sql 文件如代码清单 13-1 所示。

代码清单 13-1：medias.sql 文件（源代码为 ssm-media）

```
/*
Navicat MySQL Data Transfer


Source Server            : localhost
Source Server Version : 80017
Source Host              : localhost:3306
Source Database          : medias

Target Server Type       : MYSQL
Target Server Version : 80017
File Encoding            : 65001


Date: 2019-10-10 09:16:07
*/

SET FOREIGN_KEY_CHECKS=0;


-- ----------------------------
-- Table structure for medias： medias 表结构
-- ----------------------------
DROP TABLE IF EXISTS 'medias';
CREATE TABLE 'medias' (
  'mediaid' int(11) NOT NULL AUTO_INCREMENT,
  'mediatitle' varchar(255) DEFAULT NULL,
```

```
'typeid' int(11) DEFAULT NULL,'
'screendate' datetime DEFAULT NULL,
'description' varchar(255) DEFAULT NULL,
'Mediatype' varchar(255) DEFAULT NULL,
'vedioimageurl' varchar(255) DEFAULT NULL,
'mediaurl' varchar(255) DEFAULT NULL,
'isopen' tinyint(10) DEFAULT '0',
PRIMARY KEY ('mediaid')
) ENGINE=InnoDB AUTO_INCREMENT=17 DEFAULT CHARSET=utf8mb4
COLLATE=utf8mb4_0900_ai_ci;


-- ----------------------------
-- Records of medias：medias 表记录
-- ----------------------------
INSERT INTO 'medias' VALUES ('1', '图片标题 1', '1', '2019-06-05 12:36:58', '媒体素材描述 1', 'P', '', '/images/1.jpg', '1');
INSERT INTO 'medias' VALUES ('2', '图片标题 2', '1', '2019-06-07 12:36:58', '媒体素材描述 2', 'P', '', '/images/3.jpg', '1');
INSERT INTO 'medias' VALUES ('3', '图片标题 3', '1', '2019-10-01 12:36:58', '媒体素材描述 1', 'P', '', '/images/11.jpg', '1');
INSERT INTO 'medias' VALUES ('4', '图片标题 4', '1', '2019-06-04 12:36:58', '媒体素材描述 1', 'P', '', '/images/8.jpg', '1');
INSERT INTO 'medias' VALUES ('5', '图片标题 5', '2', '2019-10-07 12:36:58', '媒体素材描述 2', 'P', '', '/images/1.jpg', '1');
INSERT INTO 'medias' VALUES ('6', '图片标题 6', '2', '2019-06-07 12:36:58', '媒体素材描述 1', 'P', '', '/images/11.jpg', '1');
INSERT INTO 'medias' VALUES ('7', '图片标题 7', '2', '2019-10-06 12:36:58', '媒体素材描述 1', 'P', '', '/images/8.jpg', '1');
INSERT INTO 'medias' VALUES ('8', '图片标题 8', '3', '2019-10-07 12:36:58', '媒体素材描述 1', 'P', '', '/images/3.jpg', '1');
INSERT INTO 'medias' VALUES ('9', '视频标题 2', '1', '2019-06-07 12:36:58', '媒体素材描述 2', 'V', '/images/5.jpg', '/medias/videos/dzg.mp4', '1');
INSERT INTO 'medias' VALUES ('10', '视频标题 3', '1', '2019-10-05 12:36:58', '媒体素材描述 1', 'V', '/images/7.jpg', '/medias/videos/dzg.mp4', '1');
INSERT INTO 'medias' VALUES ('11', '视频标题 4', '2', '2019-06-06 12:36:58', '媒体素材描述 1', 'V', '/images/2.jpg', '/medias/videos/dzg.mp4', '1');
INSERT INTO 'medias' VALUES ('12', '视频标题 1', '2', '2019-06-07 12:36:58', '媒体素材描述 1', 'V', '/images/2.jpg', '/medias/videos/dzg.mp4', '1');
INSERT INTO 'medias' VALUES ('13', '视频标题 5', '1', '2019-06-07 12:36:58', '媒体素材描述 2', 'V', '/images/2.jpg', '/medias/videos/dzg.mp4', '1');
INSERT INTO 'medias' VALUES ('14', '视频标题 6', '1', '2019-06-07 12:36:58', '媒体素材描述 1', 'V', '/images/2.jpg', '/medias/videos/dzg.mp4', '1');
INSERT INTO 'medias' VALUES ('15', '视频标题 7', '1', '2019-10-07 12:36:58', '媒体素材描述 1', 'V', '/images/2.jpg', '/medias/videos/dzg.mp4', '1');
```

```
    INSERT INTO 'medias' VALUES ('16', '视频标题 8', '1', '2019-10-07 12:36:58', '媒体素材描述 1',
'V', '/images/3.jpg', '/medias/videos/dzg.mp4', '1');


-- ----------------------------
-- Table structure for types：types 表结构
-- ----------------------------
DROP TABLE IF EXISTS 'types';
CREATE TABLE 'types' (
    'typeid' int(11) NOT NULL AUTO_INCREMENT,
    'typename' varchar(255) DEFAULT NULL,
    'description' varchar(255) DEFAULT NULL,
    'typeimage' varchar(255) CHARACTER SET utf8mb4 COLLATE utf8mb4_0900_ai_ci
DEFAULT NULL,
    'builddate' datetime DEFAULT NULL,
    PRIMARY KEY ('typeid')
) ENGINE=InnoDB AUTO_INCREMENT=7 DEFAULT CHARSET=utf8mb4
COLLATE=utf8mb4_0900_ai_ci;


-- ----------------------------
-- Records of types：types 表记录
-- ----------------------------
    INSERT INTO 'types' VALUES ('1', '人事宣传', '人事相关媒体素材', '/images/1.jpg', '2019-10-07
12:31:42');
    INSERT INTO 'types' VALUES ('2', '业务宣传', '业务相关媒体素材', '/images/3.jpg', '2019-10-07
12:35:56');
    INSERT INTO 'types' VALUES ('3', '安全宣传', '安全相关媒体素材', '/images/8.jpg', '2019-10-07
12:35:59');
    INSERT INTO 'types' VALUES ('4', '财务宣传', '财务相关媒体素材', '/images/1.jpg', '2019-10-07
12:31:42');
    INSERT INTO 'types' VALUES ('5', '品牌宣传', '品牌相关媒体素材', '/images/3.jpg', '2019-10-07
12:35:48');
    INSERT INTO 'types' VALUES ('6', '产品宣传', '产品相关媒体素材', '/images/8.jpg', '2019-10-07
12:35:52');


-- ----------------------------
-- Table structure for users：users 表结构
-- ----------------------------
DROP TABLE IF EXISTS 'users';
CREATE TABLE 'users' (
    'username' varchar(20) CHARACTER SET utf8mb4 COLLATE utf8mb4_0900_ai_ci NOT NULL,
    'password' varchar(50) CHARACTER SET utf8mb4 COLLATE utf8mb4_0900_ai_ci
DEFAULT NULL,
    'realname' varchar(50) CHARACTER SET utf8mb4 COLLATE utf8mb4_0900_ai_ci
DEFAULT NULL,
```

```
    PRIMARY KEY ('username')
) ENGINE=InnoDB DEFAULT CHARSET=utf8mb4 COLLATE=utf8mb4_0900_ai_ci;


-- ----------------------------
-- Records of users：users 表记录
-- ----------------------------
INSERT INTO 'users' VALUES ('admin', '11', '超级管理员');
INSERT INTO 'users' VALUES ('user', '11', '部门管理员');
```

13.1.3　SSM 框架项目配置及通用功能

项目类库（JAR 包）及数据表准备完成后，即可打开 Eclipse IDE，新建一个 Web 项目 ssm-media，对媒体素材管理系统进行代码编写。其主要步骤如下。

（1）创建 Web 项目，项目名称为 ssm-media，将 SSM 框架项目开发 JAR 包复制到项目 lib 文件夹下，并导入到项目中。

（2）根据架构设计构建项目目录结构，如创建 cn.edu.ssm.controller、cn.edu.ssm.service、cn.edu.ssm.dao、cn.edu.ssm.entity、config 等。

（3）编写 config 目录下的各配置文件，如 Spring 的 XML 配置文件、MyBatis 的 XML 配置文件、数据库常量配置文件等。

（4）配置 web.xml 文件。

（5）引入页面资源，如 CSS 文件、字体文件、图片文件、JS 和 JSP 文件等。

（6）创建系统通用页面，如 header.jsp、footer.jsp、tree.jsp、pagebar.jsp 等。

上述 6 个步骤完成以后，即可针对系统中具体的功能模块进行开发，本章后续内容仅针对系统中几个典型功能模块的开发进行详细介绍。

步骤（1）和步骤（2）中，创建项目 ssm-media 并导入类库后，结合系统架构设计构建项目的目录结构，如图 13-3 所示。

步骤（3）中，在 config 目录下分别创建 Spring 的 XML 配置文件 applicationContext.xml、数据库常量配置文件 db.properties、Log4j 配置文件 log4j.properties、MyBatis 的 XML 配置文件 mybatis-config.xml、资源常量配置文件 resource.properties、Spring MVC 的 XML 配置文件 springmvc-config.xml。各文件的具体配置分别如代码清单 13-2、代码清单 13-3、代码清单 13-4、代码清单 13-5、代码清单 13-6、代码清单 13-7 所示。

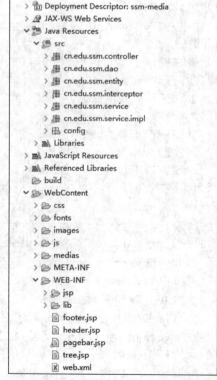

图 13-3　项目 ssm-media 的目录结构

代码清单 13-2：applicationContext.xml（源代码为 ssm-media）

```xml
<beans xmlns="http://www.springframework.org/schema/beans"
    xmlns:xsi="http://www.w3.org/2001/XMLSchema-instance"
    xmlns:mvc="http://www.springframework.org/schema/mvc"
    xmlns:context="http://www.springframework.org/schema/context"
    xmlns:aop="http://www.springframework.org/schema/aop"
    xmlns:tx="http://www.springframework.org/schema/tx"
    xsi:schemaLocation="http://www.springframework.org/schema/beans
    http://www.springframework.org/schema/beans/spring-beans.xsd
    http://www.springframework.org/schema/mvc
    http://www.springframework.org/schema/mvc/spring-mvc.xsd
    http://www.springframework.org/schema/context
    http://www.springframework.org/schema/context/spring-context.xsd
    http://www.springframework.org/schema/aop
    http://www.springframework.org/schema/aop/spring-aop.xsd
    http://www.springframework.org/schema/tx
    http://www.springframework.org/schema/tx/spring-tx.xsd">
<!--读取 db.properties -->
<context:property-placeholder location="classpath:config/db.properties"/>


<!-- 配置数据源 -->
<bean id="dataSource"
        class="org.apache.commons.dbcp2.BasicDataSource">
        <!--数据库驱动 -->
        <property name="driverClassName" value="${jdbc.driver}" />
        <!--连接数据库的 URL -->
        <property name="url" value="${jdbc.url}" />
        <!--连接数据库的用户名 -->
        <property name="username" value="${jdbc.username}" />
        <!--连接数据库的密码 -->
        <property name="password" value="${jdbc.password}" />
        <!--最大连接数 -->
        <property name="maxTotal" value="${jdbc.maxTotal}" />
        <!--最大空闲连接  -->
        <property name="maxIdle" value="${jdbc.maxIdle}" />
        <!--初始化连接数  -->
        <property name="initialSize" value="${jdbc.initialSize}" />
</bean>
<!--事务管理器 -->
<bean id="transactionManager" class=
"org.springframework.jdbc.datasource.DataSourceTransactionManager">
    <!--数据源 -->
    <property name="dataSource" ref="dataSource" />
```

```
    </bean>
    <!-- 通知 -->
    <tx:advice id="txAdvice" transaction-manager="transactionManager">
        <tx:attributes>
            <!-- 事务传播行为 -->
            <tx:method name="save*" propagation="REQUIRED" />
            <tx:method name="insert*" propagation="REQUIRED" />
            <tx:method name="add*" propagation="REQUIRED" />
            <tx:method name="create*" propagation="REQUIRED" />
            <tx:method name="delete*" propagation="REQUIRED" />
            <tx:method name="update*" propagation="REQUIRED" />
            <tx:method name="find*" propagation="SUPPORTS"
                                            read-only="true" />
            <tx:method name="select*" propagation="SUPPORTS"
                                            read-only="true" />
            <tx:method name="get*" propagation="SUPPORTS"
                                            read-only="true" />
        </tx:attributes>
    </tx:advice>
    <!-- AOP 切面 -->
    <aop:config>
        <aop:advisor advice-ref="txAdvice"
                pointcut="execution(* cn.edu.ssm.service.*.*(..))" />
    </aop:config>
    <!-- 配置 MyBatis 的工厂 -->
    <bean class="org.mybatis.spring.SqlSessionFactoryBean">
        <!-- 数据源 -->
        <property name="dataSource" ref="dataSource" />
        <!-- 配置 MyBatis 的核心 XML 配置文件所在位置 -->
        <property name="configLocation"
                        value="classpath:config/mybatis-config.xml" />
    </bean>
    <!-- 接口开发，扫描 com.itheima.core.dao 包，写在此包下的接口可被扫描-->
    <bean class="org.mybatis.spring.mapper.MapperScannerConfigurer">
        <property name="basePackage" value="cn.edu.ssm.dao" />
    </bean>
    <!-- 配置扫描@Service 注解 -->
    <context:component-scan base-package="cn.edu.ssm.service"/>
</beans>
```

在 Spring 的 XML 配置文件 applicationContext.xml 中，除了配置需要扫描的包、注解驱动和数据源外，还增加了事务传播行为和 AOP 切面配置。在事务传播行为中，通常将查询操作的事务设置为只读，而增加、修改、删除操作必须要纳入事务管理。

代码清单 13-3：db.properties（源代码为 ssm-media）

```
jdbc.driver=com.mysql.cj.jdbc.Driver
jdbc.url=jdbc:mysql://localhost:3306/medias?serverTimezone=GMT
jdbc.username=root
jdbc.password=root
jdbc.maxTotal=30
jdbc.maxIdle=10
jdbc.initialSize=5
```

代码清单 13-4：log4j.properties（源代码为 ssm-media）

```
# Global logging configuration
log4j.rootLogger=ERROR, stdout
# MyBatis logging configuration...
log4j.logger.cn.edu.example=DEBUG
# Console output...
log4j.appender.stdout=org.apache.log4j.ConsoleAppender
log4j.appender.stdout.layout=org.apache.log4j.PatternLayout
log4j.appender.stdout.layout.ConversionPattern=%5p [%t] - %m%n
```

代码清单 13-5：mybatis-config.xml（源代码为 ssm-media）

```
<?xml version="1.0" encoding="UTF-8" ?>
<!DOCTYPE configuration PUBLIC "-//mybatis.org//DTD Config 3.0//EN"
"http://mybatis.org/dtd/mybatis-3-config.dtd">
<configuration>
    <!-- 别名定义 -->
    <typeAliases>
        <package name="cn.edu.ssm.entity" />
    </typeAliases>

    <!-- 引入分页插件 PageHelper -->
    <plugins>
        <plugin interceptor="com.github.pagehelper.PageInterceptor">
            <property name="reasonable" value="true"/>
        </plugin>
    </plugins>
</configuration>
```

在引入分页插件 PageHelper 的配置中，属性 reasonable 是分页合理化参数，其默认值为 false。当该参数设置为 true，pageNum≤0 时，会查询第一页；pageNum>pages（超过总数）时，会查询最后一页。而当该参数默认值为 false 时，将直接根据参数进行查询。

代码清单 13-6：resource.properties（源代码为 ssm-media）

```
mediatype.photo=P
mediatype.vedio=V
```

代码清单 13-7：springmvc-config.xml（源代码为 ssm-media）

```xml
<beans xmlns="http://www.springframework.org/schema/beans"
    xmlns:xsi="http://www.w3.org/2001/XMLSchema-instance"
    xmlns:mvc="http://www.springframework.org/schema/mvc"
    xmlns:context="http://www.springframework.org/schema/context"
    xsi:schemaLocation="http://www.springframework.org/schema/beans
http://www.springframework.org/schema/beans/spring-beans.xsd
http://www.springframework.org/schema/mvc
http://www.springframework.org/schema/mvc/spring-mvc.xsd
http://www.springframework.org/schema/context
http://www.springframework.org/schema/context/spring-context.xsd ">
    <!-- 加载资源常量配置文件 -->
    <context:property-placeholder
                location="classpath:config/resource.properties" />
    <!-- 配置扫描器 -->
    <context:component-scan base-package="cn.edu.ssm.controller" />
    <!-- 配置扫描@Service 注解 -->
    <context:component-scan base-package="cn.edu.ssm.service"/>
    <!-- 注解驱动：配置处理器映射器和适配器 -->
    <mvc:annotation-driven />
    <!-- 配置静态资源的访问映射，此配置中的文件将不被前端控制器拦截 -->
    <mvc:resources location="/js/" mapping="/js/**" />
    <mvc:resources location="/css/" mapping="/css/**" />
    <mvc:resources location="/fonts/" mapping="/fonts/**" />
    <mvc:resources location="/images/" mapping="/images/**" />
    <!-- 配置视图解析器 -->
    <bean id="jspViewResolver" class=
"org.springframework.web.servlet.view.InternalResourceViewResolver">
        <property name="prefix" value="/WEB-INF/jsp/" />
        <property name="suffix" value=".jsp" />
    </bean>

    <!-- 配置拦截器 -->
    <mvc:interceptors>
        <mvc:interceptor>
            <mvc:mapping path="/manage/**" />
            <mvc:exclude-mapping path="/manage/loginview.action"/>
            <mvc:exclude-mapping path="/manage/login.action"/>
            <mvc:exclude-mapping path="/manage/logout.action"/>
            <bean class="cn.edu.ssm.interceptor.LoginInterceptor" />
        </mvc:interceptor>
    </mvc:interceptors>
</beans>
```

在 Spring MVC 的 XML 配置文件 springmvc-config.xml 中，除了配置需要扫描的包、注解驱动和视图解析器外，还增加了资源常量配置文件的加载、静态资源访问映射的配置，以及登录拦截器的配置。

步骤（4）中，在 web.xml 文件中可以配置 Spring 监听器、编码过滤器、Spring MVC 核心控制器和系统默认页面，如代码清单 13-8 所示。

代码清单 13-8：web.xml（源代码为 ssm-media）

```xml
<?xml version="1.0" encoding="UTF-8"?>
<web-app xmlns:xsi="http://www.w3.org/2001/XMLSchema-instance"
    xmlns="http://xmlns.jcp.org/xml/ns/javaee"
    xsi:schemaLocation="http://xmlns.jcp.org/xml/ns/javaee
    http://xmlns.jcp.org/xml/ns/javaee/web-app_3_1.xsd"
    id="WebApp_ID" version="3.1">
    <!-- 配置 Spring 监听器-->
    <context-param>
        <param-name>contextConfigLocation</param-name>
        <param-value>classpath:config/applicationContext.xml</param-value>
    </context-param>
    <listener>
        <listener-class>
            org.springframework.web.context.ContextLoaderListener
        </listener-class>
    </listener>
    <!-- 配置编码过滤器 -->
    <filter>
        <filter-name>encoding</filter-name>
        <filter-class>
            org.springframework.web.filter.CharacterEncodingFilter
        </filter-class>
        <init-param>
            <param-name>encoding</param-name>
            <param-value>UTF-8</param-value>
        </init-param>
    </filter>
    <filter-mapping>
        <filter-name>encoding</filter-name>
        <url-pattern>*.action</url-pattern>
    </filter-mapping>
    <!-- 配置 Spring MVC 核心控制器 -->
    <servlet>
        <servlet-name>ssm-media</servlet-name>
        <servlet-class>
            org.springframework.web.servlet.DispatcherServlet
```

```
            </servlet-class>
            <init-param>
                <param-name>contextConfigLocation</param-name>
                <param-value>classpath:config/springmvc-config.xml</param-value>
            </init-param>
            <!-- 配置服务器启动后，立即加载 Spring MVC 的 XML 配置文件 -->
            <load-on-startup>1</load-on-startup>
        </servlet>
        <servlet-mapping>
            <servlet-name>ssm-media</servlet-name>
            <url-pattern>*.action</url-pattern>
        </servlet-mapping>
        <!-- 系统默认页面 -->
        <welcome-file-list>
            <welcome-file>index.action</welcome-file>
        </welcome-file-list>
    </web-app>
```

步骤（5）中，引入页面相关资源。该系统中前端页面样式将采用 Bootstrap 框架及其字体、图标。项目 ssm-media 的页面资源目录结构如图 13-4 所示。

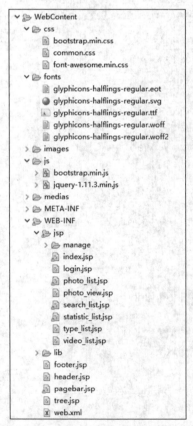

图 13-4　项目 ssm-media 的页面资源目录结构

步骤（6）中，创建系统通用页面 header.jsp、footer.jsp、tree.jsp、pagebar.jsp，分别如代码清单 13-9、代码清单 13-10、代码清单 13-11、代码清单 13-12 所示。

代码清单 13-9：header.jsp（源代码为 ssm-media）

```
<%@ page language="java" contentType="text/html; charset=UTF-8"
    pageEncoding="UTF-8"%>
<%@ page trimDirectiveWhitespaces="true"%>
<%@ taglib prefix="c" uri="http://java.sun.com/jsp/jstl/core"%>
<!DOCTYPE html>
<html>
    <head>
        <title>媒体素材管理系统</title>
        <meta name="viewport" content="width=device-width, initial-scale=1.0">
        <!-- 引入 Bootstrap -->
        <link href="${pageContext.request.contextPath}/css/bootstrap.min.css" rel=
"stylesheet">
        <link href="${pageContext.request.contextPath}/css/common.css" rel="stylesheet">
    </head>
    <body>
<header>
    <nav class="navbar navbar-inverse navbar-fixed-top">
      <div class="container">
        <div class="navbar-header">
          <button type="button" class="navbar-toggle collapsed" data-toggle=
"collapse" data-target="#navbar" aria-expanded="false" aria-controls="navbar">
            <span class="sr-only">Toggle navigation</span>
            <span class="icon-bar"></span>
            <span class="icon-bar"></span>
            <span class="icon-bar"></span>
          </button>
          <a class="navbar-brand" href="#">媒体素材管理系统</a>
        </div>
        <div id="navbar" class="navbar-collapse collapse">
          <ul class="nav navbar-nav">
            <li class="active"><a href="${pageContext.request.contextPath}/index.action">
首页</a></li>
            <li><a href="${pageContext.request.contextPath}/photolist.action">图片</a></li>
            <li><a href="${pageContext.request.contextPath}/videolist.action">视频</a></li>
            <li><a href="${pageContext.request.contextPath}/typelist.action">分类</a></li>
            <li><a href="${pageContext.request.contextPath}/statistic.action">统计</a></li>
          </ul>
          <form class="navbar-form navbar-right"
action="${pageContext.request.contextPath}/search.action">
            <div class="form-group">
```

```
                <input type="text" name="searchkey" placeholder="请输入关键字"
class="form-control">
            </div>
            <button type="submit" class="btn btn-success">搜索</button>
            <a href="${pageContext.request.contextPath}/manage/loginview.action"
class="btn btn-primary" role="button">登录</a>
        </form>
    </div><!--/.navbar-collapse -->
        </div>
    </nav>
</header>
<br/><br/><br/>
```

代码清单 13-10：footer.jsp（源代码为 ssm-media）

```
<%@ page language="java" contentType="text/html; charset=UTF-8"
    pageEncoding="UTF-8"%>
<footer class="footer">
  <div class="container">
    <p class="text-muted">© Company 2019-2020</p>
  </div>
</footer>
    <!-- 引入 jQuery (Bootstrap 的 JavaScript 插件需要使用 jQuery) -->
    <script src="${pageContext.request.contextPath}/js/jquery-1.11.3.min.js"></script>
    <script src="${pageContext.request.contextPath}/js/bootstrap.min.js"></script>
</body>
</html>
```

代码清单 13-11：tree.jsp（源代码为 ssm-media）

```
<%@ page language="java" contentType="text/html; charset=UTF-8"
    pageEncoding="UTF-8"%>
<%@ taglib prefix="c" uri="http://java.sun.com/jsp/jstl/core"%>
    <!-- 左侧显示列表部分-->
    <div class="row">
        <div class="col-md-2">
            <div class="list-group sidebar">
                <a href="${pageContext.request.contextPath }/manage/mediamanage.action"
class="list-group-item <#if url=='mediamanage'> active</#if>">媒体素材管理</a>
                <a href="${pageContext.request.contextPath }/manage/typemanage.action"
class="list-group-item <#if url=='typemanage'> active</#if>">分类管理 </a>
                <a href="${pageContext.request.contextPath }/manage/usermanage.action"
class="list-group-item <#if url=='usermanage'> active</#if>">用户管理</a>
                <br/>
                <a href="${pageContext.request.contextPath }/manage/logout.action" class=
"btn btn-danger col-md-12"><span class="glyphicon glyphicon-off"></span> 退出登录</a>
                <c:if test="${USER_SESSION.username!=null}" >
```

```
                <div class="userinfo">当前登录用户：
${USER_SESSION.username}</div>
                    </c:if>
                </div>
            </div>
        </div>
```

代码清单 13-12：pagebar.jsp（源代码为 ssm-media）

```
<%@ page language="java" contentType="text/html; charset=UTF-8"
    pageEncoding="UTF-8"%>
        <div class="pager">
        <ul>
        <c:if test="${pageInfo.hasPreviousPage}">
            <li><a href="${pageContext.request.contextPath }/manage/mediamanage.
action?option=getUsers&pageNum=1&pageItemsCount=${page.pages}">首页</a></li>
            <li><a href="${pageContext.request.contextPath }/manage/mediamanage.
action?option=getUsers&pageNum=${page.prePage}&pageItemsCount=${page.pages}">上一页
</a></li>
        </c:if>
        <c:forEach begin="1" end="${pageInfo.total}" var="each">
        <c:choose>
            <c:when test="${each == pageInfo.pageNum}">
                <li class="active"><a style="color:black;">${each}</a></li>
            </c:when>
            <c:when test="${each >= (pageInfo.pageNum - 2) && each <=
(pageInfo.pageNum + 2)}">
                <li><a href="${pageContext.request.contextPath }/manage/
mediamanage.action?option=getUsers&pageNum=${each}&pageItemsCount=${pageInfo.pages}
">${each}</a></li>
            </c:when>
        </c:choose>
        </c:forEach>
        <c:if test="${pageInfo.hasNextPage}">
            <li><a href="${pageContext.request.contextPath }/manage/mediamanage.
action?option=getUsers&pageNum=${pageInfo.nextPage}&pageItemsCount=${pageInfo.pages}">
下一页</a></li>
            <li><a href="${pageContext.request.contextPath }/manage/mediamanage.
action?option=getUsers&pageNum=1&pageItemsCount=${pageInfo.pages}">尾页</a></li>
        </c:if>
        </ul>
        </div>
```

13.2 系统首页

媒体素材管理系统首页用于展示系统导航、最新图片、最新视频等信息，并实现媒体素材查询、管理员登录、图片浏览、视频播放、媒体素材统计等功能。

13.2.1　创建持久化类

结合系统功能需求及数据库表设计，在 cn.edu.ssm.entity 包下创建媒体持久化类
Media.java 和媒体分类持久化类 Type.java，并为类中的属性定义 get 和 set 方法，如
代码清单 13-13、代码清单 13-14 所示。

代码清单 13-13：Media.java（源代码为 ssm-media）

```java
package cn.edu.ssm.entity;
import java.util.Date;

import org.springframework.stereotype.Component;
public class Media {
    private String mediaid;
    private String mediatitle;
    private String typeid;
    private Date screendate;
    private String description;
    private String Mediatype;
    private String vedioimageurl;
    private String mediaurl;
    private String isopen;
    private String typename;
    public String getMediaid() {
        return mediaid;
    }
    public void setMediaid(String mediaid) {
        this.mediaid = mediaid;
    }
    public String getMediatitle() {
        return mediatitle;
    }
    public void setMediatitle(String mediatitle) {
        this.mediatitle = mediatitle;
    }
    public String getTypeid() {
        return typeid;
    }
    public void setTypeid(String typeid) {
        this.typeid = typeid;
    }
    public Date getScreendate() {
        return screendate;
```

```
    }
    public void setScreendate(Date screendate) {
        this.screendate = screendate;
    }
    public String getDescription() {
        return description;
    }
    public void setDescription(String description) {
        this.description = description;
    }
    public String getMediatype() {
        return Mediatype;
    }
    public void setMediatype(String mediatype) {
        Mediatype = mediatype;
    }
    public String getVedioimageurl() {
        return vedioimageurl;
    }
    public void setVedioimageurl(String vedioimageurl) {
        this.vedioimageurl = vedioimageurl;
    }
    public String getMediaurl() {
        return mediaurl;
    }
    public void setMediaurl(String mediaurl) {
        this.mediaurl = mediaurl;
    }
    public String getIsopen() {
        return isopen;
    }
    public void setIsopen(String isopen) {
        this.isopen = isopen;
    }
    public String getTypename() {
        return typename;
    }
    public void setTypename(String typename) {
        this.typename = typename;
    }
}
```

代码清单 13-14：Type.java（源代码为 ssm-media）

```
package cn.edu.ssm.entity;
```

```java
import java.util.Date;
import org.springframework.stereotype.Component;
public class Type {
    private String typeid;
    private String typename;
    private String description;
    private String Typeimage;
    private Date builddate;
    public String getTypeid() {
        return typeid;
    }
    public void setTypeid(String typeid) {
        this.typeid = typeid;
    }
    public String getTypename() {
        return typename;
    }
    public void setTypename(String typename) {
        this.typename = typename;
    }
    public String getDescription() {
        return description;
    }
    public void setDescription(String description) {
        this.description = description;
    }
    public String getTypeimage() {
        return Typeimage;
    }
    public void setTypeimage(String typeimage) {
        Typeimage = typeimage;
    }
    public Date getBuilddate() {
        return builddate;
    }
    public void setBuilddate(Date builddate) {
        this.builddate = builddate;
    }
}
```

13.2.2 发起 URL 请求

根据 web.xml 文件配置，系统欢迎页面为首页，即系统运行后立刻发起首页 URL

请求"index.action"，如代码清单 13-15 所示。

代码清单 13-15：web.xml 中的系统欢迎页面配置（源代码为 ssm-media）

```
<!-- 系统欢迎页面 -->
<welcome-file-list>
    <welcome-file>index.action</welcome-file>
</welcome-file-list>
```

13.2.3　控制层的配置

在 cn.edu.ssm.controller 包下创建控制器类 HomeController.java，在该类中定义 index.action 请求处理方法 getNewMedia()和其他首页相关的请求处理方法，如代码清单 13-16 所示。

代码清单 13-16：HomeController.java（源代码为 ssm-media）

```java
package cn.edu.ssm.controller;
import java.util.List;
import javax.servlet.http.HttpServletRequest;
import javax.servlet.http.HttpSession;
import org.springframework.beans.factory.annotation.Autowired;
import org.springframework.beans.factory.annotation.Value;
import org.springframework.stereotype.Controller;
import org.springframework.ui.Model;
import org.springframework.web.bind.annotation.RequestMapping;
import org.springframework.web.bind.annotation.RestController;
import cn.edu.ssm.entity.User;
import cn.edu.ssm.service.HomeService;
@Controller
public class HomeController {
    @Autowired
    private HomeService homeService;
    @Value("${mediatype.photo}")
    private String PHOTO_TYPE;
    @Value("${mediatype.vedio}")
    private String VEDIO_TYPE;

    // 进入首页
    @RequestMapping("/index.action")
    public String getNewMedia(Model model) throws Exception {
        List plist = homeService.getNewMedias(PHOTO_TYPE);
        model.addAttribute("plist", plist);
        List vlist = homeService.getNewMedias(VEDIO_TYPE);
        model.addAttribute("vlist", vlist);
        return "index";
```

```
        }
        // 浏览图片
        @RequestMapping("/photoview.action")
        public String photoview(Model model, String mediaid, String medianum) throws
Exception {
                List plist = homeService.getPhotoView(PHOTO_TYPE, medianum);
                model.addAttribute("plist", plist);
                model.addAttribute("mediaid", mediaid);
                return "photo_view";
        }
        // 显示图片列表
        @RequestMapping("/photolist.action")
        public String photoList(Model model) throws Exception {
                List plist = homeService.getMediaList(PHOTO_TYPE);
                model.addAttribute("plist", plist);
                return "photo_list";
        }
        // 显示视频列表
        @RequestMapping("/videolist.action")
        public String videoList(Model model) throws Exception {
                List vlist = homeService.getMediaList(VEDIO_TYPE);
                model.addAttribute("vlist", vlist);
                return "video_list";
        }
        // 进入分类查看页面
        @RequestMapping("/typelist.action")
        public String typelist(Model model) throws Exception {
                List list = homeService.getTypeList();
                model.addAttribute("list", list);
                return "type_list";
        }
        // 显示数据统计
        @RequestMapping("/statistic.action")
        public String statistic(Model model) throws Exception {
                List list = homeService.getStatistic();
                model.addAttribute("list", list);
                return "statistic_list";
        }
        // 进入查询结果页面
        @RequestMapping("/search.action")
        public String search(Model model, String searchkey, HttpServletRequest request) throws
Exception {
                // 获取 Session
                HttpSession session = request.getSession();
```

```
        User user = (User) session.getAttribute("USER_SESSION");
        List list = homeService.getSearchList(searchkey);
        model.addAttribute("list", list);
        if (user != null) {
            model.addAttribute("url", "mediamanage");
            return "manage/media_manage";
        } else {
            return "search_list";
        }
    }
}
```

在控制器类 HomeController.java 中，对 HomeService 属性进行声明，并使用
@Autowired 注解将属性注入到当前类中，使用@Value 注解将 resources.properties
文件中声明的两个属性值 mediatype.photo 和 mediatype.vedio 赋给属性 PHOTO_
TYPE 和 VEDIO_TYPE。

请求处理方法 getNewMedia()用于调用业务逻辑层 HomeService.java 类中的
getNewMedias()业务处理方法。

13.2.4 业务逻辑层的配置

在 cn.edu.ssm.service 包下创建 HomeService.java 接口，在接口中定义
getNewMedias()方法及其他首页相关的业务处理方法，如代码清单 13-17 所示。在
cn.edu.ssm.service.impl 包下创建接口实现类 HomeServiceImpl.java 和方法，如代
码清单 13-18 所示。

代码清单 13-17：HomeService.java 接口（源代码为 ssm-media）

```
package cn.edu.ssm.service;
import java.util.List;
import org.springframework.stereotype.Service;
public interface HomeService {
    // 获取最新媒体素材
    public List getNewMedias(String string);
    public List getMediaList(String pHOTO_TYPE);
    public List getPhotoView(String pHOTO_TYPE, String medianum);
    public List getTypeList();
    public List getStatistic();
    public List getSearchList(String searchkey);
}
```

代码清单 13-18：接口实现类 HomeServiceImpl.java 和方法（源代码为 ssm-media）

```
package cn.edu.ssm.service.impl;
import java.util.List;
import org.springframework.beans.factory.annotation.Autowired;
import org.springframework.stereotype.Service;
```

```java
import cn.edu.ssm.dao.HomeMapper;
import cn.edu.ssm.service.HomeService;
@Service
public class HomeServiceImpl implements HomeService {
    @Autowired
    private HomeMapper homeMapper;
    @Override
    public List getNewMedias(String mediatype) {
        return homeMapper.getNewMedias(mediatype);
    }
    @Override
    public List getMediaList(String pHOTO_TYPE) {
        return homeMapper.getMediaList(pHOTO_TYPE);
    }
    @Override
    public List getPhotoView(String pHOTO_TYPE, String medianum) {
        return homeMapper.getPhotoView(pHOTO_TYPE, medianum);
    }
    @Override
    public List getTypeList() {
        return homeMapper.getTypeList();
    }
    @Override
    public List getStatistic() {
        return homeMapper.getStatistic();
    }
    @Override
    public List getSearchList(String searchkey) {
        return homeMapper.getSearchList(searchkey);
    }
}
```

业务处理方法 getNewMedias()用于调用数据持久层 HomeMapper.java 接口中的方法 getNewMedias()。

13.2.5　数据持久层的配置

在 cn.edu.ssm.dao 包下创建 MyBatis 映射器接口 HomeMapper.java 和映射文件 HomeMapper.xml，在映射器接口 HomeMapper.java 中定义方法 getNewMedias()，在映射文件 HomeMapper.xml 中定义 SQL 语句以备映射器接口方法 getNewMedias() 调用，实现数据库操作。映射器接口 HomeMapper.java 如代码清单 13-19 所示，映射文件 HomeMapper.xml 如代码清单 13-20 所示。

代码清单 13-19：映射器接口 HomeMapper.java（源代码为 ssm-media）

```java
package cn.edu.ssm.dao;
import java.util.List;
import org.apache.ibatis.annotations.Mapper;
import org.apache.ibatis.annotations.Param;
public interface HomeMapper {
    // 获取最新媒体素材
    public List getNewMedias(String mediatype);
    public List getMediaList(String pHOTO_TYPE);
    public List getPhotoView(@Param("pHOTO_TYPE") String pHOTO_TYPE, @Param
("medianum") String medianum);
    public List getTypeList();
    public List getStatistic();
    public List getSearchList(String searchkey);
}
```

代码清单 13-20：映射文件 HomeMapper.xml（源代码为 ssm-media）

```xml
<?xml version="1.0" encoding="UTF-8"?>
<!DOCTYPE mapper PUBLIC "-//mybatis.org//DTD Mapper 3.0//EN"
"http://www.mybatis.org/dtd/mybatis-3-mapper.dtd">
<mapper namespace="cn.edu.ssm.dao.HomeMapper">
    <select id="getNewMedias" resultType="Media">
        select * from medias where mediatype=#{pHOTO_TYPE} order by screendate
desc limit 4
    </select>
    <select id="getPhotoView" resultType="Media">
        select * from medias where mediatype=#{pHOTO_TYPE} order by screendate
desc limit ${medianum}
    </select>
    <select id="getMediaList" resultType="Media">
        select * from medias where mediatype=#{pHOTO_TYPE} order by screendate desc
    </select>
    <select id="getTypeList" resultType="Type">
        select * from types
    </select>
    <select id="getStatistic" resultType="Map">
        select t.typename, (select count(*) from medias me where me.mediatype='P' and
me.typeid=m.typeid ) pnum, (select count(*) from medias med where med.mediatype='V' and
med.typeid=m.typeid ) vnum from medias m RIGHT JOIN   types t on m.typeid=t.typeid group by
t.typename
    </select>
    <select id="getSearchList" resultType="Media">
        select m.*,t.typename from medias m join types t on m.typeid=t.typeid where
mediatitle like concat('%',#{searchkey},'%') order by mediatype
```

```
        </select>
</mapper>
```

13.2.6　页面设计

在 WebContent/WEB-INF/路径下创建 jsp 文件夹，在文件夹下创建 index.jsp 文件，如代码清单 13-21 所示。

代码清单 13-21：index.jsp 文件（源代码为 ssm-media）

```jsp
<%@include file="/WEB-INF/header.jsp"%>
<%@ page language="java" contentType="text/html; charset=UTF-8"
    pageEncoding="UTF-8"%>
<%@ taglib uri="http://java.sun.com/jsp/jstl/functions" prefix="fn"%>
<%@ taglib uri="http://java.sun.com/jsp/jstl/fmt" prefix="fmt"%>
<div class="container">
    <div class="panel panel-default">
        <div class="panel-heading">
            <h3 class="panel-title">
                <span class="glyphicon glyphicon-camera"></span> 最新图片
            </h3>
        </div>
        <div class="panel-body">
            <div class="row">
                <c:forEach items="${plist}" var="pl">
                    <div class="col-sm-6 col-md-3">
                        <a
        href="${pageContext.request.contextPath}/photoview.action?mediaid=${pl.mediaid}
&medianum=${fn:length(plist)}">
                            <div class="thumbnail">
                                <img src="${pageContext.request.contextPath}
${pl.mediaurl}"
                                    alt="缩略图" class="img-thumbnail">
                                <div class="caption">
                                    <h4>${pl.mediatitle}</h4>
                                    <p>${pl.description}</p>
                                    <p>
                                        <fmt:formatDate value="${pl.screendate}"
pattern="yyyy-MM-dd" />
                                    </p>
                                </div>
                            </div>
                        </a>
                    </div>
                </c:forEach>
```

```html
            <div class="pull-right">
                <a href="${pageContext.request.contextPath}/photolist.action"
                    class="btn btn-primary" role="button">更多图片 &gt;&gt;</a>
                  
            </div>
        </div>
    </div>
</div>
<div class="panel panel-default">
    <div class="panel-heading">
        <h3 class="panel-title">
            <span class="glyphicon glyphicon-film"></span> 最新视频
        </h3>
    </div>
    <div class="panel-body">
        <div class="row">
            <c:forEach items="${vlist}" var="v">
                <div class="col-sm-6 col-md-3">
                    <div class="thumbnail">
                        <video
poster="${pageContext.request.contextPath}${v.vedioimageurl}"
                            controls height="100%" width="98%">
                            <source
src="${pageContext.request.contextPath}${v.mediaurl}"
                                type='video/mp4; codecs="avc1.4D401E,
mp4a.40.2"'>
                        </video>
                        <div class="caption">
                            <h4>${v.mediatitle}</h4>
                            <p>${v.description}</p>
                        </div>
                    </div>
                </div>
            </c:forEach>
            <div class="pull-right">
                <a href="${pageContext.request.contextPath}/videolist.action"
                    class="btn btn-primary" role="button">更多视频 &gt;&gt;</a>
                  
            </div>
        </div>
    </div>
</div>
```

```
</div>
<%@include file="/WEB-INF/footer.jsp"%>
```

13.2.7 运行测试

启动系统，在浏览器地址栏中输入 http://localhost:8080/ssm-media/，媒体素材管理系统首页运行效果如图 13-5 所示。

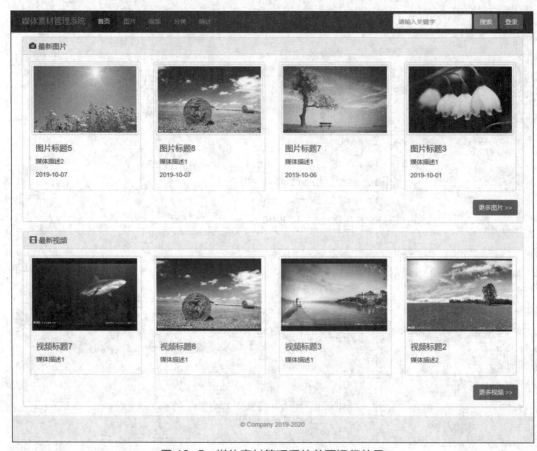

图 13-5 媒体素材管理系统首页运行效果

13.3 用户登录模块

用户登录模块的实现，可以从创建持久化类 User.java 开始。通过系统首页或系统子页面发起登录请求，进入用户登录页面 login.jsp，填写用户登录信息，单击"登录"按钮进行登录验证。调用控制层控制器类 UserController.java 的请求方法 login()、调用业务层接口 UserService.java 及其实现类 UserServiceImpl.java 中的业务处理方法 findUser()、调用数据持久层的 MyBatis 映射器接口 UserMapper.java 和映射文件 UserMapper.xml 中的 SQL 语句，对登录用户进行信息验证。如果用户通过验证，则进入媒体素材管理页面；如果用户未通过验证，则提示出错，要求重新登录。

13.3.1 创建持久化类

在 cn.edu.ssm.entity 包下创建用户持久化类 User.java，并为类中的属性定义 get 和 set 方法，如代码清单 13-22 所示。

代码清单 13-22：User.java（源代码为 ssm-media）

```java
package cn.edu.ssm.entity;
import org.springframework.stereotype.Component;
public class User {
    private String username;
    private String password;
    private String realname;
    public String getUsername() {
        return username;
    }
    public void setUsername(String username) {
        this.username = username;
    }
    public String getPassword() {
        return password;
    }
    public void setPassword(String password) {
        this.password = password;
    }
    public String getRealname() {
        return realname;
    }
    public void setRealname(String realname) {
        this.realname = realname;
    }
    @Override
    public String toString() {
        return "User [username=" + username + ", password=" + password + ", realname=" +
realname + "]";
    }
}
```

13.3.2 发起 URL 请求

在系统首页或各子页面中，单击导航菜单最右侧的"登录"按钮，进入系统用户登录页面 login.jsp。导航菜单如图 13-6 所示。系统用户登录页面如图 13-7 所示。

图 13-6 导航菜单

图 13-7　系统用户登录页面

在 WebContent/WEB-INF/jsp/路径下创建用户登录页面 login.jsp，如代码清单 13-23 所示。

代码清单 13-23：login.jsp（源代码为 ssm-media）

```jsp
<%@include file="/WEB-INF/header.jsp"%>
<%@ page language="java" contentType="text/html; charset=UTF-8"
    pageEncoding="UTF-8"%>
<div class="container">
    <div class="row">
        <div class="col-md-4"></div>
        <div class="col-md-4">
            <form class="form-signin"
                action="${pageContext.request.contextPath}/manage/login.action"
                method="post">
                <h3 class="form-signin-heading">请输入管理员账户信息</h3>
                <label for="username" class="sr-only">用户名</label>
                <input type="text"
                    name="username" id="username" class="form-control"
                    placeholder="用户名" required autofocus> <label for="password"
                    class="sr-only">密码</label>
                <input type="password" name="password"
                    id="password" class="form-control" placeholder="密码" required>
                <div id="msg">${msg}</div>
                <button class="btn btn-lg btn-primary btn-block" type="submit">登录
</button>
            </form>
        </div>
        <div class="col-md-4"></div>
    </div>
</div>
```

```
<!-- /container -->
<%@include file="/WEB-INF/footer.jsp"%>
```

在用户名和密码文本框中输入用户名和密码，单击"登录"按钮，将对用户登录合法性进行验证。如果用户名或密码存在错误，则进入用户登录错误页面，并提示"账号或密码错误，请重新输入！"，如图 13-8 所示。

图 13-8　用户登录错误页面

输入正确的用户名和密码后，单击"登录"按钮，以 post 方式提交页面表单数据并发起 URL 请求（/manage/login.action）。

13.3.3　控制层的配置

在 cn.edu.ssm.controller 包下创建控制器类 UserController.java，在类中定义 login.action 请求处理方法 login()和其他用户登录的相关请求处理方法，如代码清单 13-24 所示。

代码清单 13-24：UserController.java（源代码为 ssm-media）

```java
package cn.edu.ssm.controller;
import java.util.List;
import javax.servlet.http.HttpServletRequest;
import javax.servlet.http.HttpSession;
import org.springframework.beans.factory.annotation.Autowired;
import org.springframework.http.HttpRequest;
import org.springframework.stereotype.Controller;
import org.springframework.ui.Model;
import org.springframework.web.bind.annotation.RequestMapping;
import org.springframework.web.bind.annotation.RestController;
import cn.edu.ssm.entity.User;
import cn.edu.ssm.service.UserService;
@Controller
@RequestMapping("manage")
public class UserController {
```

```
@Autowired
private UserService userService;
@RequestMapping("/loginview")
public String loginview() throws Exception {
    return "login";
}
// 用户登录
@RequestMapping("/login.action")
public String login(String username,String password, Model model,
        HttpSession session) {
    // 通过用户名和密码查询用户
    User user = userService.findUser(username, password);
    if(user != null){
        // 将用户对象添加到 Session 中
        session.setAttribute("USER_SESSION", user);
        model.addAttribute("url", "mediamanage");
        // 重定向到媒体素材管理页面
        return "redirect:/manage/mediamanage.action";
    }else {
        model.addAttribute("msg", "账号或密码错误，请重新输入！");
        // 返回系统用户登录页面
        return "login";
    }
}
/**
 * 退出登录
 */
@RequestMapping(value = "/logout.action")
public String logout(HttpSession session) {
    // 清除 Session
    session.invalidate();
    // 重定向到系统用户登录页面
    return "redirect:manage/loginview.action";
}
@RequestMapping("/usermanage.action")
public String usermanage(Model model,HttpServletRequest req) throws Exception {
    List list=userService.getUserList();
    model.addAttribute("list",list);
    model.addAttribute("url", "usermanage");
    return "manage/user_manage";
}
}
```

请求处理方法 login()用于调用业务逻辑层 UserService.java 类中的 findUser ()业

务处理方法。如果获取到用户信息，则将用户信息存储到 Session 中，并重定向到媒体
素材管理页面。如果用户信息不存在，则返回系统用户登录页面，并进行错误信息提示。

13.3.4　业务逻辑层的配置

在 cn.edu.ssm.service 包下创建 UserService.java 接口，在接口中定义 findUser()
方法及其他用户登录的相关业务处理方法，如代码清单 13-25 所示。在 cn.edu.ssm.
service.impl 包下创建接口实现类 UserServiceImpl.java 和方法，如代码清单 13-26
所示。

代码清单 13-25：UserService.java 接口（源代码为 ssm-media）

```
package cn.edu.ssm.service;
import java.util.List;
import org.springframework.stereotype.Service;
import cn.edu.ssm.entity.User;
public interface UserService {
    // 通过用户名和密码查询用户
    public User findUser(String username,String password);
    public List getUserList();
}
```

代码清单 13-26：UserServiceImpl.java 和方法（源代码为 ssm-media）

```
package cn.edu.ssm.service.impl;
import java.util.List;
import org.springframework.beans.factory.annotation.Autowired;
import org.springframework.stereotype.Service;
import cn.edu.ssm.dao.UserMapper;
import cn.edu.ssm.entity.User;
import cn.edu.ssm.service.UserService;
@Service
public class UserServiceImpl implements UserService {
    @Autowired
    private UserMapper userMapper;
    @Override
    public User findUser(String username, String password) {
        return userMapper.findUser(username, password);
    }
    @Override
    public List getUserList() {
        return userMapper.getUserList();
    }
}
```

业务处理方法 findUser()用于调用数据持久层 UserMapper.java 接口中的方法
findUser()。

13.3.5 数据持久层的配置

在 cn.edu.ssm.dao 包下创建 MyBatis 映射器接口 UserMapper.java 和映射文件 UserMapper.xml。在映射器接口 UserMapper.java 中定义方法 findUser()；在映射文件 UserMapper.xml 中定义 SQL 语句以备映射器接口方法 findUser()调用，实现数据库操作。映射器接口 UserMapper.java 如代码清单 13-27 所示，映射文件 UserMapper.xml 如代码清单 13-28 所示。

代码清单 13-27：映射器接口 UserMapper.java（源代码为 ssm-media）

```java
package cn.edu.ssm.dao;
import java.util.List;
import org.apache.ibatis.annotations.Mapper;
import org.apache.ibatis.annotations.Param;
import cn.edu.ssm.entity.User;
public interface UserMapper {
    // 获取用户信息
    public List<User> getUser() throws Exception;
    public User findUser(@Param("username") String username, @Param("password")
String password);
    public List getUserList();
}
```

代码清单 13-28：映射文件 UserMapper.xml（源代码为 ssm-media）

```xml
<?xml version="1.0" encoding="UTF-8"?>
<!DOCTYPE mapper PUBLIC "-//mybatis.org//DTD Mapper 3.0//EN" "http://www.mybatis.
org/dtd/mybatis-3-mapper.dtd">
<mapper namespace="cn.edu.ssm.dao.UserMapper">
    <!-- 查询用户信息 -->
    <select id="findUser" parameterType="String" resultType="User">
        select * from users where username = #{username} and password =#{password}
    </select>
    <select id="getUserList" resultType="User">
        select * from users
    </select>
</mapper>
```

13.3.6 运行测试

项目启动后，在首页或各子页面中，单击导航菜单最右侧的"登录"按钮，进入系统用户登录页面。输入用户名和密码，单击"登录"按钮，发起 URL 请求/manage/login.action。如果用户验证失败，则进入图 13-8 所示的页面。如果用户通过验证，则发起页面重定向请求 redirect:/manage/mediamanage.action，进入媒体素材管理页面，如图 13-9 所示。

图 13-9　媒体素材管理页面

13.4　媒体素材管理模块

对于媒体素材管理模块，可使用拦截器进行权限验证。

13.4.1　发起 URL 请求

进入系统用户登录页面，输入正确的用户名和密码，单击"登录"按钮发起 URL
请求 manage/login.action。如果用户通过验证，则发起页面重定向请求 redirect:/
/manage/mediamanage.action，进入媒体素材管理页面。UserController.java 类中
的 login.action 请求处理方法 login()如代码清单 13-29 所示。

代码清单 13-29：login()（源代码为 ssm-media）

```java
// 用户登录
@RequestMapping("/login.action")
public String login(String username,String password, Model model,
        HttpSession session) {
    // 通过用户名和密码查询用户
    User user = userService.findUser(username, password);
    if(user != null){
        // 将用户对象添加到 Session 中
        session.setAttribute("USER_SESSION", user);
        model.addAttribute("url", "mediamanage");
        // 重定向到媒体素材管理页面
        return "redirect:/manage/mediamanage.action";
    }else {
        model.addAttribute("msg", "账号或密码错误，请重新输入！");
        // 返回系统用户登录页面
        return "login";
```

```
        }
    }
```

13.4.2　管理权限验证：拦截器

根据第 1 章中描述的系统需求及设计，该系统具有前台和后台管理两大子功能。前台功能是不需要进行用户登录的，但后台管理功能需要用户登录后才可以操作。这里就需要对不同的 URL 请求进行权限验证，原则是对于所有后台管理功能的 URL 请求，必须先验证用户是否已经登录。如果已登录，则可以执行后台管理操作；如果未登录，则需要先重定向到系统用户登录页面，登录后才可以进入媒体素材管理页面。上述功能需求可通过定义拦截器的方式来实现。

在 cn.edu.ssm.interceptor 包下创建拦截器类 LoginInterceptor.java，在类的 preHandle()方法中对用户是否登录进行验证，如果用户未登录，则重定向到用户登录页面，提醒用户进行登录。LoginInterceptor.java 如代码清单 13-30 所示。

代码清单 13-30：LoginInterceptor.java（源代码为 ssm-media）

```java
package cn.edu.ssm.interceptor;
import javax.servlet.http.HttpServletRequest;
import javax.servlet.http.HttpServletResponse;
import javax.servlet.http.HttpSession;
import org.springframework.web.servlet.HandlerInterceptor;
import org.springframework.web.servlet.ModelAndView;
import cn.edu.ssm.entity.User;
/**
 * 登录验证拦截器
 */
public class LoginInterceptor implements HandlerInterceptor {
    @Override
    public boolean preHandle(HttpServletRequest request, HttpServletResponse response,
Object handler)
            throws Exception {
        // 获取 Session
        HttpSession session = request.getSession();
        User user = (User) session.getAttribute("USER_SESSION");
        if (user == null || user.equals("")) {
            response.sendRedirect("loginview.action");
            return false;
        }
        return true;
    }
    @Override
    public void postHandle(HttpServletRequest request, HttpServletResponse response,
Object handler,
```

252

```
                ModelAndView modelAndView) throws Exception {
        }
        @Override
        public void afterCompletion(HttpServletRequest request, HttpServletResponse response,
Object handler, Exception ex)
                throws Exception {
        }
    }
}
```

拦截器类定义完成后，需要在 springmvc-config.xml 文件中配置拦截器，如代码
清单 13-31 所示。

代码清单 13-31：在 springmvc-config.xml 文件中配置拦截器（源代码为 ssm-media）

```xml
<beans xmlns="http://www.springframework.org/schema/beans"
    xmlns:xsi="http://www.w3.org/2001/XMLSchema-instance"
    xmlns:mvc="http://www.springframework.org/schema/mvc"
    xmlns:context="http://www.springframework.org/schema/context"
    xsi:schemaLocation="http://www.springframework.org/schema/beans
    http://www.springframework.org/schema/beans/spring-beans.xsd
    http://www.springframework.org/schema/mvc
    http://www.springframework.org/schema/mvc/spring-mvc.xsd
    http://www.springframework.org/schema/context
    http://www.springframework.org/schema/context/spring-context.xsd ">
    <!-- 加载资源常量配置文件 -->
    <context:property-placeholder
                location="classpath:config/resource.properties" />
    <!-- 配置扫描器 -->
    <context:component-scan base-package="cn.edu.ssm.controller" />
    <!-- 配置扫描@Service 注解 -->
    <context:component-scan base-package="cn.edu.ssm.service"/>
    <!-- 注解驱动：配置处理器映射器和适配器 -->
    <mvc:annotation-driven />
    <!--配置静态资源的访问映射，此配置中的文件将不被前端控制器拦截 -->
    <mvc:resources location="/js/" mapping="/js/**" />
    <mvc:resources location="/css/" mapping="/css/**" />
    <mvc:resources location="/fonts/" mapping="/fonts/**" />
    <mvc:resources location="/images/" mapping="/images/**" />
    <!-- 配置视图解析器 -->
    <bean id="jspViewResolver" class=
    "org.springframework.web.servlet.view.InternalResourceViewResolver">
        <property name="prefix" value="/WEB-INF/jsp/" />
        <property name="suffix" value=".jsp" />
    </bean>
    <!-- 配置拦截器 -->
    <mvc:interceptors>
```

```
        <mvc:interceptor>
            <mvc:mapping path="/manage/**" />
            <mvc:exclude-mapping path="/manage/loginview.action"/>
            <mvc:exclude-mapping path="/manage/login.action"/>
            <mvc:exclude-mapping path="/manage/logout.action"/>
            <bean class="cn.edu.ssm.interceptor.LoginInterceptor" />
        </mvc:interceptor>
    </mvc:interceptors>
</beans>
```

通过拦截器配置，除 /manage/loginview.action、/manage/login.action 和 /manage/logout.action 3 个以/manage/开头的 URL 请求外，其他所有以/manage/开头的 URL 请求都要通过拦截器进行登录验证。如果用户已登录，则允许继续执行控制器类中的后台管理相关方法。

13.4.3 控制层的配置

在 cn.edu.ssm.controller 包下创建控制器类 MediaController.java，在类中定义 /manage/mediamanage.action 请求处理方法 mediaManage()，如代码清单 13-32 所示。

代码清单 13-32：MediaController.java（源代码为 ssm-media）

```java
package cn.edu.ssm.controller;
import java.util.List;
import org.springframework.beans.factory.annotation.Autowired;
import org.springframework.stereotype.Controller;
import org.springframework.ui.Model;
import org.springframework.web.bind.annotation.RequestMapping;
import org.springframework.web.bind.annotation.RequestParam;
import org.springframework.web.bind.annotation.RestController;
import com.github.pagehelper.PageHelper;
import com.github.pagehelper.PageInfo;
import cn.edu.ssm.service.MediaService;
@Controller
@RequestMapping("/manage")
public class MediaController {
    @Autowired
    private MediaService mediaService;
    // 进入媒体素材管理页面
    @RequestMapping("/mediamanage.action")
    public String mediaManage(Model model,@RequestParam(defaultValue = "1",value =
"pageNum") Integer pageNum) throws Exception {
        PageHelper.startPage(pageNum,3);
        List list=mediaService.getMediaList();
        PageInfo pageInfo = new PageInfo(list);
```

```
        model.addAttribute("pageInfo",pageInfo);
        model.addAttribute("url", "mediamanage");
        return "manage/media_manage";
    }
}
```

在媒体素材管理页面中用到了 PageHelper 分页插件，参数 pageNum 表示请求的页数，给定默认值 defaultValue = "1"，表示不指定页码时默认显示第一页的内容。语句 PageHelper.startPage(pageNum,3);中的"3"表示每页显示 3 条数据。使用 PageInfo 对象将分页后的数据及相关属性绑定到页面中。

请求处理方法 mediaManage()用于调用业务逻辑层 MediaService.java 类中的 getMediaList()业务处理方法，以获取所有媒体素材信息。

13.4.4　业务逻辑层的配置

在 cn.edu.ssm.service 包下创建 MediaService.java 接口，在接口中定义 getMediaList()方法，如代码清单 13-33 所示。在 cn.edu.ssm.service.impl 包下创建接口实现类 MediaServiceImpl.java，如代码清单 13-34 所示。

代码清单 13-33：MediaService.java 接口（源代码为 ssm-media）

```
package cn.edu.ssm.service;
import java.util.List;
import org.springframework.stereotype.Service;
public interface MediaService {
    public List getMediaList();
}
```

代码清单 13-34：MediaServiceImpl.java（源代码为 ssm-media）

```
package cn.edu.ssm.service.impl;
import java.util.List;
import org.springframework.beans.factory.annotation.Autowired;
import org.springframework.stereotype.Service;
import cn.edu.ssm.dao.MediaMapper;
import cn.edu.ssm.service.MediaService;
@Service
public class MediaServiceImpl implements MediaService {
    @Autowired
private MediaMapper mediaMapper;
    @Override
    public List getMediaList() {
        return mediaMapper.getMediaList();
    }
}
```

业务处理方法 getMediaList()用于调用数据持久层 MediaMapper.java 接口中的方法 getMediaList()。

13.4.5　数据持久层的配置

在 cn.edu.ssm.dao 包下创建 MyBatis 映射器接口 MediaMapper.java 和映射文件 MediaMapper.xml。在映射器接口 MediaMapper.java 中定义方法 getMediaList ()；在映射文件 MediaMapper.xml 中定义 SQL 语句以备映射器接口方法 getMediaList () 调用，实现数据库操作。映射器接口 MediaMapper.java 如代码清单 13-35 所示，映射文件 MediaMapper.xml 如代码清单 13-36 所示。

代码清单 13-35：映射器接口 MediaMapper.java（源代码为 ssm-media）

```
package cn.edu.ssm.dao;
import java.util.List;
import org.apache.ibatis.annotations.Mapper;
import cn.edu.ssm.entity.User;
public interface MediaMapper {
    public List<User> getMediaList();
}
```

代码清单 13-36：映射文件 MediaMapper.xml（源代码为 ssm-media）

```
<?xml version="1.0" encoding="UTF-8"?>
<!DOCTYPE mapper PUBLIC "-//mybatis.org//DTD Mapper 3.0//EN"
"http://www.mybatis.org/dtd/mybatis-3-mapper.dtd">
<mapper namespace="cn.edu.ssm.dao.MediaMapper">
    <select id="getMediaList" resultType="Media">
        select m.*,t.typename from medias m join types t on m.typeid=t.typeid order by
m.mediatype,m.screendate desc
    </select>
</mapper>
```

13.4.6　页面设计

在 WebContent/WEB-INF/jsp/路径下创建 manage 文件夹，在文件夹下创建 media_manage.jsp 文件，如代码清单 13-37 所示。

代码清单 13-37：media_manage.jsp（源代码为 ssm-media）

```
<%@include file="/WEB-INF/header.jsp"%>
<%@ page language="java" contentType="text/html; charset=UTF-8"
    pageEncoding="UTF-8"%>
<div class="container-fluid">
    <div class="row">
        <div class="col-md-2">
            <%@include file="../../tree.jsp"%>
        </div>
        <div class="col-md-10">
            <h2>
                媒体素材管理 <a href="#" class="btn btn-primary btn-sm" role="button">上传
```

媒体素材</a>

```
            </h2>
            <div class="table-responsive">
                <table class="table table-striped table-sm">
                    <thead>
                        <tr>
                            <th>媒体素材类型</th>
                            <th>媒体素材预览</th>
                            <th>标题</th>
                            <th>描述</th>
                            <th>分类</th>
                            <th>拍摄时间</th>
                            <th>视频图片</th>
                            <th>是否开放</th>
                            <th>操作</th>
                        </tr>
                    </thead>
                    <tbody>
                        <c:if test="${empty pageInfo}">
                            <c:set var="list" scope="page" value="${pageInfo.list}" />
                        </c:if>
                        <c:if test="${not empty pageInfo}">
                            <c:set var="list" scope="page" value="${list}" />
                        </c:if>
                        <c:forEach items="${pageInfo.list}" var="l">
                            <tr>
                                <td><c:if test="${l.mediatype=='P'}">图片</c:if>
                                    <c:if test="${l.mediatype=='V'}">视频
</c:if></td>
                                <td><c:if test="${l.mediatype=='P'}">
                                    <img
src="${pageContext.request.contextPath }${l.mediaurl}"
                                        class="img-rounded" width="100px">
                                    </c:if> <c:if test="${l.mediatype=='V'}">
                                    <video
    poster="${pageContext.request.contextPath }${l.vedioimageurl}"
                                        controls width="100px">
                                        <source
src="${pageContext.request.contextPath }${l.mediaurl}"
                                            type='video/mp4; codecs="avc1.4D401E,
mp4a.40.2"'>
                                    </video>
                                    </c:if></td>
                                <td>${l.mediatitle}</td>
```

```
                              <td>${l.description}</td>
                              <td>${l.typename}</td>
                              <td>${l.screendate}</td>

                              <td><c:if test="${l.mediatype=='V'}">
                                    <img
         src="${pageContext.request.contextPath }${l.vedioimageurl}"
                                        class="img-rounded" width="100px">
                                    </c:if></td>
                              <td><c:if test="${l.isopen=='1'}">是</c:if>
                                 <c:if test="${l.isopen=='0'}">否</c:if></td>
                              <td><a href="#" class="btn btn-primary btn-xs"
                                    role="button">修改</a> <a href="#" class="btn
btn-primary btn-xs"

                                    role="button">删除</a></td>
                           </tr>
                        </c:forEach>
                     </tbody>
                  </table>
                  <c:if test="${not empty pageInfo.list}">
                     <%@include file="../../pagebar.jsp"%>
                  </c:if>
               </div>
            </div>
            <%@include file="/WEB-INF/footer.jsp"%>
```

在 media_manage.jsp 文件中使用<%@include file="../../pagebar.jsp"%>引入
分页插件通用代码，实现分页效果。在 WebContent/WEB-INF/路径下创建分页效果
通用文件 pagebar.jsp，如代码清单 13-38 所示。

代码清单 13-38：分页效果通用文件 pagebar.jsp（源代码为 ssm-media）

```
<%@ page language="java" contentType="text/html; charset=UTF-8"
      pageEncoding="UTF-8"%>
<div class="pager">
   <ul>
      <c:if test="${pageInfo.hasPreviousPage}">
         <li><a
      href="${pageContext.request.contextPath }/manage/mediamanage.action?
option=getUsers&pageNum=1&pageItemsCount=${page.pages}">首页</a></li>
         <li><a
      href="${pageContext.request.contextPath }/manage/mediamanage.action?option=
getUsers&pageNum=${page.prePage}&pageItemsCount=${page.pages}">上一页</a></li>
      </c:if>
      <c:forEach begin="1" end="${pageInfo.total}" var="each">
         <c:choose>
```

```
                <c:when test="${each == pageInfo.pageNum}">
                    <li class="active"><a style="color: black;">${each}</a></li>
                </c:when>
                <c:when
                    test="${each >= (pageInfo.pageNum - 2) && each <=
(pageInfo.pageNum + 2)}">
                    <li><a
href="${pageContext.request.contextPath }/manage/mediamanage.action?option=
getUsers&pageNum=${each}&pageItemsCount=${pageInfo.pages}">${each}</a></li>
                </c:when>
            </c:choose>
        </c:forEach>
        <c:if test="${pageInfo.hasNextPage}">
            <li><a
href="${pageContext.request.contextPath }/manage/mediamanage.action?option=
getUsers&pageNum=${pageInfo.nextPage}&pageItemsCount=${pageInfo.pages}">下一页</a></li>
            <li><a
href="${pageContext.request.contextPath }/manage/mediamanage.action?option=
getUsers&pageNum=1&pageItemsCount=${pageInfo.pages}">尾页</a></li>
        </c:if>
    </ul>
</div>
```

该文件中使用 MyBatis 框架集成的 PageHelper 分页插件所提供的 pageInfo 属性来获取分页相关数据。

13.4.7　运行测试

启动系统，进入系统用户登录页面，输入用户名和密码并单击"登录"按钮。如果用户通过验证，则可进入媒体素材管理页面，运行效果如图 13-9 所示。

13.5　本章小结

本章主要介绍了媒体素材管理系统开发框架的搭建及该系统的典型功能模块的具体实现。要想熟练使用 SSM 框架，需要多加练习，以便将各框架知识融会贯通。

13.6　练习与实践

【练习】
（1）简述媒体素材管理系统中拦截器的作用。
（2）简述媒体素材管理系统中分页效果是如何实现的。
【实践】
在媒体素材管理系统的基础上，继续完善后台管理功能中的新增、修改和删除功能。

第 14 章
Spring Boot入门

14

Spring Boot 的设计目标是简化 Spring 应用程序的搭建和开发过程。为了实现这一目标，Spring Boot 集成了众多的第三方库，并使用约定优于配置（Convention over Configuration）的设计理念，通过特定方式使程序开发人员不再需要进行烦琐而复杂的配置。

▶ 学习目标

① 熟悉 Spring Boot 的概念及如何进行开发环境的配置。

② 掌握 Spring Boot 入门程序的编写。

③ 了解 Spring Boot 的工作机制。

14.1 Spring Boot 简介

Spring Boot 是一个服务于 Spring 的框架，能够简化配置文件、快速构建 Web 项目、内置 Tomcat 服务器、无须打包部署便可直接运行。Spring Boot 作为实现单个微服务架构的基础框架，已被越来越多的团队用来替代 Spring 框架，从而迅速成为主流的开发框架之一。同时，在微服务架构中，Spring Boot 也是构成 SpringCloud 的基础。

14.1.1 为什么使用 Spring Boot

在构建 Spring 项目时，总会遇到如下问题。

① 项目基于哪些 Maven 项目模板？

② 需要使用哪些 Maven 依赖？

③ 使用 XML 还是 Java 配置文件？

④ 如何安装服务器，使用 Tomcat 还是 JBoss 服务器？

以上这些只是项目开发时面临的一些最基本的问题。因此，程序开发人员希望项目开发时，针对以上问题能够拥有一个默认的最佳解决方案，这就是 Spring Boot 框架。

使用 Spring Boot 可以很容易地构建一个独立运行的、准生产级别的基于 Spring 框架的项目；可以不用或只用很少的 Spring 配置就开发 Spring 项目；可以减少依赖冲突。Spring Boot 还提供了内嵌的 HTTP 服务器，可以根据配置的变化选择 Tomcat 服务器、Jetty 服务器或 UnderTow 服务器。Spring Boot 具有如下特征。

（1）简化编码。Spring Boot 可以创建独立的 Spring 运行程序，并且基于 Maven

或 Gradle 插件，可以创建可执行的 JAR 包和 WAR 包。

（2）简化配置。将 Spring 中的 XML 配置方式转换为 Java Config 方式，把基于 Spring 的.properties 或.xml 文件的部署环境转化为更强大的.yml 文件的部署环境。提供自动配置的"starter"项目对象模型来简化 Maven 配置。

（3）简化部署。与传统的 WAR 包部署方式不同，Spring Boot 部署包不仅包含了业务代码和各种第三方类库，还直接内嵌了 Tomcat 或 Jetty 等服务器，不需要单独部署 Tomcat 服务器，从而降低了对运行环境的基本要求。

（4）简化监控。基于 spring-boot-actuator 组件，可通过 RESTful 接口实时监控项目的运行状况，如健康度、运行指标、日志信息、线程状况等。

一些 Spring Boot 的初学者经常会问以下问题。

（1）Spring Boot 是用来取代传统 Spring MVC、Spring REST 的吗？

答案为否。Spring Boot 实际上是基于这些技术而非取代这些技术的。它并不是新的框架，而是默认配置了很多框架的使用方式的框架。就像 Maven 整合了所有的 JAR 包一样，Spring Boot 整合了所有框架。通过 Spring Boot，开发项目会更加便捷。Spring Boot 与其他 Spring 技术的关系如图 14-1 所示。

图 14-1　Spring Boot 与其他 Spring 技术的关系

（2）Spring Boot 代码的运行速度是否比常规 Spring 代码快？

答案为否。Spring Boot 使用相同的 Spring 框架代码，因此运行速度与传统 Spring 项目相比并无优势。使用 Spring Boot 只是让项目更易于开发，如减少配置等，但 Spring Boot 并不是全新的框架。

（3）Spring Boot 是否需特定的 IDE 编辑器？

答案为否。实际上，Spring Boot 项目的开发并不依赖任何特定的 IDE 编辑器，开发人员可以选择任何自己喜欢的 IDE 编辑器，甚至是纯文本编辑器。Spring 团队还提供了免费的 Spring Tool Suite（简称为 STS）以支持 Spring 项目开发，程序开发人员可以根据需要进行选用。

除了 STS 以外，为了方便 Spring Boot 项目开发，Spring 团队提供了一个在线工具，用于构建 Spring Boot 项目，其网址为 http://start.spring.io。开发人员可以通过该工具快速创建 Spring Boot 项目，选择所需要的项目依赖、生成 Maven 或 Gradle 项目，之后将生成的项目导入自己所使用的 IDE，如 Eclipse IDE、InteliJ IDEA 或 NetBeans IDE 等。实际开发中，程序开发人员只需要选用自己熟悉的 IDE 即可。

Spring Boot 的前端常使用 FreeMarker 和 Thymeleaf 模板引擎，这些模板引擎都是用 Java 编写的，可以渲染模板并输出相应文本，使页面的设计与应用的逻辑分离。同时，前端开发会使用 Bootstrap、AngularJS、JQuery 等；浏览器的数据传输格式采用了 JSON，而不是 XML；使用 Spring MVC 框架管理数据到达服务器后的处理请求；通过 Hibernate、MyBatis、JPA 等数据持久层框架实现数据访问层管理；数据库常用 MySQL 数据库。

14.1.2　基于 Eclipse IDE 来搭建 Spring Boot 开发环境

在 Eclipse IDE 中，可通过安装 Spring 插件的方式来搭建 Spring Boot 项目的开发环境。本地环境下已安装较新的 Eclipse（这里使用 Eclipse 4.9.0），具体下载及安装方式已经在本书第 1 章中进行了介绍。

打开 Eclipse IDE 后可进行 Spring 插件的安装。具体步骤如下。

（1）在 Eclipse IDE 中，选择"Help"→"Eclipse Marketplace"选项，打开"Eclipse Marketplace"窗口，在"Find："文本框中输入"spring"，按"Enter"键或单击搜索按钮，进行搜索即可，如图 14-2 所示。

图 14-2　"Eclipse Marketplace"窗口

（2）单击"Install"按钮，进入 Confirm Selected Features 界面，如图 14-3 所示。

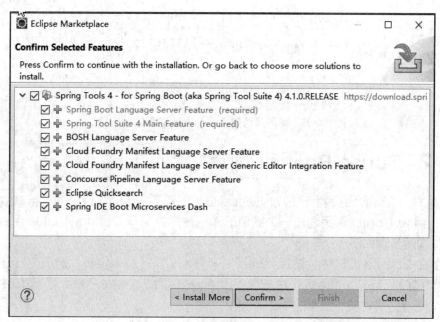

图 14-3　Confirm Selected Features 界面

（3）单击"Confirm>"按钮，等待一段时间后，进入 Review Licenses 界面，如图 14-4 所示。

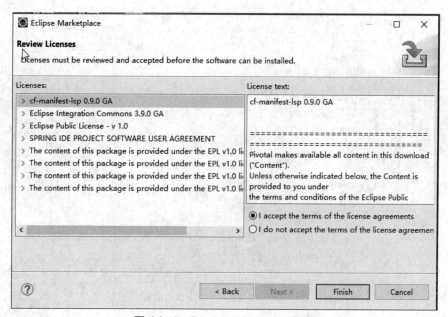

图 14-4　Review Licenses 界面

（4）选中"I accept the terms of the license agreements"单选按钮后，单击"Finish"按钮开始安装。当 Eclipse 右下角的"installing software"到 100%时，表示安装完成，并弹出询问是否重启 Eclipse IDE 的对话框，单击"Restart Now"按钮，重启 Eclipse IDE，如图 14-5 所示。

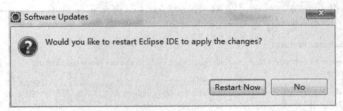

图 14-5　询问是否重启 Eclipse IDE 的对话框

14.2　Spring Boot 入门程序

通过 14.1 节的介绍读者已经对 Spring Boot 有了初步的认识，为了帮助读者更好地理解 Spring Boot，下面通过一个简单的入门程序来演示 Spring Boot 项目的构建过程。具体构建步骤如下。

（1）在 Eclipse IDE 中，选择"File"→"New"→"Project"选项，打开"New Project"窗口。当 Eclipse IDE 中安装 Spring 插件后，"New Project"窗口中将会增加 Spring Boot 文件夹，如图 14-6 所示。

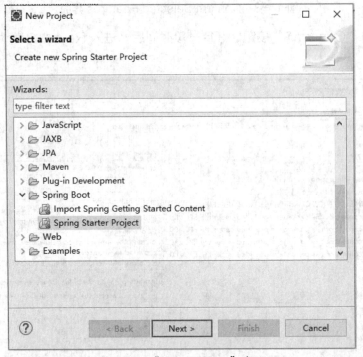

图 14-6　"New Project"窗口

（2）选择"Spring Starter Project"选项，单击"Next"按钮，在 New Spring Starter Project 界面中输入 Spring Boot 的项目名称 ch14-1，如图 14-7 所示。

（3）单击"Next"按钮，进入 New Spring Starter Project Dependencies 界面，在"Web"节点下选中"Spring Web"复选框，构建 Spring Boot 的 Web 项目，如图 14-8 所示。

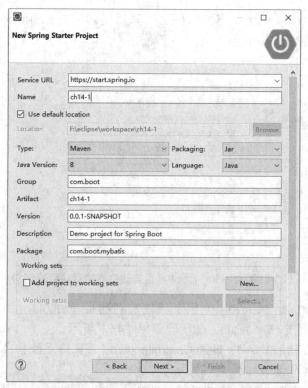

图 14-7　输入 Spring Boot 的项目名称

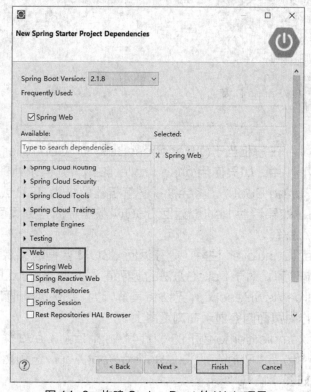

图 14-8　构建 Spring Boot 的 Web 项目

（4）单击"Finish"按钮，Spring Boot 项目创建完成。Spring Boot 项目自动生成的默认目录结构如图 14-9 所示。

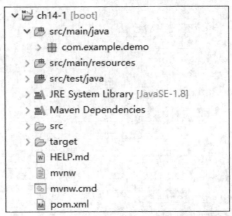

图 14-9　Spring Boot 项目自动生成的默认目录结构

（5）在 com.example.demo 包下新建控制器类 HelloController.java，并定义"/hello"的请求处理方法 hello()，如代码清单 14-1 所示。

代码清单 14-1：HelloController.java（源代码为 ch14-1）

```
package com.example.demo;
import org.springframework.web.bind.annotation.RequestMapping;
import org.springframework.web.bind.annotation.RestController;
@RestController
public class HelloController {
    @RequestMapping("/hello")
    public String hello() {
        return "Hello Spring Boot!";
    }
}
```

@RestController 注解相当于@ResponseBody+@Controller。

在代码清单 14-1 中，如果使用@Controller 注解，则请求处理方法 hello()的返回字符串"Hello Spring Boot!"，将会被视图解析器解析为 JSP 或 HTML 页面，并且跳转到相应页面。如果希望 hello()返回 JSON 数据等内容到页面中，则需要使用@ResponseBody 注解。

如果使用@RestController 注解，则在返回 JSON 数据时不需要在方法前面使用@ResponseBody 注解。对于 hello()方法的返回值"Hello Spring Boot!"，视图解析器 InternalResourceViewResolver 无法将其解析为 JSP 或 HTML 页面，"Hello Spring Boot!"仅作为页面内容显示在浏览器上。

（6）在 com.example.demo 包下的 Ch141Application.java 类上单击鼠标右键，在弹出的快捷菜单中选择"Run As"→"Spring Boot App"选项，运行项目。控制台会输出运行日志，如图 14-10 所示。

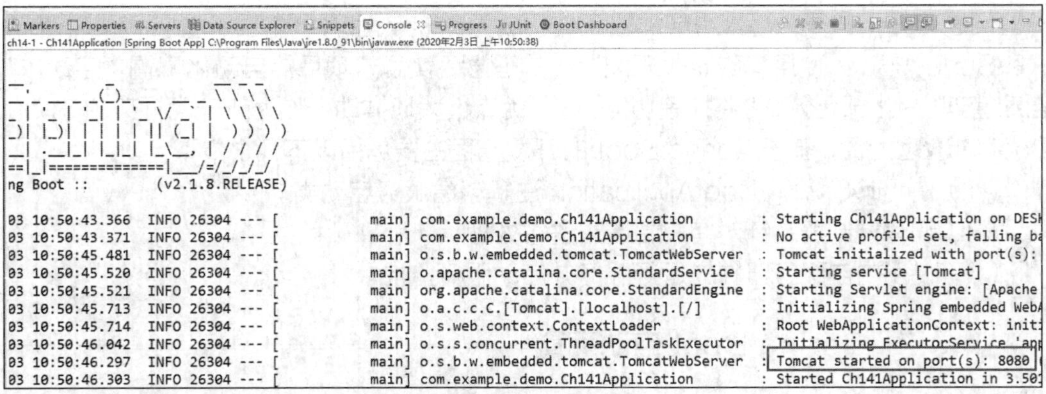

图 14-10　运行日志

根据运行日志可看到 Tomcat 服务器已启动运行，但在项目运行前并没有对 Tomcat 服务器进行相应的配置。这是因为 Spring Boot 内置了 Tomcat 服务器，无须再额外配置，在运行日志中可以看到 Tomcat 服务器的监听端口为 8080，因此，在浏览器地址栏中输入 http://localhost:8080/hello，Spring Boot 项目运行结果如图 14-11 所示。

图 14-11　Spring Boot 项目运行结果

14.3　Spring Boot 工作机制

Spring Boot 更易于开发 Spring 项目，是"约定优于配置"理念的实践产物。通过 JAR 包及属性文件的自动配置，可以尽量减少手动配置，使项目可以快速构建并运行起来。

14.3.1　约定优于配置

约定优于配置是一种由 Spring Boot 来配置目标结构，由程序开发人员在结构中添加信息的软件设计范式。采用该方式虽降低了灵活性、增加了漏洞定位的复杂性，但减少了程序开发人员需要做出决定的数量，减少了大量的 XML 配置文件，并且可以使代码编译、测试和打包等工作自动化。Spring Boot 使开发人员摆脱了复杂的配置工作和依赖的管理工作，更加专注于业务逻辑。

基于 Spring 框架的项目开发流程主要包括以下几个步骤。

（1）使用 web.xml 文件定义 Spring MVC 的前端控制器 DispatcherServlet。

（2）配置 Spring MVC 的 XML 配置文件。

（3）编写控制器，针对客户端请求进行处理。

（4）将项目部署到 Web 服务器中运行。

但随着一些新技术、新思想的不断出现，基于传统的 Spring 框架的开发逐渐暴露出

267

一些问题，如一些复杂而繁重的配置工作已成为比较典型的问题。

Spring Boot 使用"约定优于配置"的理念，实现了项目的自动化配置、启动依赖自动管理、简化部署、简化监控等功能。这些优点极大地推动了作为新一代框架的 Spring Boot 的迅速发展。基于 Spring Boot 的开发流程主要包括以下几个步骤。

（1）使用@Spring BootApplication 注解创建服务启动类。

（2）编写控制器，针对客户端请求进行处理。

（3）使用内嵌服务器独立运行服务并启动服务监控。

14.3.2　Spring Boot 自动配置

Spring Boot 项目创建时会默认生成一个以"Application"结尾（如 Ch141Application.java）的程序入口类，该类被标注了@Spring BootApplication 注解。这样，通过该类的 main()方法即可启动 Spring Boot 项目。

在 Spring Boot 入门程序 ch14-1 中，使用@Spring BootApplication 注解标注了一个类为主程序启动类，类中使用一个非常普通的 main()方法来运行 SpringApplication 的 run()方法。当运行该主程序时，将自动加载当前项目所需的所有资源和配置，最终启动一个项目实例。Spring Boot 项目主程序启动类如代码清单 14-2 所示。

代码清单 14-2：Spring Boot 项目主程序启动类（源代码为 ch14-1）

```
package com.example.demo;
import org.springframework.boot.SpringApplication;
import org.springframework.boot.autoconfigure.Spring BootApplication;
@Spring BootApplication
public class Ch141Application {
    public static void main(String[] args) {
        SpringApplication.run(Ch141Application.class, args);
    }
}
```

@Spring BootApplication 注解是 Spring Boot 的核心注解，通过该注解标注的类将作为 Spring 容器中所有 JavaBean 对象的执行入口，这个类也就成为 Spring Boot 项目的主程序启动类。

Spring Boot 框架所有的自动配置都是从@Spring BootApplication 注解开始的。@Spring BootApplication 实际上是一个复合注解，涵盖了以下 3 个非常重要的注解，即@Configuration、@EnableAutoConfiguration、@ComponentScan，这种由 3 个注解复合的方式常被称为"三体"结构。

（1）@Configuration：主要作用是配置 Spring 容器中 Bean 的定义源，通常与@Bean 注解配合使用。使用@Configuration 注解等价于在 XML 配置文件中配置 Bean，使用@Bean 注解等价于在 XML 配置文件中配置 Bean。

（2）@EnableAutoConfiguration：用于启用自动配置，可以帮助 Spring Boot 项目将所有符合条件的@Configuration 配置都加载到当前 Spring IoC 容器之中。该注解的意思是 Spring Boot 可以根据添加的 JAR 包来配置项目的默认配置，如对于添加了

MVC 的 JAR 包，Spring Boot 会自动配置 Web 项目所需的配置。

（3）@ComponentScan：该注解是用来扫描组件的，只要组件上标有@Component
或其子注解@Service、@Repository、@Controller 等，Spring Boot 就会自动扫描并将
其纳入 Spring 容器进行管理，类似于 XML 配置文件中的<context:component-scan>。

在 Spring 中，主要是通过一些复杂配置（如 XML 文件配置）来实现项目的加载。
而在 Spring Boot 中，则是把那些本来应该由开发人员编写的复杂配置代码事先由
Spring Boot 封装好，使用时直接运行即可。Spring Boot 程序运行时，通过在 main()方
法中调用 SpringApplication 的 run()方法，引发一系列复杂的内部调用和加载过程，从
而初始化项目中所需要的配置、资源及各类定义等。强大的自动配置功能是 Spring Boot
框架最引人注目的地方。

14.3.3 Spring Boot 依赖及配置

使用 Spring Boot 框架开发时，常使用 Maven 进行项目依赖管理，通过导入 Spring
Boot 的 starter 模块，可以将 Spring Boot 项目的许多程序依赖包自动导入项目。通过
Maven 项目的 pom.xml 文件，可以非常容易地实现各依赖包及版本的配置。使用 Spring
Boot 框架开发 Web 项目所需要的基本依赖配置如代码清单 14-3 所示。

代码清单 14-3：使用 Spring Boot 框架开发 Web 项目所需要的基本依赖配置（源代码为 ch14-1）

```xml
<?xml version="1.0" encoding="UTF-8"?>
<project xmlns="http://maven.apache.org/POM/4.0.0" xmlns:xsi=
"http://www.w3.org/2001/XMLSchema-instance"
    xsi:schemaLocation="http://maven.apache.org/POM/4.0.0
https://maven.apache.org/xsd/maven-4.0.0.xsd">
    <modelVersion>4.0.0</modelVersion>
    <parent>
        <groupId>org.springframework.boot</groupId>
        <artifactId>spring-boot-starter-parent</artifactId>
        <version>2.1.8.RELEASE</version>
        <relativePath/> <!-- lookup parent from repository -->
    </parent>
    <groupId>com.example</groupId>
    <artifactId>ch14-1</artifactId>
    <version>0.0.1-SNAPSHOT</version>
    <name>ch14-1</name>
    <description>Demo project for Spring Boot</description>
    <properties>
        <java.version>1.8</java.version>
    </properties>
    <dependencies>
        <dependency>
            <groupId>org.springframework.boot</groupId>
            <artifactId>spring-boot-starter-web</artifactId>
```

```
            </dependency>
            <dependency>
                <groupId>org.springframework.boot</groupId>
                <artifactId>spring-boot-starter-test</artifactId>
                <scope>test</scope>
            </dependency>
        </dependencies>
        <build>
            <plugins>
                <plugin>
                    <groupId>org.springframework.boot</groupId>
                    <artifactId>spring-boot-maven-plugin</artifactId>
                </plugin>
            </plugins>
        </build>
    </project>
```

其中，spring-boot-starter-parent 包是 Spring Boot 最核心的引入包，所有的配置都在其中，是 Spring Boot 项目必须引入的包；spring-boot-starter-web 包是针对 Web 项目的依赖包；spring-boot-maven-plugin 包是针对 Maven 插件的依赖包。添加了 spring-boot-maven-plugin 包后，当运行 Maven 的"打包"操作时，项目会被打包成一个可以直接运行的 JAR 包，使用"java -jar"命令可以直接运行。

对于新建的 Spring Boot 项目，会在项目的 src/main/resources 目录下自动创建一个默认的全局配置文件 application.properties。这是一个空文件，因为 Spring Boot 已经在底层把一些默认配置自动配置好了。当在配置文件中进行配置时，会修改 Spring Boot 自动配置的默认值。application.properties 文件名是固定的，但可以将其修改为 application.yml。

application.properties 和 application.yml 两个文件的本质是一样的，区别在于其用法略有不同。Spring Boot 配置文件用来修改 Spring Boot 自动配置的默认值。例如，服务器默认配置端口是 8080，如果要修改该端口号，则可以通过这两个文件来修改。application.yml 文件是以数据为中心的配置文件。例如，对于服务器默认端口的配置及 Tomcat 字符集的配置，在这两个文件中可分别写成如下形式。

```
//application.yml 文件配置写法
server:
    port: 8081
    tomcat:
        uri-encoding:UTF-8

#改写成 application.properties 文件配置写法
servier.port = 8081
servicer.tomcat. uri-encoding = UTF-8
```

application.propertie 或 application.yml 文件会被发布到 classpath 中，并被

Spring Boot 自动读取。

14.4 本章小结

本章主要介绍了 Spring Boot 的概念及其开发环境的搭建，通过 Spring Boot 的入门程序进一步对 Spring Boot 的工作机制等内容进行了介绍。

14.5 练习与实践

【练习】
（1）简述 Spring Boot 的优点。
（2）简述 Spring Boot 的开发流程。
【实践】
上机练习搭建 Spring Boot 开发环境，并构建入门程序。

第 15 章
Spring Boot整合应用

15

在企业级项目开发中，前端视图层开发和数据持久层处理均是系统开发的重要环节。Spring Boot 对于视图层提供了很好的支持，除了支持官方推荐的 Thymeleaf 模板引擎外，还支持 FreeMarker；对于数据持久层，目前比较多地采用了集成 MyBatis 框架的方式。

▷ 学习目标

① 掌握 Spring Boot 如何整合 FreeMarker 模板。

② 掌握 Spring Boot 如何整合 MyBatis 框架。

③ 熟悉 Spring Boot 与 MyBatis 整合后的分页插件的使用。

15.1 Spring Boot 整合 FreeMarker

如果使用 Spring Boot 框架构建 Web 项目，则对页面视图进行开发设计是必不可少的。但由于 Spring Boot 默认是 JAR 包形式，因此不再支持使用 JSP 进行页面开发。若一定要使用 JSP，则将无法实现 Spring Boot 的多种特性。为解决此问题，Spring Boot 提供了多种模板引擎来支持页面视图的开发。Spring Boot 提供的默认配置模板引擎主要包括 Thymeleaf、FreeMarker、Velocity、Groovy 等。

本节从易于学习和掌握的角度选用 FreeMarker 模板来实现页面视图的开发，主要介绍 Spring Boot 与 FreeMarker 的整合。

15.1.1 Spring Boot 视图层技术

对于常见视图层技术 JSP，其本质是 Servlet，其中的数据需要先在后端进行渲染，再在客户端进行显示，效率比较低。而模板引擎恰恰相反，其中的数据渲染在客户端，效率比较高。通过模板引擎的使用，程序开发人员可以很快地上手开发动态网站。

Spring Boot 官方比较推荐的是 Thymeleaf 模板，其文件扩展名是.html。但 FreeMarker 模板在一些项目的开发中也常常被选用。FreeMarker 类似于 JSP，学习成本低，符合 JSP 的使用习惯。从编码习惯的角度来说，FreeMarker 可能易于开发者学习和接受。在性能方面，FreeMarker 比 Thymeleaf 更好。

Thymeleaf 是一个 XML/XHTML/HTML5 模板引擎，使用了标签属性作为语法，模板页面直接使用浏览器渲染，使得前端和后端可以并行开发。而 FreeMarker 使用了与 HTML 标签类似的"< />"，是无法直接使浏览器渲染出原本页面的。从前后端开发分离的角度看，Thymeleaf 更好，值的绑定都是基于 HTML 的 DOM 元素属性的，适合前后端联调。

15.1.2 整合 FreeMarker 模板

在 Spring Boot 的 Web 项目中使用 FreeMarker 模板时，可以在新建项目时在 New Spring Starter Project Dependencies 界面中展开"Template Engines"节点，选中"Apache Freemarker"复选框，展开"Web"节点，选中"Spring Web"复选框，以进行 Spring Boot 与 FreeMarker 整合 Web 项目的构建，如图 15-1 所示。

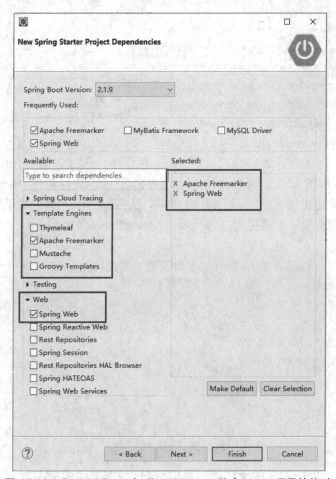

图 15-1　Spring Boot 与 FreeMarker 整合 Web 项目的构建

还可以在已创建完成的项目的 pom.xml 中导入 FreeMarker 的依赖，如代码清单 15-1 所示。

代码清单 15-1：在项目的 pom.xml 中导入 FreeMarker 的依赖（源代码为 ch15-1）

```
<dependency>
    <groupId>org.springframework.boot</groupId>
```

```
        <artifactId>spring-boot-starter-freemarker</artifactId>
    </dependency>
```

同时，在 application.properties（或.yml）配置文件中需要加入 FreeMarker 相关配置，如代码清单 15-2 所示。

代码清单 15-2：application.properties 文件配置 FreeMarker（源代码为 ch15-1）

```
# 服务器端口
server.port=8089


# 设定 FTL 文件路径
spring.freemarker.template-loader-path=classpath:/templates
spring.freemarker.cache=false
spring.freemarker.charset=UTF-8
spring.freemarker.check-template-location=true
spring.freemarker.content-type=text/html
spring.freemarker.expose-request-attributes=false
spring.freemarker.expose-session-attributes=false
spring.freemarker.request-context-attribute=request
spring.freemarker.suffix=.ftl
```

在配置文件中指定 FreeMarker 文件的路径是"classpath:/templates"，指定 FreeMarker 模板的文件扩展名为.ftl。在 resources 文件夹的 templates 下新建 index.ftl，必须使用扩展名.ftl，使用其他文件扩展名都会使计算机找不到页面。Spring Boot 支持的默认模板配置路径为 src/main/resources/templates/。index.ftl 页面如代码清单 15-3 所示。

代码清单 15-3：index.ftl 页面（源代码为 ch15-1）

```
<!DOCTYPE html>
<html lang="en">
<head>
    <meta charset="utf-8"/>
    <title>FreeMarker</title>
</head>
<body>
<h1>${msg}</h1>
</body>
</html>
```

FreeMarker 模板引擎的大致原理是将页面+数据交给模板引擎，即编写一个 FTL 页面模板，模板引擎通过数据解析表达式，如上述代码中的"${msg}"，将动态数据对应到要显示或应用的位置，并最终显示给用户。

在项目创建时生成的 com.boot.freemarker 包下创建 controller 包，在该包下新建 TestController.java，如代码清单 15-4 所示。

代码清单 15-4：TestController.java（源代码为 ch15-1）

```
package com.boot.freemarker.controller;
```

```
import org.springframework.stereotype.Controller;
import org.springframework.ui.Model;
import org.springframework.web.bind.annotation.RequestMapping;
@Controller
public class TestController {
    @RequestMapping("/")
    public String testFreemarker(Model model){
        model.addAttribute("msg", "Hello, this is FreeMarker");
        return "index";
    }
}
```

与 Spring MVC 中数据绑定的方式相同，在控制器请求处理方法 testFreemarker() 中可使用 Model 对象将数据传递到页面视图"index"中，语句 return "index"中的"index" 表示要响应给客户端的 FreeMarker 页面。这里不用加扩展名.ftl，因为配置文件 application.properties 中已经指定了扩展名为.ftl。

在 Ch151Application.java 类上单击鼠标右键，在弹出的快捷菜单中选择"Run As"→"Spring Boot App"选项，运行项目后，在浏览器地址栏中输入 http://localhost: 8089/，发起请求，Spring Boot 与 FreeMarker 整合运行效果如图 15-2 所示。

图 15-2　Spring Boot 与 FreeMarker 整合运行效果

15.1.3　FreeMarker 快速入门

FreeMarker 是一个"模板引擎"，也可以说是一个基于模板技术的生成文本的通用 工具。它简单易用，提供了一整套内建机制来扩展各种数据类型在页面上的显示格式。 通过宏（Macro）功能，其增强了代码可重用性，报错时可以准确定位行和列。运行时， 由于 FreeMarker 不需要预编译，所以显示速度较快。FreeMarker 是完全使用 Java 编写的、免费的、被用来生成 HTML Web 页面的模板应用程序。

FreeMarker 模板整体结构中包括以下几部分。

（1）文本：直接输出。

（2）插入值模型表达式：由${...}或#{...}来限定，FreeMarker 会在输出时用实际 值进行替代。

（3）FTL 标记：FreeMarker 指令，和 HTML 标签类似，名称前加#予以区分，不 会输出。

（4）注释：由<#--和-->限定，不会输出。

FreeMarker 中包含两种类型的指令：预定义指令和用户定义指令。预定义指令使 用#标记引用指令，而用户定义指令要使用@标记引用指令。预定义指令的格式如下。

```
<#指令名 参数> </#指令名>
```

或者使用以下格式，表示空内容指令标记。

```
<#指令名 参数/>
```

FTL 标记不能够交叉，而应该正确地嵌套，如下代码是错误的。

```
<ul>
<#list animals as being>
    <li>${being.name} for ${being.price} Euros</li>
    <#if use = "Big Joe">
        (except for you)
</#list>
</#if> <#--<#if>和<#list>标记交叉是错误的! -->
</ul>
```

而如下代码是正确的。

```
<ul>
<ul>
<#list animals as being>
    <li>${being.name} for ${being.price} Euros</li>
    <#if use = "Big Joe">
        (except for you)
    </#if>
</#list>
</ul>
```

FreeMarker 中使用<#list>指令实现遍历循环，与 JSTL 中的<c:/forEach>功能类似，使用<#if>指令实现条件判断。如果使用不存在的指令，则 FreeMarker 不会使用模板输出，而是产生一个错误消息。FreeMarker 会忽略 FTL 标记中的空白字符。

在 FreeMarker 中，宏的使用是其一大特色。使用 FreeMarker，但没有用到它的宏，就相当于没有真正用过 FreeMarker。宏在 FreeMarker 模板中使用<#macro>指令定义，宏是和某个变量关联的模板片段，以便在模板中通过用户定义指令使用该变量。例如，先使用<#macro>定义模板，再调用模板以直接显示，具体如以下代码所示。

```
<#--定义宏 mymacro-->
<#macro mymacro>
    <font size="+2">Hello Macro!</font>
</#macro>


<#-- 使用宏 mymacro。使用宏变量时，用@替代 FTL 标记中的# -->
<@mymacro></@mymacro>        <#--当有体内容时，需要这样写-->
<#-- 或者 -->
<@mymacro/>                <#--当没有体内容时，可以这样写-->
```

用户定义宏中可以使用<#nested>指令嵌套内容，使用<#nested>指令嵌套执行指令开始和结束标记之间的模板片段。<#nested>指令可以被多次调用；嵌套内容可以是有效的 FTL 标记；宏定义中的局部变量对嵌套内容是不可见的。具体如以下代码所示。

```
<#--定义宏 mytable-->
<#macro mytable>
    <table border=4 cellspacing=0 cellpadding=4>
      <tr><td><#nested></tr></td>
      </table>
</#macro>
<#-- 使用宏 mytable-->
<@ mytable >表格中内容</@ mytable >

<#--使用宏 mytable 后，页面输出结果-->
<table border=4 cellspacing=0 cellpadding=4>
    <tr><td>表格中内容</td></tr>
</table>
```

在项目 ch15-1 中，为测试 FreeMarker 宏的使用，在 resources 文件夹的 templates 下新建 macro.ftl 页面，如代码清单 15-5 所示。

代码清单 15-5：macro.ftl 页面（源代码为 ch15-1）

```
<#--定义宏 greet-->
<#macro greet>
    <font size="+2">Hello World!</font>
    <table border=2 cellspacing=0 cellpadding=4>
      <tr><td><#nested></tr></td>
      </table>
</#macro>

<!DOCTYPE html>
<html lang="en">
<head>
      <meta charset="utf-8"/>
      <title>FreeMarker</title>
</head>
<body>
<#-- 使用宏 greet -->
使用方法一：<@greet>在 greet 宏的基础上嵌套内容</@greet >
<br>
使用方法二：<@greet/>
</body>
</html>
```

在控制器类 TestController.java 中新增请求处理方法 macroTest()，该方法用于返回宏测试页面 marco.ftl，如代码清单 15-6 所示。

代码清单 15-6：在控制器类 TestController.java 中新增请求处理方法 macroTest()（源代码为 ch15-1）

```
package com.boot.freemarker.controller;
import org.springframework.stereotype.Controller;
import org.springframework.ui.Model;
import org.springframework.web.bind.annotation.RequestMapping;
@Controller
public class TestController {
    @RequestMapping("/")
    public String testFreemarker(Model model){
        model.addAttribute("msg", "Hello, this is freemarker");
        return "index";
    }
    @RequestMapping("/macroTest")
    public String macroTest(Model model){
        return "macro";
    }
}
```

在浏览器地址栏中输入http://localhost:8089/marcoTest，发起URL请求，FreeMarker
宏使用运行效果如图 15-3 所示。

图 15-3　FreeMarker 宏使用运行效果

在<#macro>指令中可以在宏变量之后定义参数，宏的参数是局部变量，只能在宏
定义中有效。<#macro>指令中参数的使用如代码清单 15-7 所示。

代码清单 15-7：<#macro>指令中参数的使用（源代码为 ch15-1）

```
<#--定义宏 mymacro -->
<#macro mymacro paramname>
<font size="+2">Hello   ${paramname}</font>
</#macro>

<#-- 使用宏 mymacro -->
<@mymacro paramname ="参数值 1"/> and <@ mymacro paramname ="参数值 2"/>

<#--使用宏 mymacro 后，页面输出结果-->
<font size="+2">Hello 参数值 1</font>   and   <font size="+2">参数值 2</font>
```

在 FreeMarker 宏中也可以定义多个参数，并且需要对所有参数赋值，对于没有赋
值的参数，可以在宏定义时通过设置默认值的方式给定初始值。在 resources 文件夹的

templates 下新建 macro_param.ftl 页面，如代码清单 15-8 所示。下面针对宏定义的
多个参数定义、参数默认值定义、多参数宏的调用进行详细介绍。

代码清单 15-8：macro_param.ftl 页面（源代码为 ch15-1）

```
<#--定义宏 mymacro，多个参数-->
<#macro mymacro param1 param2>
<font size="+2">Hello   ${ param1}!</font>
   <table border=2 cellspacing=0 cellpadding=4>
     <tr><td> ${ param2}</tr></td>
   </table>
</#macro>

<#--定义宏 macrodefaultval，多个参数，可为参数设置默认值-->
<#macro macrodefaultval param1 param2="第二个参数默认值">
<font size="+2">Hello   ${ param1}!</font>
   <table border=2 cellspacing=0 cellpadding=4>
     <tr><td> ${ param2}</tr></td>
   </table>
</#macro>

<!DOCTYPE html>
<html lang="en">
<head>
    <meta charset="utf-8"/>
    <title>FreeMarker Macro</title>
</head>
<body>
<#-- 使用宏 mymacro -->
<@mymacro param2="Macro 第二个参数" param1="Macro 第一个参数"/>
<@mymacro param1="Macro 第一个参数" param2="Macro 第二个参数" />

<#-- 使用宏 macrodefaultval，第二个参数使用默认值 -->
<@macrodefaultval param1="Macro 第一个参数"/>

</body>
</html>
```

宏 mymacro 的两个参数没有给定默认值，因此，使用宏 mymacro 时，需要对所
有参数赋值，否则页面会报错。例如，<@mymacro param1="第一个参数"/>调用宏
mymacro 的写法是错误的。

在控制器类 TestController.java 中新增请求处理方法 macroParam()，该方法用
于返回宏参数测试页面 marco_param.ftl，如代码清单 15-9 所示。

代码清单 15-9: 在控制器类 TestController.java 中新增请求处理方法 macroParam()（源代码为 ch15-1）

```
package com.boot.freemarker.controller;
```

```
import org.springframework.stereotype.Controller;
import org.springframework.ui.Model;
import org.springframework.web.bind.annotation.RequestMapping;
@Controller
public class TestController {
    @RequestMapping("/")
    public String testFreemarker(Model model){
        model.addAttribute("msg", "Hello, this is freemarker");
        return "index";
    }
    @RequestMapping("/macroTest")
    public String macroTest(Model model){
        return "macro";
    }
    @RequestMapping("/macroParam")
    public String macroParam(Model model){
        return "macro_param";
    }
}
```

在浏览器地址栏中输入 http://localhost:8089/macroParam，发起 URL 请求，FreeMarker 宏参数使用运行效果如图 15-4 所示。

图 15-4　FreeMarker 宏参数使用运行效果

为方便代码开发，可以将 FreeMarker 的多个宏定义到一个模板库中，模板库即一个独立的仅存放宏定义代码的 FTL 文件。当使用这个 FTL 文件中定义的宏时，可使用 <#import> 指令导入模板库到具体 FTL 文件中。FreeMarker 可为导入的库创建新的命名空间，并可以通过 <#import> 指令中指定的散列变量访问库中的变量。通常只使用一个命名空间，称其为主命名空间。如果使用多个库，则需要多个命名空间，其目的是防止同名冲突。

在 resources 文件夹的 templates 下新建 library 文件夹，在该文件夹下新建 macro_template.ftl 页面作为模板库文件，如代码清单 15-10 所示。

代码清单 15-10：macro_template.ftl 页面（源代码为 ch15-1）

```
<#--定义宏 mymacro -->
<#macro mymacro param="参数默认值">
<!DOCTYPE html>
```

```
<html lang="en">
<head>
    <meta charset="utf-8"/>
    <title>FreeMarker Import Template</title>
</head>
<body>
  <#-- 嵌套自定义内容 -->
  <#nested>
  <table border=2 cellspacing=0 cellpadding=4>
    <tr><td> ${ param}</tr></td>
  </table>
</body>
</html>
</#macro>


<#--定义宏 greet-->
<#macro greet>
  <font size="+2">Hello World!</font>
</#macro>
<#-- 定义变量 title -->
<#assign title = "我的导入模板库测试。">
```

宏模板库中定义了两个宏 mymacro 和 greet，以及一个变量 title。在 resources 文件夹的 templates 下新建 import_template.ftl 页面，可将模板库 macro_template.ftl 引入到该页面中，并在该页面中调用模板库中定义的宏和变量。import_template.ftl 页面如代码清单 15-11 所示。

代码清单 15-11：import_template.ftl 页面（源代码为 ch15-1）

```
<#-- 使用<#import>指令导入模板库文件，并指定命名空间为 m -->
<#import "/library/macro_template.ftl" as m>
<#-- 使用模板库中定义的变量 title -->
<h2>${m.title}</h2>
<#-- 使用宏 mymacro -->
<@m.mymacro param="参数值"/>
<#-- 使用宏 greet -->
<@m.greet/>
```

在控制器类 TestController.java 中新增请求处理方法 macroImport ()，该方法用于返回宏参数测试页面 import_template.ftl，如代码清单 15-12 所示。

代码清单 15-12：在控制器类 TestController.java 中新增请求处理方法 macroImport()（源代码为 ch15-1）

```
package com.boot.freemarker.controller;
import org.springframework.stereotype.Controller;
import org.springframework.ui.Model;
import org.springframework.web.bind.annotation.RequestMapping;
@Controller
```

```
public class TestController {
    //省略部分代码
    @RequestMapping("/macroImport")
    public String macroImport(Model model){
        return "import_template";
    }
}
```

在浏览器地址栏中输入 http://localhost:8089/macroImport，发起 URL 请求，FreeMarker 导入模板运行效果如图 15-5 所示。

图 15-5　FreeMarker 导入模板库运行效果

15.2　Spring Boot 整合 MyBatis

目前，Spring Boot 已逐步成为业界应用开发的主流框架之一，对于数据持久层的处理，常见的解决方案是将 MyBatis 框架整合到 Spring Boot 中进行使用。本节将主要对 Spring Boot 中如何整合 MyBatis 和 MyBatis 分页插件的整合进行介绍。

15.2.1　整合 MyBatis

下面通过一个具体案例来介绍 Spring Boot 整合 MyBatis 框架的具体步骤。

（1）在 Eclipse IDE 中，选择 "File" → "New" → "Project" 选项，打开 "New Project" 窗口，如图 15-6 所示。

图 15-6　"New Project" 窗口

（2）选择"Spring Starter Project"选项，单击"Next"按钮，进入 New Spring Starter Project 界面，输入 Spring Boot 项目名称 ch15-2，如图 15-7 所示。

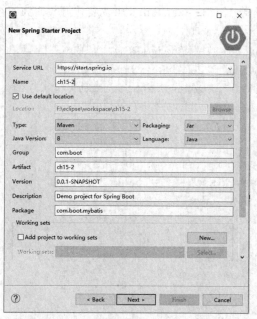

图 15-7　输入 Spring Boot 项目名称

（3）单击"Next"按钮，进入 New Spring Starter Project Dependecies 界面，展开"SQL"节点，选中"MySQL Driver""MyBatis Framework"复选框，对 MyBatis 框架进行整合，如图 15-8 所示。拖动滚动条，展开"Web"节点，选中"Spring Web"复选框，构建 Web 项目。

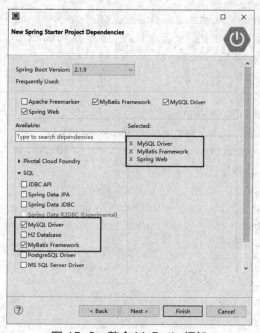

图 15-8　整合 MyBatis 框架

（4）单击"Finish"按钮，项目创建完成。Spring Boot 项目自动生成的 pom.xml
文件内容如代码清单 15-13 所示。

代码清单 15-13：pom.xml 文件内容（源代码为 ch15-2）

```xml
<?xml version="1.0" encoding="UTF-8"?>
<project xmlns="http://maven.apache.org/POM/4.0.0"
xmlns:xsi="http://www.w3.org/2001/XMLSchema-instance"
    xsi:schemaLocation="http://maven.apache.org/POM/4.0.0
https://maven.apache.org/xsd/maven-4.0.0.xsd">
    <modelVersion>4.0.0</modelVersion>
    <parent>
        <groupId>org.springframework.boot</groupId>
        <artifactId>spring-boot-starter-parent</artifactId>
        <version>2.1.9.RELEASE</version>
        <relativePath/> <!-- lookup parent from repository -->
    </parent>
    <groupId>com.boot</groupId>
    <artifactId>ch15-2</artifactId>
    <version>0.0.1-SNAPSHOT</version>
    <name>ch15-2</name>
    <description>Demo project for Spring Boot</description>
    <properties>
        <java.version>1.8</java.version>
    </properties>
    <dependencies>
        <dependency>
            <groupId>org.mybatis.spring.boot</groupId>
            <artifactId>mybatis-spring-boot-starter</artifactId>
            <version>2.1.0</version>
        </dependency>
        <dependency>
            <groupId>mysql</groupId>
            <artifactId>mysql-connector-java</artifactId>
            <scope>runtime</scope>
        </dependency>
        <dependency>
            <groupId>org.springframework.boot</groupId>
            <artifactId>spring-boot-starter-test</artifactId>
            <scope>test</scope>
        </dependency>
    </dependencies>
    <build>
        <plugins>
```

```
            <plugin>
                <groupId>org.springframework.boot</groupId>
                <artifactId>spring-boot-maven-plugin</artifactId>
            </plugin>
        </plugins>
    </build>
</project>
```

（5）在项目创建时定义的 com.boot.mybatis 包下创建 entity 包，在该包下创建实体类（持久化类）User.java，如代码清单 15-14 所示。

代码清单 15-14：User.java（源代码为 ch15-2）

```java
package com.boot.mybatis.entity;
import org.springframework.stereotype.Component;
@Component
public class User {
    String custId;
    String name;
    int age;
    public String getCustId() {
        return custId;
    }
    public void setCustId(String custId) {
        this.custId = custId;
    }
    public String getName() {
        return name;
    }
    public void setName(String name) {
        this.name = name;
    }
    public int getAge() {
        return age;
    }
    public void setAge(int age) {
        this.age = age;
    }
    @Override
    public String toString() {
        return "User [custId=" + custId + ", name=" + name + ", age=" + age + "]";
    }
}
```

（6）在 com.boot.mybatis 包下创建 controller 包，在该包下创建控制器类 UserController.java，如代码清单 15-15 所示。

代码清单 15-15：UserController.java（源代码为 ch15-2）

```java
package com.boot.mybatis.controller;
import org.springframework.beans.factory.annotation.Autowired;
import org.springframework.web.bind.annotation.RequestMapping;
import org.springframework.web.bind.annotation.RestController;
import com.boot.mybatis.service.UserService;
@RestController
public class UserController {
    @Autowired
    private UserService userService;
    @RequestMapping("/getUsers")
    public String getUsers() throws Exception {
        return userService.getUserList().toString();
    }
}
```

（7）在 com.boot.mybatis 包下创建 service 包，在该包下创建业务类接口 UserService.java 和接口实现类 UserServiceImpl.java，如代码清单 15-16、代码清单 15-17 所示。

代码清单 15-16：UserService.java（源代码为 ch15-2）

```java
package com.boot.mybatis.service;
import java.util.List;
public interface UserService {
    public List getUserList();
}
```

代码清单 15-17：UserServiceImpl.java（源代码为 ch15-2）

```java
package com.boot.mybatis.service;
import java.util.List;
import org.springframework.beans.factory.annotation.Autowired;
import org.springframework.stereotype.Service;
import com.boot.mybatis.dao.UserMapper;
@Service
public class UserServiceImpl implements UserService {
    @Autowired
private UserMapper userMapper;
    @Override
    public List getUserList() {
        return userMapper.getUserList();
    }
}
```

（8）在 com.boot.mybatis 包下创建 dao 包，在该包下创建 MyBatis 的映射器接口类 UserMapper.java，如代码清单 15-18 所示。

代码清单 15-18：UserMapper.java（源代码为 ch15-2）

```
package com.boot.mybatis.dao;
import java.util.List;
import org.apache.ibatis.annotations.Mapper;
@Mapper
public interface UserMapper {
    public List getUserList();
}
```

（9）在 src/main/resources/路径下创建 mapper 包，在该包下创建 MyBatis 的映射文件 UserMapper.xml，如代码清单 15-19 所示。

代码清单 15-19：UserMapper.xml（源代码为 ch15-2）

```
<?xml version="1.0" encoding="UTF-8"?>
<!DOCTYPE mapper PUBLIC "-//mybatis.org//DTD Mapper 3.0//EN"
"http://www.mybatis.org/dtd/mybatis-3-mapper.dtd">
<mapper namespace="com.boot.mybatis.dao.UserMapper">
    <select id="getUserList" resultType="com.boot.mybatis.entity.User">
        select * from customer
    </select>
</mapper>
```

（10）编辑 application.properties 文件，对服务器端口、数据源及 MyBatis 映射器等进行配置，如代码清单 15-20 所示。

代码清单 15-20：application.properties（源代码为 ch15-2）

```
#配置服务器端口
server.port=8087

##配置数据源
spring.datasource.driverClassName=com.mysql.cj.jdbc.Driver
spring.datasource.url=jdbc:mysql://localhost:3306/spring?serverTimezone=GMT
spring.datasource.username=root
spring.datasource.password=root

##配置 MyBatis 映射器
mybatis.mapper-locations: classpath:mapper/*.xml
```

（11）在 Ch152Application.java 上单击鼠标右键，在弹出的快捷菜单中选择"Run As"→"3 Spring Boot App"选项，运行项目。在浏览器地址栏中输入 http://localhost: 8087/getUsers，运行效果如图 15-9 所示。

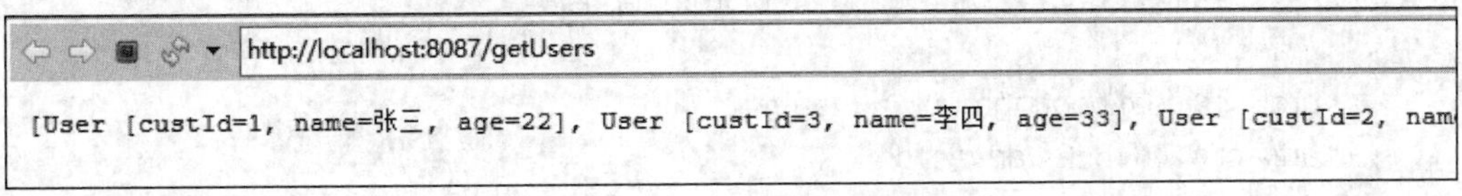

```
http://localhost:8087/getUsers

[User [custId=1, name=张三, age=22], User [custId=3, name=李四, age=33], User [custId=2, nam
```

图 15-9　运行效果

15.2.2　分页插件 PageHelper

Spring Boot 在整合 MyBatis 框架的基础上，还可以进一步整合 PageHelper 插件以实现分页效果。需要在 pom.xml 文件中引入 PageHelper 分页插件的依赖包，如代码清单 15-21 所示。

代码清单 15-21：在 pom.xml 文件中引入 PageHelper 分页插件的依赖包（源代码为 ch15-2）

```
<!-- 分页插件依赖包 -->
<dependency>
    <groupId>com.github.pagehelper</groupId>
    <artifactId>pagehelper-spring-boot-starter</artifactId>
    <version>1.2.5</version>
</dependency>
```

打开 application.properties 文件，配置分页插件，如代码清单 15-22 所示。

代码清单 15-22：application.properties 配置分页插件（源代码为 ch15-2）

```
#配置分页插件
pagehelper.helper-dialect=mysql
pagehelper.params=count=countSql
pagehelper.reasonable=true
pagehelper.support-methods-arguments=true
```

至此，分页插件 PageHelper 基本配置完成，接下来将在 ch15-2 项目的基础上编写相关代码以实现 PageHelper 插件的应用测试，同时对其应用参数进行介绍，步骤如下。

（1）编辑 pom.xml 文件，引入 PageHelper 分页插件的依赖包和 FreeMarker 页面依赖包，如代码清单 15-23 所示。

代码清单 15-23：pom.xml 文件（源代码为 ch15-2）

```
<?xml version="1.0" encoding="UTF-8"?>
<project xmlns="http://maven.apache.org/POM/4.0.0"
xmlns:xsi="http://www.w3.org/2001/XMLSchema-instance"
    xsi:schemaLocation="http://maven.apache.org/POM/4.0.0
https://maven.apache.org/xsd/maven-4.0.0.xsd">
    <modelVersion>4.0.0</modelVersion>
    <parent>
        <groupId>org.springframework.boot</groupId>
        <artifactId>spring-boot-starter-parent</artifactId>
        <version>2.1.9.RELEASE</version>
        <relativePath/> <!-- lookup parent from repository -->
    </parent>
    <groupId>com.boot</groupId>
    <artifactId>ch15-2</artifactId>
    <version>0.0.1-SNAPSHOT</version>
    <name>ch15-2</name>
```

```xml
<description>Demo project for Spring Boot</description>
<properties>
    <java.version>1.8</java.version>
</properties>
<dependencies>
    <dependency>
        <groupId>org.mybatis.spring.boot</groupId>
        <artifactId>mybatis-spring-boot-starter</artifactId>
        <version>2.1.0</version>
    </dependency>
    <dependency>
        <groupId>org.springframework.boot</groupId>
        <artifactId>spring-boot-starter-web</artifactId>
    </dependency>
    <dependency>
        <groupId>mysql</groupId>
        <artifactId>mysql-connector-java</artifactId>
        <scope>runtime</scope>
    </dependency>
    <dependency>
        <groupId>org.springframework.boot</groupId>
        <artifactId>spring-boot-starter-test</artifactId>
        <scope>test</scope>
    </dependency>
    <!-- 分页插件 -->
    <dependency>
        <groupId>com.github.pagehelper</groupId>
        <artifactId>pagehelper-spring-boot-starter</artifactId>
        <version>1.2.5</version>
    </dependency>
    <!-- FreeMarker 依赖 -->
    <dependency>
        <groupId>org.springframework.boot</groupId>
        <artifactId>spring-boot-starter-freemarker</artifactId>
    </dependency>
</dependencies>
<build>
    <plugins>
        <plugin>
            <groupId>org.springframework.boot</groupId>
            <artifactId>spring-boot-maven-plugin</artifactId>
        </plugin>
    </plugins>
```

```
    </build>
  </project>
```

（2）编辑 application.properties 文件，配置分页插件和 FreeMarker，如代码清单 15-24 所示。

代码清单 15-24：application.properties 配置分页插件和 FreeMarker（源代码为 ch15-2）

```
#配置服务器端口
server.port=8087
##配置数据源
spring.datasource.driverClassName=com.mysql.cj.jdbc.Driver
spring.datasource.url=jdbc:mysql://localhost:3306/spring?serverTimezone=GMT
spring.datasource.username=root
spring.datasource.password=root
##配置 MyBatis 映射器
mybatis.mapper-locations: classpath:mapper/*.xml


#分页插件
pagehelper.helper-dialect=mysql
pagehelper.params=count=countSql
pagehelper.reasonable=true
pagehelper.support-methods-arguments=true


#设定 FTL 文件路径
spring.freemarker.template-loader-path=classpath:/templates
spring.freemarker.cache=false
spring.freemarker.charset=UTF-8
spring.freemarker.check-template-location=true
spring.freemarker.content-type=text/html
spring.freemarker.expose-request-attributes=false
spring.freemarker.expose-session-attributes=false
spring.freemarker.request-context-attribute=request
spring.freemarker.suffix=.ftl
```

（3）新建控制器类 PageTestController.java，在其中定义用户请求处理方法 getPage()，并返回分页效果测试页面 pagehelper_test，如代码清单 15-25 所示。

代码清单 15-25：PageTestController.java（源代码为 ch15-2）

```
package com.boot.mybatis.controller;
import java.util.List;

import org.springframework.beans.factory.annotation.Autowired;
import org.springframework.stereotype.Controller;
import org.springframework.ui.Model;
import org.springframework.web.bind.annotation.RequestMapping;
import org.springframework.web.bind.annotation.RequestParam;
```

```java
import com.boot.mybatis.service.UserService;
import com.github.pagehelper.PageHelper;
import com.github.pagehelper.PageInfo;

@Controller
public class PageTestController {
    @Autowired
    private UserService userService;
    @RequestMapping("/getPage")
    public String getPage(Model model,@RequestParam(defaultValue = "1",value =
"pageNum") Integer pageNum) throws Exception {
        PageHelper.startPage(pageNum,2);
        List list=userService.getUserList();
        PageInfo pageInfo = new PageInfo(list);
        model.addAttribute("pageInfo",pageInfo);
        return "pagehelper_test";
    }
}
```

代码清单 15-25 中使用 PageHelper.startPage(int PageNum,int PageSize); 的格式设置了页面的位置和展示的数据条目数，这里设置每页展示 2 条数据。使用 PageInfo 对象封装页面信息，返回给前台页面。前台页面可以从 PageInfo 对象中获取以下参数。

① PageInfo.list：结果集。

② PageInfo.pageNum：当前页码。

③ PageInfo.pageSize：当前页面显示的数据条目数。

④ PageInfo.pages：总页数。

⑤ PageInfo.total：数据的总条目数。

⑥ PageInfo.prePage：上一页。

⑦ PageInfo.nextPage：下一页。

⑧ PageInfo.isFirstPage：是否为第一页。

⑨ PageInfo.isLastPage：是否为最后一页。

⑩ PageInfo.hasPreviousPage：是否有上一页。

⑪ PageHelper.hasNextPage：是否有下一页。

（4）在 src/main/resources/路径下创建 templates 包，在该包下新建分页效果测试页面 pagehelper_test.ftl，如代码清单 15-26 所示。

代码清单 15-26：pagehelper_test.ftl（源代码为 ch15-2）

```html
<!DOCTYPE html>
<html xmlns:th="http://www.thymeleaf.org">
<head>
    <meta charset="UTF-8">
```

```
            <title>PageHelper 应用测试</title>
    </head>
    <body>
        <table border="1">
            <tr>
                <th>id</th> <th>name</th><th>age</th>
            </tr>
            <#list pageInfo.list as p>
            <tr>
                <td>${p.custId}</td> <td>${p.name}</td><td>${p.age}</td>
            </tr>
            </#list>
        </table>
        <br>
    <div>
                <#if pageInfo.hasPreviousPage??>
                    <a
    href="${request.contextPath}/getPage?option=getPage&pageNum=1&pageItemsCount=
    ${pageInfo.pages}">首页</a>
                    <a
    href="${request.contextPath}/getPage?option=getPage&pageNum=${pageInfo.prePage}&
    pageItemsCount=${pageInfo.pages}">上一页</a>
                </#if>
                <#list 1..pageInfo.total as each>
                    <#if each == pageInfo.pageNum>
                        <a style="color:black;">${each}</a>
                    <#elseif each &gt;= (pageInfo.pageNum - 2) && each &lt;= (pageInfo.
    pageNum + 2)>
                        <a href="${request.contextPath}/getPage?option=
    getPage&pageNum=${each}&pageItemsCount=${pageInfo.pages}">${each}</a>
                    </#if>
                </#list>
                <#if pageInfo.hasNextPage??>
                    <a href="${request.contextPath}/getPage?option=
    getPage&pageNum=${pageInfo.nextPage}&pageItemsCount=${pageInfo.pages}">下一页</a>
                    <a href="${request.contextPath}/getPage?option=
    getPage&pageNum=1&pageItemsCount=${pageInfo.pages}">尾页</a>
                </#if>
    </div>
    </body>
    </html>
```

（5）运行项目，打开浏览器，在浏览器地址栏中输入 http://localhost:8087/getPage，发起 URL 请求，分页效果测试页面运行效果如图 15-10 所示。

图 15-10　分页效果测试页面运行效果

15.3　本章小结

　　本章主要介绍了 Spring Boot 与 FreeMarker 模板及 MyBatis 框架的整合，目前一些企业已使用这 3 项技术的整合作为企业项目开发的技术框架。

15.4　练习与实践

【练习】

（1）简述 Spring Boot 如何整合 FreeMarker 模板。

（2）简述 Spring Boot 如何整合 MyBatis 框架

【实践】

　　上机练习使用 Spring Boot 框架整合 FreeMarker 和 MyBatis，模拟实现学生信息查看功能。